Software Design [別冊]

データベース速攻入門

モデリングからSQLの書き方まで

技術評論社

データベース速攻入門

モデリングからSQLの書き方まで

CONTENTS

第1章 データモデリングチェックリスト48

第2章 なにかと使えるSQL

第3章 SQL50本ノック

第4章 MySQLアプリ開発者の必修5科目

第5章 後悔しないAWSデータベースの選び方

第1章

MySQL
PostgreSQL
Oracle DB
対応

データモデリングチェックリスト48

現場で使える効率的なデータの設計手法とコツ

世の中にはさまざまなデータがありますが、ただデータを集めただけでは使い物になりません。それらを価値のあるものにするためには、データを一定のルールに基づいて整理する必要があります。その手法がデータモデリングです。データモデリングには、大きく分けて、集めたデータを整理する「論理データモデリング」と、整理したデータを調節する「物理データモデリング」の2つがあります。本章では、これらの工程における注意事項や重要事項について、チェックリストとしてまとめました。プロダクトに寄らない普遍的な内容を集めたので、チェック項目を確認しながらデータモデリングに取り組んでみてください！

1-1 データモデリングとは

モデリング手法・用語の基礎知識

Author 堀内 康夫（ほりうち やすお） 株式会社アシスト
徳尾 秀敬（とくお ひでたか） 株式会社アシスト
URL https://www.ashisuto.co.jp/

はじめに

モデリングとは一般的に、モノや事象（コト）の共通する性質に着目し、ある一定のルールに基づいてそれらを整理する技法のことを言います。データベース設計におけるモデリングでは、一定のルールと制約に従ってデータ（対象となるモノや事象）を整理、調節し構造化していきます。これを「データモデリング」と言います。

また、データモデリングは、システム開発・保守運用の一環であるため、システム開発や運用保守に関わる方々、システム化の対象となる業務を熟知した担当者などと目線を合わせて進めることが重要です。

この章では、初めてデータモデリングに携わる方や経験が浅い方、体系的に学びなおしたい方向けに、その進め方と作業のポイントをチェックリストにまとめて解説します。みなさんが関わるシステム開発で、どのようにデータモデリングに取り組んでいくべきかのヒントになれば幸いです。

データモデリングとは

昨今のビジネス環境の激しい変化に対応するために、データとデジタル技術を活用しようと多くの企業が取り組んでいることからも、データの重要性が高まっていることがわかります。このようにデータは企業活動の根幹とも言える重要なものですが、持っているだけでは価値を生み出すことはできません。正確かつ最新化されたデータを、必要な人が、必要なときに、必要な単位で、すぐに取り出して活用できるデータベースが求められています。

システム構築には大きく分けて、企画、開発、保守／運用という3つのフェーズがあります。企画フェーズと開発フェーズで、概念データモデリング、論理データモデリング、物理データモデリングの順にデータモデリングをしっかり実施すれば、信頼性高く、将来的な変化にも強く、またRDBMSに実装しても問題なく動くデータベースになります（図1）。

本稿では、まずそれぞれのデータモデリングについて簡単に解説し、1-2節以降では、実際のデータモデリング作業となる、論理データモデリング、物理データモデリングに焦点を当てて解説していきます。

概念データモデリング

企画フェーズでは、ビジネス要件に合ったシステム化を行うにあたり、企画・立案（要件定義）

▼図1　記事で扱うデータモデリングの範囲

▼図2　概念データモデル

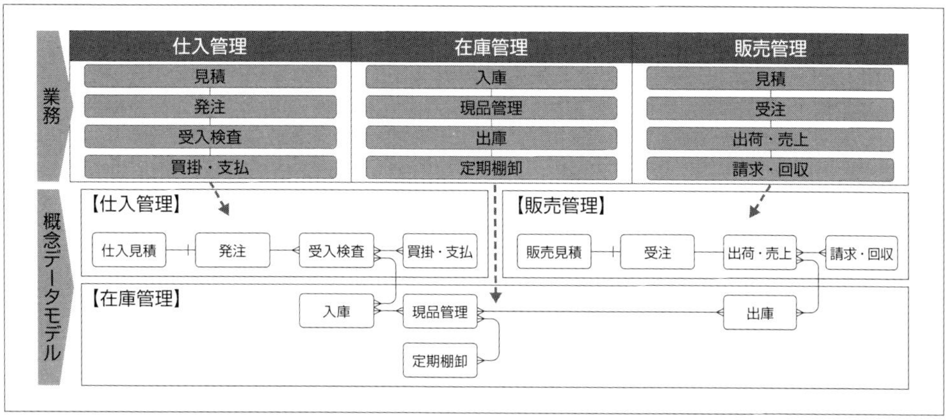

を行います。ここでシステム化の範囲が決まるため、システム化の準備として、対象範囲にある業務プロセスと関連するデータ項目をすべて洗い出し、業務とデータ項目の関係をデータの集合体（データ群）のレベルでモデル化しておきます。この作業が「概念データモデリング」で、モデル化したものが「概念データモデル」となります（図2）。

概念データモデルを作成すると構築するシステムに必要な要素（業務プロセスや関連データ）を俯瞰（ふかん）して参照できるため、デジタル化できていない箇所も含め、業務プロセスやシステム上の抜け漏れ、重複箇所などを明確化できます。また組織やシステムが変更された場合の影響度などもすぐに把握できます。さらにシステム構築に携わるすべてのプロジェクトメンバーが同じ認識で作業できるというメリットもあります。

概念データモデリングのゴールは、システム化に必要なデータ項目がすべて洗い出されている、つまり、実際に行う論理データモデリング以降の対象範囲が確定している状態にすることです。このフェーズはシステム企画段階であるため本稿で詳しい説明は割愛します。

▼図3　データ重複があるデータ構造の例（PK、FKについては、「データモデリングで使うERモデルとは」節を参照）

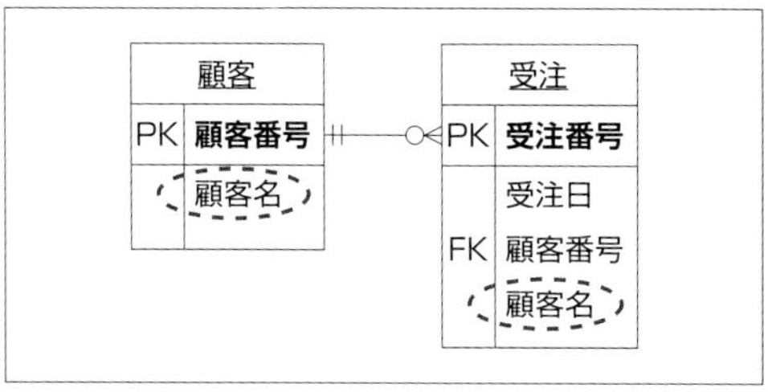

論理データモデリング

論理データモデリングからが、本稿で紹介する実際のデータモデリング作業となります。ここでは、「概念データモデル」で捕捉したデータ項目をもとに、信頼性の高いデータを格納すること、将来にわたって一元的にデータを管理できることの2つを目的として作業し、「論理データモデル」という成果物を作成します。

1つめの目的である「信頼性の高いデータを格納する」ために、データ整理という作業を経て、重複のないデータ構造を作成します。

たとえば「顧客名」というデータ項目が複数箇所に存在するとします（図3）。ここで「顧客名」データを更新する必要が生じた場合1ヵ所だけでなくすべて漏れなく更新しなければなりません。1つでも漏れがあると、データに不整合が発生し、データへの信頼性が低下してしまいます。

そこで論理データモデリングでは、まずデータの重複をなくし、1つのデータ項目は1ヵ所で管理するように整理します（図4）。

2つめの目的は「将来にわたって一元的にデー

▼図4　データ重複のないデータ構造の例

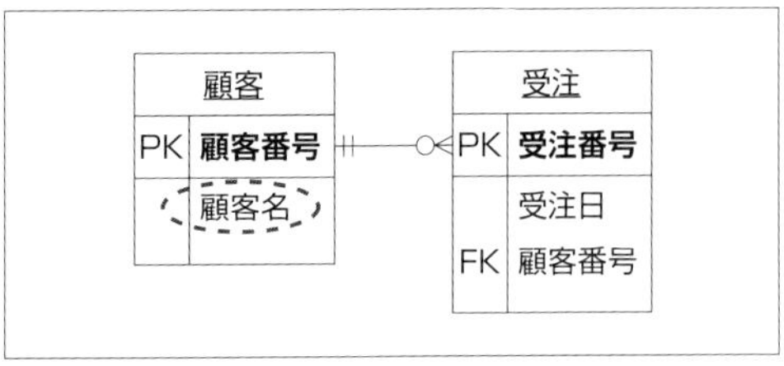

タを管理できること」、つまり、安定したデータ構造を作るということです。たとえばこれまでは都度請求しか対応してこなかったものを顧客からの要望により「一括請求も可能にする」場合、ビジネス上のルールが変わるのでシステムも変えなければならず、当然のことながらデータ構造にも影響が生じます。データ構造を変えると、さらにそのデータベースを参照したり、更新したりするアプリケーションの修正やテストも必要となり、作業工数が大幅に膨らんでしまいます。これを回避するために、データ構造は極力変えないよう、安定したデータ構造にしておけば、将来にわたって長く一元的にデータを管理できるようになります。

安定したデータ構造にすることで、保守運用時の工数削減につながるだけでなく、ビジネスの意思決定にも安心して活用し続けられるデータベースにできます。また、安定したデータ構造にするためには、将来データ構造に変化を及ぼしそうなビジネスルールの変更や要素をあらかじめ想定し、変更が加わりそうな部分への対処を検討しておくことがポイントです。

詳細は1-3、1-4節で解説します。

物理データモデリング

論理データモデリングでデータ構造を整理・安定化しても、データベースに実装してみたらパフォーマンスが悪くビジネスで活用できない、となっては意味がありません。そこで次のステップとして、物理データモデリングを行います。

物理データモデリングでは、データ構造の安定性を保ちながら、RDBMSへ実装するためのシステム要件をふまえバランスのとれた「動くデータベース」にするために、論理データモデルを調節していきます。ここでやみくもに調節すると、データモデルの保守性や安定性が低下したり、更新処理の性能低下を伴ったりすることがあるため、注意が必要です。

物理データモデリングで考慮すべきシステム要件には、業務を遂行するために必要な画面、帳票などの機能要件と、性能要件、セキュリティ要件などの非機能要件があります。このフェーズでは、たとえば検索性能要件に着目しインデックスを定義したり、論理データモデリングでいったん整理したデータ構造を意図的にデータ重複のある状態にしたりといった作業を行います。また、物理データモデリングでは性能面だけでなく保守生産性も考慮します。これらの一連の作業の成果物が「物理データモデル」です。

詳細は1-5、1-6節で解説します。

データモデリングで使うERモデルとは

ここでデータモデリングで使用するERモデルについて簡単に紹介します。ERモデルとはEntity-Relationshipモデルの略であり、データベース設計に使用される技法として知られています(図5)。ERモデルではビジネス上の管理

▼図5　ERモデルの例

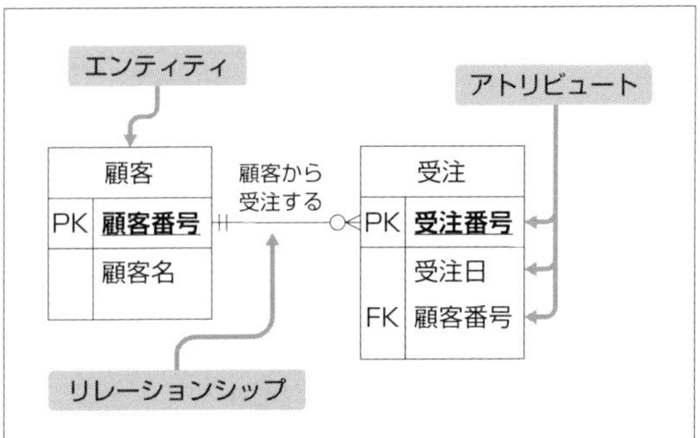

ERモデルの構成3要素
(エンティティ、リレーションシップ、アトリビュート)

対象（エンティティ）とその属性（アトリビュート）、エンティティ間の関連性（リレーションシップ）の3要素を用いて企業活動を表現します。

エンティティ

エンティティとは企業にとってビジネス上の管理対象となる「データ群」のことです。たとえば、企業活動においては「顧客」「従業員」といったヒト、「商品」「部品」といったモノ、「勘定科目」「費目」といったカネ、また「受注」や「納品」といったコト（業務行為）がエンティティとなります。

アトリビュート

アトリビュートはエンティティの性質や特徴を示すもので属性とも言います。たとえば、顧客エンティティでは顧客名や顧客住所、性別、生年月日などがアトリビュートです。

また、アトリビュートはプライマリーキー（PK）とフォーリンキー（FK）、非キーの3種類に分類されます（**図6**）。プライマリーキーは、顧客エンティティでの顧客番号のように、エンティティのひとつひとつのレコードを一意に識別するためのアトリビュートです。たとえば顧客番号「0001」は「A株式会社の田中良夫さん」ただ1人を特定できます。複数のアトリビュートでプライマリーキーとなることもあります（複合キー）。

また、プライマリーキー以外はすべて非キーとなります。ほかのエンティティのプライマリーキーを参照する役割を果たすのがフォーリンキーです。たとえば注文エンティティから顧客エンティティの顧客番号を参照して顧客情報の詳細を取り込めるようにしたいのであれば、注文エンティティの中に顧客番号を含めフォーリンキーとして設定します。

リレーションシップ

エンティティ間に何らかの決まりごとや制約がある場合、リレーションシップを設定します。この決まりごとや制約がビジネスルールです。

図7左の例では、「見積」と「受注」の関係について、受注は必ず事前の見積もりに対応し、見積もりを作成することなく受注できない、というビジネスルールを表しています。仮に事前の見積もりなしでの受注が可能なのであれば、「受注」と「見積」の間にビジネスルールは存在しないため、右の例のようにリレーションシップは設定しません。

このようにエンティティ間にあるビジネス上の関連を表すのがリレーションシップです。

リレーションシップは2種類あり、1つは依

▼図6　アトリビュートの種類

プライマリーキー (Primary Key：PK)	・インスタンス(※注)を一意に識別するアトリビュート ・複数のアトリビュートを組み合わせることも可能
フォーリンキー(Foreign Key：FK)	・PKを参照するアトリビュート
非キー(Non-Key)	・PK以外のすべてのアトリビュート

※注)インスタンス：エンティティで管理するレコード(実際のデータ値)

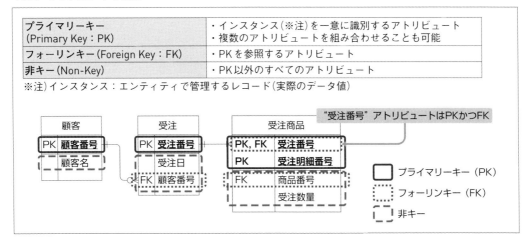

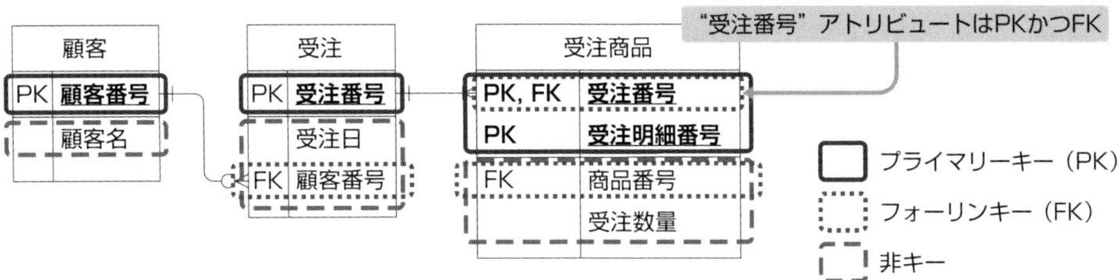

▼図7　リレーションシップ

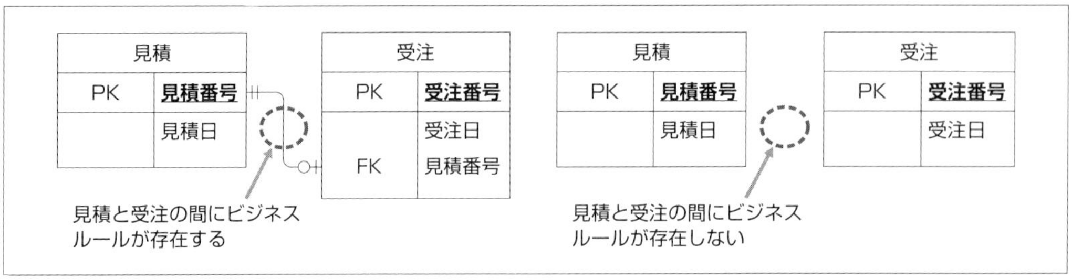

存リレーションシップ、もうひとつは独立リレーションシップです。依存リレーションシップの場合、フォーリンキーがプライマリーキーの一部となるため、参照先のエンティティのインスタンス（データ）がなければデータを登録できません。これが依存リレーションシップと呼ばれる理由です。受注業務（行為）において、受注データと受注商品データは同じタイミングでデータが発生し、受注取消行為においても同じタイミングで同時にデータがなくなります。つまり、受注商品データは、受注データが存在しないと存在せず、受注商品は受注に依存していると言えます（**図8**右）。一方、独立リレーションシップはフォーリンキーを非キーとして持つため、参照先のエンティティに依存せず、独立したエンティティとして存在できます。顧客データと受注データはそれぞれデータが発生するタイミングは異なります（**図8**左）。商品データと受注データも同様です。そのようなデータの発生タイミングが異なる関係にあるエンティティ間の関連を示すのが、独立リレーションシップです。

またエンティティ間に存在するビジネスルールは、以下に説明するカーディナリティとオプショナリティにより、詳細かつ正確に表現できます。

カーディナリティ

カーディナリティは多重度と訳されます。これはエンティティ間のデータの対応関係が1：1、1：n、n：m（多対多）のいずれであるかを表します。それぞれの対応関係の例を**図9**に示します。

オプショナリティ

オプショナリティはエンティティ間で対応するデータが常に存在する（リレーションの記号は｜）のか、ない場合もある（記号は○）のかを表現できます。たとえば**図10**の上では「注文したことのない顧客もいる」を表現しています。顧客エンティティは全顧客が含まれるため「｜」で表記していますが、受注エンティティ側にはデータがない可能性を示す「○」がついています。**図10**の下では受注エンティティ側が「｜」で表記されており、これは「注文の際

▼図8　依存リレーションシップと独立リレーションシップ

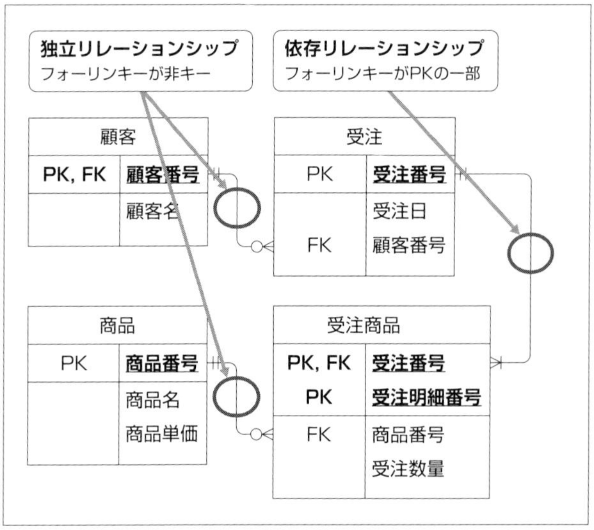

▼図9　3種類のカーディナリティ

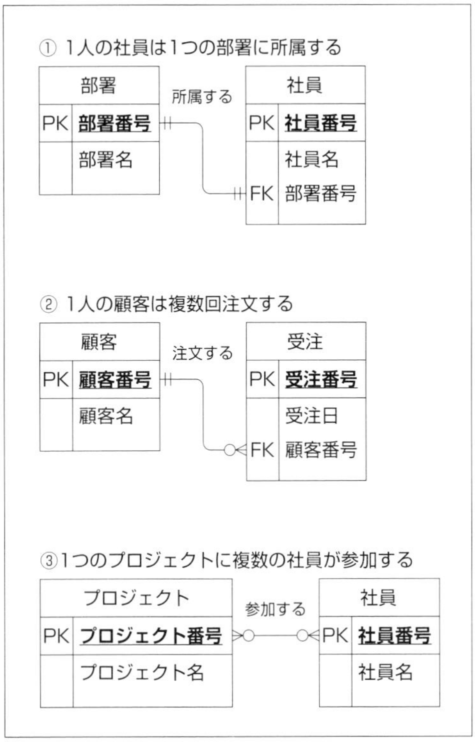

の顧客指定は必須である」を表現しています。

　このようにリレーションシップでどんな状態も表現できるため、ER図を見ればエンティティ間がどのようなビジネスルールになっているかがわかります。SD

▼図10　オプショナリティ＿顧客-受注

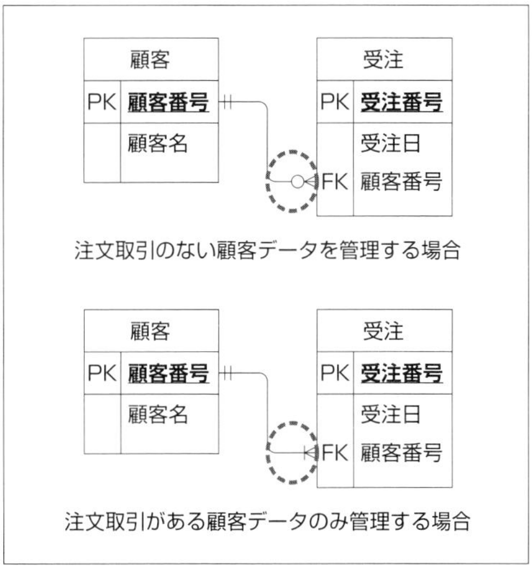

1-2 データモデリング方針の策定

関係者が同じゴールを目指すための準備

Author 徳尾 秀敬（とくお ひでたか） 株式会社アシスト
URL https://www.ashisuto.co.jp/

データモデリングは担当者が1人だけで行えるものではなく、さまざまな関係者と協力しあいながらデータモデリングプロジェクトとして進めることになります。どのようなプロジェクトであっても、最初に作業方針などを明確に決めておき、参加メンバー全員が同じゴールを目指せるようにしますが、データモデリングの場合も、実際に論理データモデリングの作業に入る前に「データモデリング方針」の策定からスタートします。

方針策定の目的

「データモデリング方針」策定の目的は、参加メンバー同士が共通の認識を持つことにあります。これにより、メンバー間のコミュニケーションミスによる作業の手戻りなどを排除し、個々の作業だけでなく全体作業の効率化を図ります。また、データを整理する際の共通ルールなどを決めておくことで品質の高い成果物を作成することができます。

方針策定の実施手順

このフェーズでは、参加メンバー全員で、プロジェクトを進めるうえでの「対象となる作業範囲」や「プロジェクト体制」の確認、プロジェクトでの情報共有ルールの決定、成果物となるデータモデルの品質を担保する「データの標準化ルール」を決めます。

データモデリング方針で定める一般的な内容は表1のとおりです。以降では方針策定で実施すべき項目をチェックポイントとして記載しています。

チェック1　データモデリングの作業範囲は確認できたか

システムの企画段階で、今回のシステム化の目的は何なのか、またデータモデリングの作業対象範囲（業務、組織、データ群）がどこなのかは明確になっています。データモデリングプロジェクトでは次の4点を確認します。

1. システム化の目的
2. 対象となる業務範囲
3. 対象となる組織とデータ群
4. 対象となる業務と組織、データ群の関係

「システム化」には明確な目的が存在します。たとえば、データ量が急激に増えレスポンスが遅いといった現状の課題を早急に解決することや、新規事業への対応などいろいろあります。データモデリングでは、システムの目的や、基幹システムなのか情報系システムなのかという特性などに応じて、考慮すべき優先ポイントが変わる可能性があります。そのため、システム企画書やプロジェクト計画書などの資料により、システム化の目的を確認しておきます。

次に、システム化に関係するデータ、つまりデータモデリングの対象範囲を確認します。どの業務で誰（どの組織）がどのようなデータを利用しているかを把握するために、「概念デー

タモデル」などでそれらの関係性も確認しておきます。

チェック2　データモデリング関係者の役割分担は確認できたか

データモデリングはデータモデリング担当者だけで完結できる作業ではありません。業務や業務で使われるデータについて熟知している業務担当者、アプリケーションの開発担当者、運用担当者などの参画が必要です（**表2**）。

ここでは関係者それぞれの役割とメンバーとの確認事項を説明します。

業務担当者

データモデリング担当者が、データ整理作業を進める際に壁にぶち当たるのは、業務現場で使われているデータ項目にはどういう意味があり、業務の中でどういう目的で利用されているのかがまったくわからないということです。

たとえば、既存システムからデータ項目の一覧を洗い出した際に、複数のデータ群の中に「顧客」というデータ項目が存在するとします。データ群Aでは「請求先」、データ群Bでは「工場」を意味するのであれば、データ項目が示す中身が異なるため、それぞれ別のものとして整理する必要があります。逆に同じ「顧客」を意味するデータ項目がデータ群によって「取引先」「得意先」「顧客」となっているケースもあります。データ項目名からその利用方法が想像できない場合は、業務内容から説明してもらわないとデータを整理できません。つまり、同じ性質のものはまとめたり、違うものは分けて考えたり、データ間の関連性を確認するには、業務とデータの意味や利用方法を熟知している業務担当者の存在が不可欠なのです。

そこでデータモデリング作業には業務側のメンバーが参加すること、仮に参加できないとしてもヒアリング先が決まっていることが重要です。また、データモデリング作業がシステム仕

▼表1　データモデリング方針概要

プロジェクト運営に関わる規定	対象範囲	システムの目的
		対象業務
		対象組織
		対象範囲のデータ群
	役割分担	業務担当者
		アプリケーション開発者
		運用担当者
	情報共有	設計情報・進捗情報の格納場所
		各種情報の同期化や整合性保持方法
データモデリング固有の規定	各工程の開始／完了条件	論理データモデリング開始条件
		論理データモデリング終了条件
		物理データモデリング開始条件
		物理データモデリング終了条件
	標準化ルール	データ属性標準
		データ名称標準
	モデリングツール運用ルール	モデリングツール運用ルール

▼表2　関係者の役割分担

役割	求められるスキル
業務担当者	対象業務の流れやルール、データ項目の意味を理解している担当者
アプリケーション開発者	システムと業務の関わりや現行のデータ管理を理解している担当者
運用担当者	運用要件を理解し、利用するRDBMについての知識を有している担当者

様変更などの影響を受けないように、データベースへの要求を確定させる権限を持つ業務部門側の意思決定者をきちんと決めてもらうことも大切です。

アプリケーション開発者

とくに論理データモデリングでは、システムと業務の関わりや現行のデータ管理体系に詳しいアプリケーション開発者との連携が必要です。これらの窓口となる担当者を事前に確認しておきます。

運用担当者

物理データモデリングに入ると領域設計やバックアップのためのデータベースの構成を考慮するため、運用担当者との連携が必要です。これらの窓口となる運用担当を事前に確認しておきます。

チェック3　関係者との情報共有方法は決まっているか

データモデリング作業はシステム化プロジェクトと相互にかつ密接に関連しています。そのため関係者間の情報共有については、データモデリング作業とシステム化プロジェクト全体の2つに分けて考えます。

データモデリング作業における情報共有

データモデリング作業の参加メンバー間で、運営会議の実施方法や普段の連絡の取り方（メールにするのか電話にするのかなど）を事前に決めておきます。また、設計情報、最新成果物（論理データモデルや物理データモデル）、作業を行ううえでのルール、参加メンバーの日々の進捗状況などについて、格納場所などを決めて情報共有します（**表3**）。

システム化プロジェクト全体における情報共有

たとえば、経営層からの変更指示、並行で作業する他チームの進捗状況や動向、成果物など、システム化プロジェクト側の状況とデータモデリング作業は相互に影響し合います。そのため、システム開発関係者との連携手段、プロジェクト内の他チームとの成果共有方法や整合性を保つためのルールなどを事前に決めておきます。

チェック4　データの標準化ルールは決まっているか

データモデルの品質担保だけでなく、システム開発・保守の生産性を向上させるためにも、データ名称や属性について標準化ルールを決めておくことが重要です。

データ属性の標準化

データ型やその桁数といったデータ属性は、どのデータベースを選択するのかによっても選択肢が異なります。

このデータ属性の選択をデータモデリング担当者だけの判断に任せると、桁あふれやデータの欠損、意図しないデータ型の変換といった問題が生じる可能性があります。文字データの場合、数値データの場合、日付や時間情報の場合など、それぞれに対して適用するデータ型、あるいは桁数や位取りまでルール決めしておきま

▼表3　設計情報や進捗情報の具体例

各種ドキュメント	説明
論理データモデル図／物理データモデル図	データの関連をモデルとして示した図
テーブル仕様書	テーブル単位にデータ項目の意味定義を記した書
スケジュール表	作業計画と作業進捗の最新情報
課題管理表	各タスクで発生した課題（ビジネス課題、データ課題など）の管理表
データ標準化ルール	データ属性（データ型、長さ、精度）や名称定義ルールを標準化するための規定
定例会議事録	プロジェクト遂行上の最新の問題や対応方針に関する情報の共有

▼図1　データ属性標準の対象

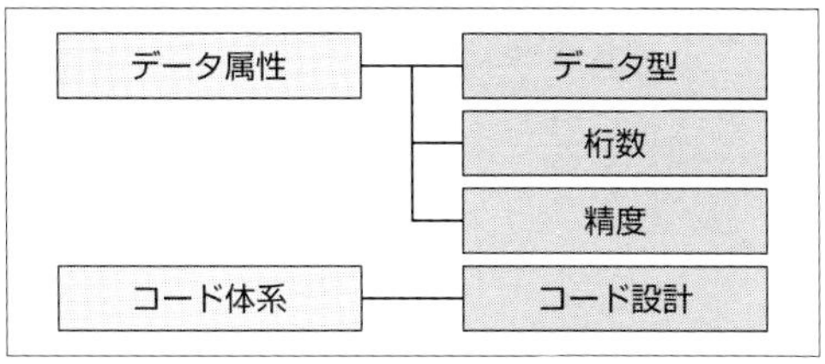

す（図1）。

データ名称の標準化

データ名称の標準化は非常に重要です。同音異義語（例：同じ「担当者」という名称でもそれが社内担当者、顧客担当者と違うものを意味する）や異音同義語（例：取引先、得意先、顧客はすべて同じものを意味する）が頻出するとシステムの開発・保守時の混乱を招き、生産性を低下させてしまうからです。また、データ名称は、論理データ名称と物理データ名称に分けて検討します（図2）。

名称標準について企業内で定められているものがあれば、それに準拠すると良いのですが、新たに標準ルールを定める場合は次の2点に留意すると良いでしょう。

1つめは、**実際に業務で使われる業務用語に即していること**です。

自社内でのみ通用する業務用語でも問題ありません。むしろ、業務に携わる方にとって馴染みがあり、企業内で共有されている用語は積極的に使用します。

2つめは、**必ず主要語と区分語が含まれる名称とすること**です。

データ項目に使われる業務用語はその特徴によって主要語、修飾語、区分語の3つに分類されます（図3）。主要語は対象のモノやコト、概念を指すもの。修飾語は主要語を修飾し、その意味を限定するもの。区分語は対象のデータ値が文字なのか数値なのかというように対象のデータタイプを示唆するものです。

たとえば「地域別受注金額」という業務用語を例にとると次のようになります。

地域別：修飾語

主要語である「受注」の対象が地域別であることを示す

受注：主要語

対象が「受注」というコト（業務イベント）で

▼図2　データ名称標準の対象

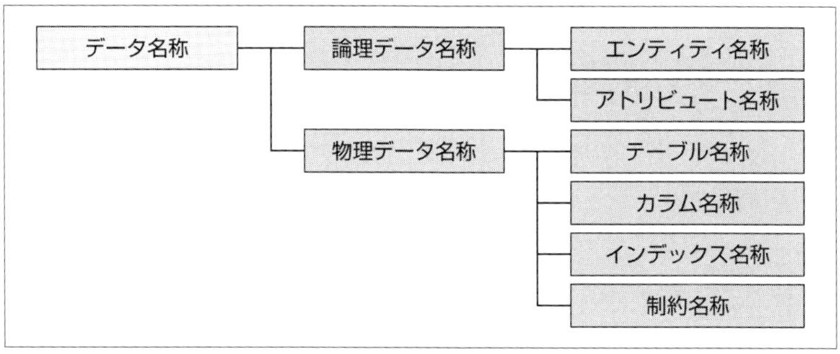

▼図3　業務用語の分類

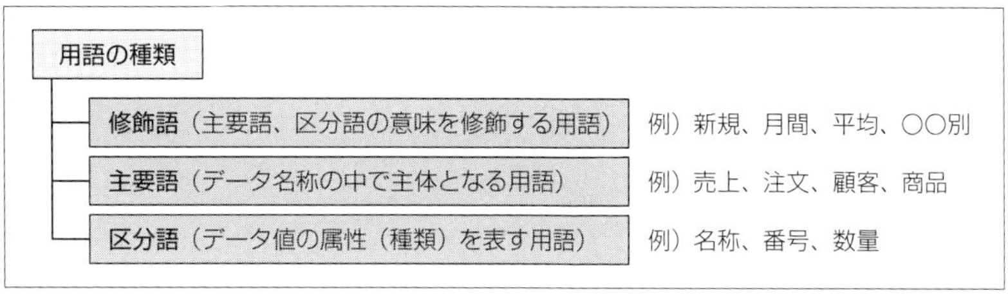

▼図4　論理データ名称付与規則の例

エンティティ名称	=	修飾語（※1つ以上）	+	主要語		
例）						
商品別売上	=	商品別	+	売上		
アトリビュート名称	=	修飾語（※1つ以上）	+	主要語	+	区分語
例）						
地域別受注金額	=	地域別	+	受注	+	金額
期末在庫数量	=	期末	+	在庫	+	数量

あることを示す

金額：区分語

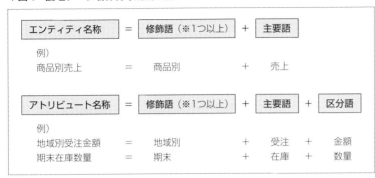

対象データ値が金額、すなわち数値であることを示す

名称の標準化ルールを定める場合には、この主要語、修飾語、区分語を意識するとあまり迷うことなく命名できますし、統一感もあります（**図4**）。そのため、少なくとも「主要語と区分語は必ず付ける」とルール化しておくことをお勧めします[注1]。

データ名称は誰が見ても誤解されることのないわかりやすい名称とすることが重要です。上記を基本ルールとしながら、正当な理由があれば例外を認める柔軟な運用を行うことも重要です。ルールが厳密過ぎて守られないようであれば意味がありません。

また、用語辞書を作成して、データモデルに標準化ルールがきちんと適用されているかどうかを管理します。用語辞書は、データベースの構築が終わり、実際にデータを活用する段階になったらメタデータ（データカタログ）として利用することができます。**表4**に用語辞書のサンプルを例示しますので参考にしてください。

注1）物理データ名称については1-5節で記載しています。

チェック5　モデリングツールの運用ルールは決まっているか

データモデリングの対象範囲にも左右されますが、エンティティの数が数十個、あるいは100個以上の規模ともなれば、データモデリングツールの利用が便利です。データモデリングツールを利用する場合はその機能を確認し、次の項目についてルールを決めておきます。

- 必須入力項目、任意入力項目
- モデリングツールでのデータ標準化ルール適用方法
- 管理対象となる成果物（論理データモデル、物理データモデル、その他エンティティ定義などの出力帳票）
- データモデルの変更管理方式

以上で、作業する範囲や、基本的なルールの確認はできました。次節から論理データモデリングについて説明します。SD

▼表4　用語辞書サンプル

標準用語	読み（カナ）	意味定義	別名	異音同義語	分類		
					修飾語	主要語	区分語
優良	ユウリョウ	一般、普通と区別する際に利用 例）年間100万円以上の取引のある顧客			○		
商品	ショウヒン	当社にて販売しているモノやサービス				○	
数量	スウリョウ	個数や分量。単位は別途定義が必要		分量			○
名	メイ	名称。主要語の名称を指す	名称				○
金額	キンガク	日本通貨で示す金銭の額	金	額			○

1-3 論理データモデリング①

データの重複をなくし、整合性をとる

Author 徳尾 秀敬（とくお ひでたか） 株式会社アシスト
URL https://www.ashisuto.co.jp/

論理データモデリングのゴールと手順

論理データモデリングのゴールは、重複や矛盾が排除（正規化・最適化）され、現在のビジネスルールがきちんと反映（ビジネスルール検証）された、将来的な変更にも影響されない安定したデータ構造にすることです。そのためには、まず、データモデリングの対象範囲を確定させ、データの整理（正規化）を行い、データ構造の安定性を検証する必要があります。また、できあがった論理データモデルはプロジェクト関係者に確認してもらいましょう（**図1**）。

本稿では**図1**の最適化までを説明し、ビジネスルール検証以降は次節で説明します。

データモデリング方針の確認

論理データモデリングの最初の作業として、スケジュール遅延や論理データモデルの品質低下を避けるために、次のデータモデリング方針について今一度確認します。

- データモデリングの対象範囲になっている業務と利用しているデータ項目についてのヒアリング先が決まっていること
- データモデリング作業の対象データ項目が確定しているかを確認すること

論理データモデリングの開始時には整理対象となるデータ項目がすべてそろっていることが条件です。これが次々に追加されれば、その都度全体を整理しなおすことになり、モデリング作業のスケジュールは遅延していきます。とはいえ、最初から全データ項目がそろわないケースもあります。その場合は、未確定部分はどこなのか、誰に確認すべきかを押さえておきましょう。

正規化

正規化とは

正規化とは、データの重複を排除し、データに何か操作（生成、更新、削除）をしても矛盾がない（不整合が発生しない）データ構造にすることです。データの重複を排除することでデータとアプリケーションの結び付きを切り離し、データがアプリケーションの変更に影響されないようにします。また、データをアプリケーショ

▼図1 論理データモデリングの作業手順

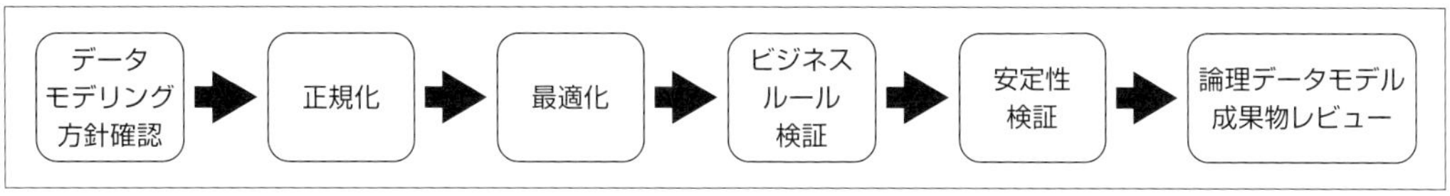

ンから独立させ部品化することで、さまざまな部門からのさまざまな情報要求に応えられるようになり、データの再利用価値が高まります。

正規化にはレベルがあり、第一正規化、第二正規化、……というように数字が上がるごとにデータ整理をレベルアップさせていきます（**図2**）。それぞれの正規化結果を第n正規形と表現します[注1]。次節で説明する「ビジネスルール検証」を実施することでビジネスで利用する正しいデータ構造にできるため、本章では第三正規化までを解説します。

なお、正規化は対象範囲が広いと作業が大変ですので、業務上の最小構成となる1ファイル（一画面、一帳票）ずつ行います。その結果、小さな正規化モデルが複数作成されることになりますが、次の工程である最適化で整理・統合していきます。

注1）ボイスコッド正規形は第三正規形をより完璧にしたものであり、ほぼ第三正規形と等価です。そのため、第3.5正規形と呼ばれることもあります。

チェック6　プライマリーキーに関連する重複を排除する（第一正規化）

1つのプライマリーキーに繰り返し項目があるとレコードを一意に識別できないため、プライマリーキーに対し繰り返し発生するデータ項目があればプライマリーキーとともに別エンティティとして分離します。

図3では、商品番号から商品小計までの5項目が繰り返し項目になるので受注商品エンティティとして分離させ、分離前のエンティティとひも付けるために「受注番号」をフォーリンキーとして定義します。また、どの受注の商品なのかを識別するために、受注番号と商品番号を1セットの複合キーとしておきます。これで、項目が繰り返されることで発生していたデータの重複を解消できました。ここまでが第一正規化です。

しかしこの段階では、受注がないと商品情報を新規登録できない、商品名を変更するには複数レコードを変更しなければならない、といっ

▼図2　正規化理論の全体像

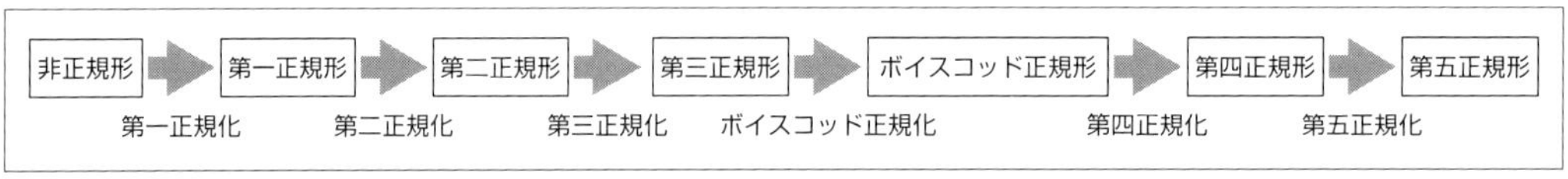

▼図3　第一正規化の作業イメージ

受注

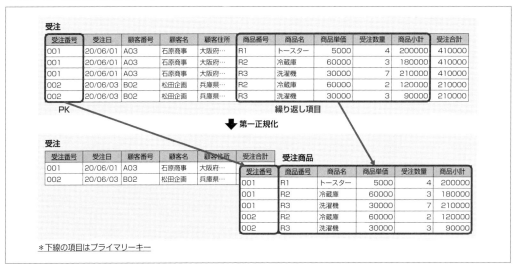

受注番号	受注日	顧客番号	顧客名	顧客住所	商品番号	商品名	商品単価	受注数量	商品小計	受注合計
001	20/06/01	A03	石原商事	大阪府…	R1	トースター	5000	4	200000	410000
001	20/06/01	A03	石原商事	大阪府…	R2	冷蔵庫	60000	3	180000	410000
001	20/06/01	A03	石原商事	大阪府…	R3	洗濯機	30000	7	210000	410000
002	20/06/03	B02	松田企画	兵庫県…	R2	冷蔵庫	60000	2	120000	210000
002	20/06/03	B02	松田企画	兵庫県…	R3	洗濯機	30000	3	90000	210000

PK　　繰り返し項目

⬇ 第一正規化

受注

受注番号	受注日	顧客番号	顧客名	顧客住所	受注合計
001	20/06/01	A03	石原商事	大阪府…	
002	20/06/03	B02	松田企画	兵庫県…	

受注商品

受注番号	商品番号	商品名	商品単価	受注数量	商品小計
001	R1	トースター	5000	4	200000
001	R2	冷蔵庫	60000	3	180000
001	R3	洗濯機	30000	7	210000
002	R2	冷蔵庫	60000	2	120000
002	R3	洗濯機	30000	3	90000

＊下線の項目はプライマリーキー

たデータ不整合に関する問題が残ります。

チェック7　複合キーに関連する重複を排除する（第二正規化）

第一正規化で受注商品エンティティに分離しましたが、商品番号から商品単価までの3項目が繰り返し発生しています。この3項目は商品番号が決まれば、あとの2つの値が決まる関係です。このようなデータの関係を「関数従属性」といいます。第二正規化では関数従属性を排除します。関連するデータ項目を、プライマリーキー「商品番号」とともに商品エンティティとして分離し、受注商品エンティティとひも付けるために、もとのエンティティの複合キーの一部である商品番号をフォーリンキーとして定義します（図4）。

しかしここでも、注文が発生するまで顧客データを登録できない、受注データを削除すると顧客データまで削除される、といったデータ不整合の問題は残ります。

チェック8　非キー同士の重複を排除する（第三正規化）

第三正規化では、同一エンティティ内の非キー同士で先ほどの関数従属性があればそれを別エンティティとして分離し、導出項目（後述参照）があれば整理します。

図5の受注エンティティの中には、顧客番号、顧客名、顧客住所の3つの非キーがあり、顧客番号が決まればあとの2つがわかる従属関係になっています。「顧客番号」をプライマリーキーにこの3つを顧客エンティティとして一緒に分離し、受注エンティティとの関連付けとして、「顧客番号」をフォーリンキーとして定義します。

また、受注エンティティの「受注合計」は、受注商品エンティティの「受注番号」に対する「商品小計」を合計したものです。このように、ほかの項目から計算すれば導き出されるものを「導出項目」といいます。正規化ルールでは削除することになっていますが、導出項目の扱いには注意が必要なためマーキングして残しておきます（チェック11参照）。

第一正規化から第三正規化までの作業で、データ重複が排除され、基本的にはデータに不整合が発生しない状態になりました。ここまでのデータモデルの変化は図6のとおりです。

チェック9　第三正規化後にすべてのデータ項目が反映されたか確認する

第三正規化が完了した際に、正規化対象の1ファイル（一画面、一帳票）のデータ項目が、

▼図4　第二正規化の作業イメージ

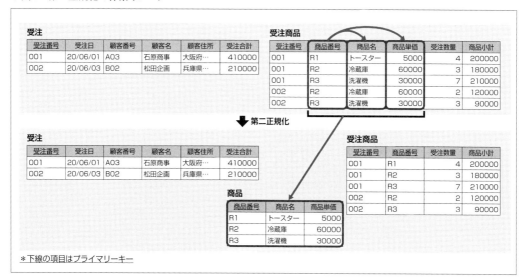

受注

受注番号	受注日	顧客番号	顧客名	顧客住所	受注合計
001	20/06/01	A03	石原商事	大阪府…	410000
002	20/06/03	B02	松田企画	兵庫県…	210000

受注商品

受注番号	商品番号	商品名	商品単価	受注数量	商品小計
001	R1	トースター	5000	4	200000
001	R2	冷蔵庫	60000	3	180000
001	R3	洗濯機	30000	7	210000
002	R2	冷蔵庫	60000	2	120000
002	R3	洗濯機	30000	3	90000

↓第二正規化

受注

受注番号	受注日	顧客番号	顧客名	顧客住所	受注合計
001	20/06/01	A03	石原商事	大阪府…	410000
002	20/06/03	B02	松田企画	兵庫県…	210000

受注商品

受注番号	商品番号	受注数量	商品小計
001	R1	4	200000
001	R2	3	180000
001	R3	7	210000
002	R2	2	120000
002	R3	3	90000

商品

商品番号	商品名	商品単価
R1	トースター	5000
R2	冷蔵庫	60000
R3	洗濯機	30000

＊下線の項目はプライマリーキー

ヌケ・モレなく確実に、正規化モデル上のどれかのエンティティに反映されたかの確認が必要です。正規化はエンティティ間のデータ項目の移し替えの作業が必要となるため、データ項目にヌケ・モレがあるとデータ要件が不完全な状態になり、手戻りが発生することになります。

また、もとの1ファイルのデータ項目を数えて、正規化モデル上のアトリビュート数と比較するときには注意が必要です。リレーションシップが設定されたどちらかのエンティティには、プライマリーキーをもとにしたフォーリンキーが設定されているため、1ファイル上では1個だったデータ項目が複数個になっている場合があります。

チェック10　正規化モデルになっているか確認する

第三正規化が完了した際に、正規化モデルになっているか、再確認します。これは一見くどい確認のように感じられるかもしれません。しかし、正規化は、データ項目ひとつひとつのビジネス上の意味合いを確認しながら整理仕分けしていく作業であり、実際のプロジェクトでは対象となるデータ項目数も膨大で、意味合い確認のモレが生じることがよくあります。とくに、

▼図5　第三正規化の作業イメージ

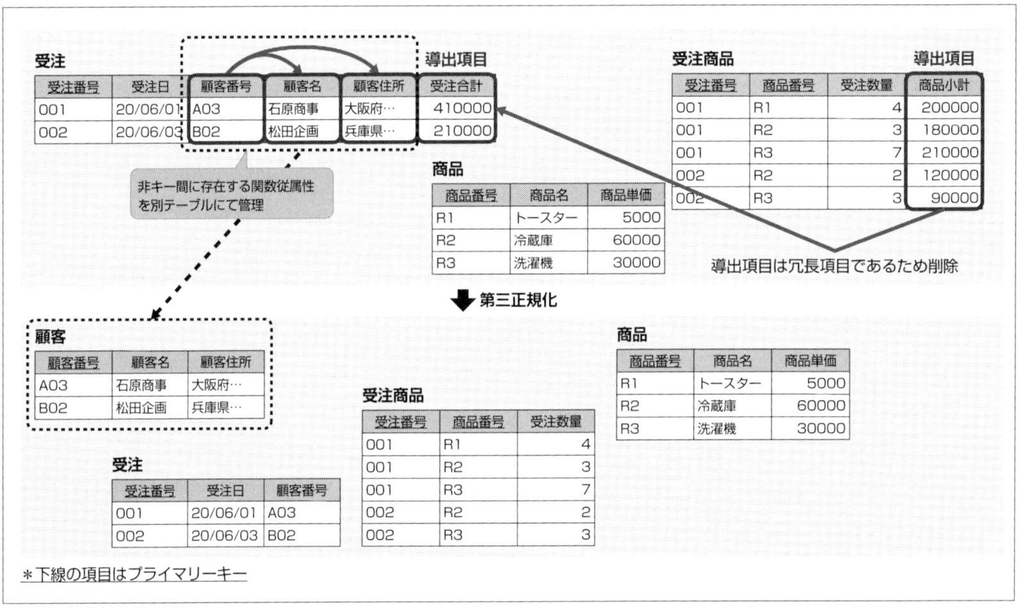

▼図6　正規化によるデータモデルの変化

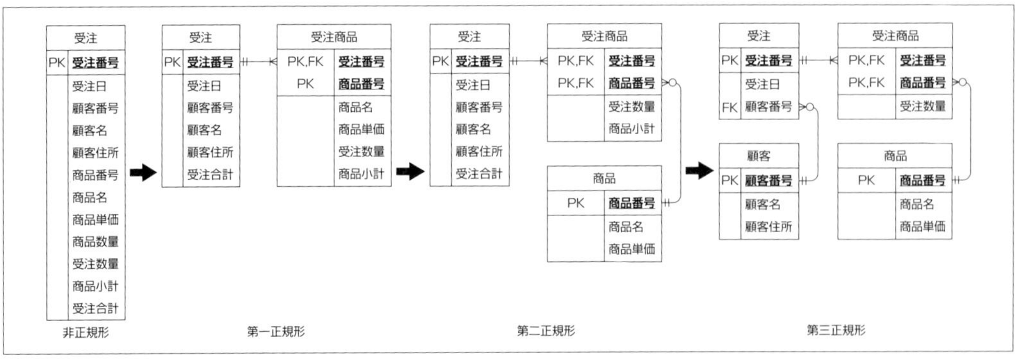

第三正規化は非キーと非キーの関数従属性を検証することから、そのようなモレが生じやすいので注意しましょう。

チェック11　削除すべきではない導出項目を確認する

チェック8で述べたように、正規化理論では導出項目は削除することになっています。しかし、導出項目を無条件に削除するとあとあと問題になるケースがあります。たとえば、「販売数量×商品単価×消費税率」という算出式から「売上金額」が導き出されるとします。つまり、「売上金額」が導出項目です。導出項目の元データである商品単価や消費税率が変動する場合に導出項目を無条件に削除してしまうと、当時の計算結果を正しく導出できなくなるため、安易に削除してはいけません。また、導出項目の元データが変動しない場合でも、当時の計算結果を正しく保持することが必要なケースもあります。たとえば「導出結果のデータは小数点以下四捨五入する」というルールにおいて、そのデータ値を正しく計算されたかどうか記録として残すケースです。

このように導出項目の削除には注意が必要です。そのため、正規化工程では導出項目であることをマーキングしておき、次節で説明する「安定性検証」を経たあとに、アプリケーション開発者に確認したうえで削除するかどうかを判断します。また、どのデータ項目を使って導出するのかを記録しておきましょう。

チェック12　イベントエンティティとリソースエンティティを区別する

エンティティは、経営資源（ヒト・モノ・カネ）を管理するリソース（Resource）系と、時間的要素や数量的要素のアトリビュートを含んだ企業／業務活動を表すイベント（Event）系の大きく2種類に分かれます。

- リソース系：顧客、商品、従業員、勘定科目など
- イベント系：受注、製造、出荷、請求、予算など

データモデル上でエンティティのタイプを区別するために、エンティティの名称にエンティティタイプの頭文字（RまたはE）を付記したり、エンティティの背景色を色分けしたりしておくと、経営資源と企業活動の関係を客観的に把握できます（図7）。

リソース系とイベント系の識別は、第一正規化からやるのではなく、データが整理された状態である第三正規化の最後に実施しておくと、次の工程である「最適化」でのデータ統合が非常にやりやすくなります。

最適化

最適化とは

ここまでに作成した複数の正規化モデルには同じようなエンティティが存在することになります（図8）。そこで最適化では、小さな単位で作成した複数の正規化モデルを分析して、本来同じエンティティは統合し、リレーションシップを再度見直すことにより、最終的にシステム全体で重複なく関係性も矛盾のない状態にします。

最適化の注意点

1ファイル（一画面、一帳票）といった最小

▼図7　エンティティタイプ識別イメージ

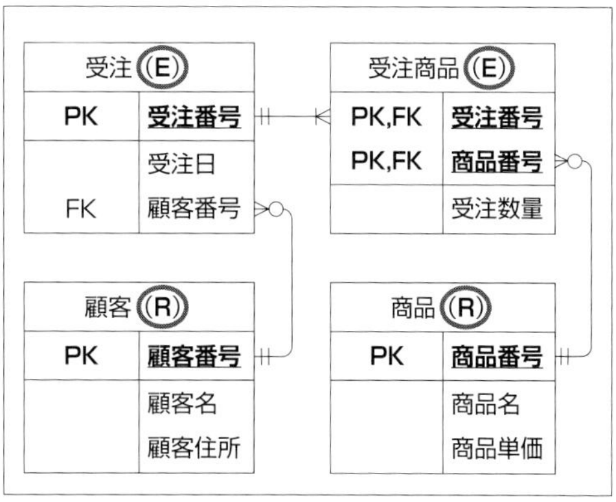

単位で第三正規化まで実施した正規化モデルには複数のエンティティが含まれています。10帳票あれば複数のエンティティが含まれる10個の正規化モデルがあり、これらを総当たり戦でひとつひとつ比較検証・統合していく地道な作業になります。最適化を効率よく進めるには、3つのポイントがあります。

最初にベースとする正規化モデルを決め、ひとつひとつ別の正規化モデルを追加して検証する

一度に複数の正規化モデルを統合しようとすると見落としや削除してしまう恐れがあります。そのため、最初にベースとする正規化モデルを決め、そのモデルに別のモデルをひとつひとつ追加して比較検証・統合していきます。また、正規化モデルの数だけ比較・統合していく作業ですので、ほかの正規化モデルから容易に複製などができるモデリングツール(Embarcadero社のER/Studio Data Architectなど)の利用をお勧めします。

プライマリーキーに着目し、リソース系エンティティから着手する

正規化モデル同士の比較検証・統合作業は、基本的に次の4段階で、統合する項目がなくなるまで繰り返し行います。

1. 同じプライマリーキーを持つエンティティに着目する
2. それぞれのエンティティで管理しているアトリビュートに注目し、名称やデータ属性を確認して、統合の可否を判断する
3. 統合可能なものは名称やデータ属性を調整しながらアトリビュートが重複しないように統合する
4. 統合後は関連するリレーションシップに矛盾がないか確認する

このとき、先にリソース系エンティティを整

▼図8　エンティティ重複の例

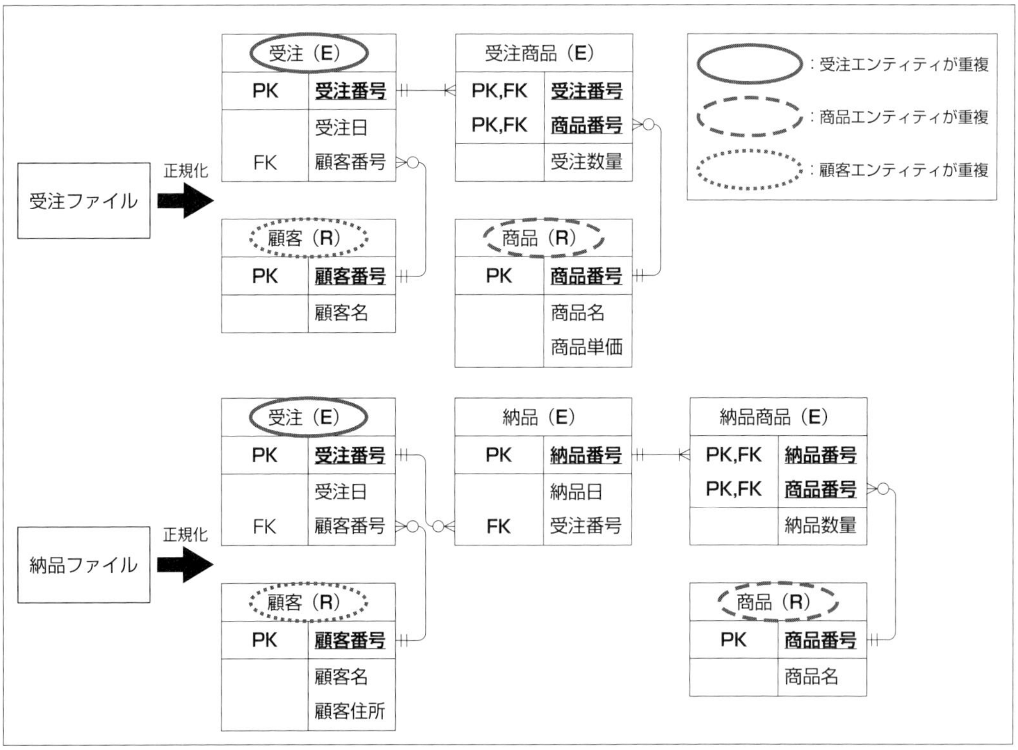

理し、次にイベント系エンティティに着手すると、経営資源に対する活動を俯瞰しながら漏れなく整理できます。

統合できるかどうかは業務・開発担当者にすぐに確認する

プライマリーキーの名称やアトリビュート構成が同じだからといって単純に統合してよいか、データ属性が違うものはどう処理するか、といった判断はデータモデリング担当者が単独でできるものでありません。必ず、実際の業務に詳しい業務担当者や既存システムなどの開発担当者に確認しながら進めてください。誤って統合してしまったり見落としたりすると、後工程で手戻りが発生する可能性が高くなります。

チェック13　ホモニム、シノニム、エイリアスの問題を解決する

企業内で使われる業務用語にはホモニム（同音異義語）、シノニム（異音同義語）、エイリアス（別名）の問題が潜んでいます（**表1**）。名称だけで判断せず何を管理しているものなのかその意味まできちんと確認しなければ、本来統合すべきでないエンティティ同士を統合してしまったり、逆に統合対象のエンティティを見逃してしまったりします。

たとえば、プライマリーキー名称が同じでも、エンティティの管理対象の意味が異なる場合やアトリビュート構成が異なる場合は安直に統合してはいけません。エンティティを区別するためにプライマリーキーの名称を変更しましょう。

チェック14　データ型や桁数などのデータ属性を確認する

統合すべきエンティティ同士であっても、比較の結果、データ型や桁数などのデータ属性が違っている場合はそろえなければなりません。標準化ルールで文字データの場合、数値データの場合、日付や時間情報の場合など、それぞれに対して適用するデータ型、あるいは桁数や位取りまで、データモデリング方針策定の際に決めたルールに従ってそろえます。

チェック15　すべてのデータ項目が含まれているかを確認する

最適化の作業ではアトリビュートのヌケ・モレの発生を抑えるため、対象の正規化モデルが3つ以上ある場合に、2組ずつを統合します。ただやはり、人手で行う作業ですので、データ項目のヌケ・モレによる手戻りの大きさを考えると、対象となったエンティティのすべてのアトリビュートが最適化後のエンティティに含まれているかどうか、最適化作業後に再確認します。

チェック16　リレーションシップを再確認する

エンティティを統合していく際に、エンティティ間のリレーションシップも確認し、必要に応じて再設定します。作業開始前に設定してい

▼表1　ホモニム、シノニム、エイリアス

	ホモニム（同音異義語）	シノニム（異音同義語）	エイリアス（別名）
説明	組織やシステムの単位で同一の名称が異なる対象・事象を表している状態	組織やシステムの単位で異なる名称が同じ対象・事象を表している状態	個別プロジェクトなど小さなグループ内で使用される名称が複数存在している状態
例	担当者番号という名称がある業務やシステムでは社内担当者を表し、別の業務やシステムでは顧客担当者を表す 担当者番号 → 社内の担当者を表す 担当者番号 → 顧客企業の担当者を表す	ある業務やシステムで取引先番号と呼ばれるものが別の業務では顧客番号と呼ばれる 取引先番号、顧客番号 → どちらの名称も顧客企業を表す	商品という同一の対象を指す名称が、個別プロジェクトなど小さな単位ごとに複数存在している 商品番号、商品CD、商品NO → どの名称も商品を表す

▼図9　同一プライマリーキーの例

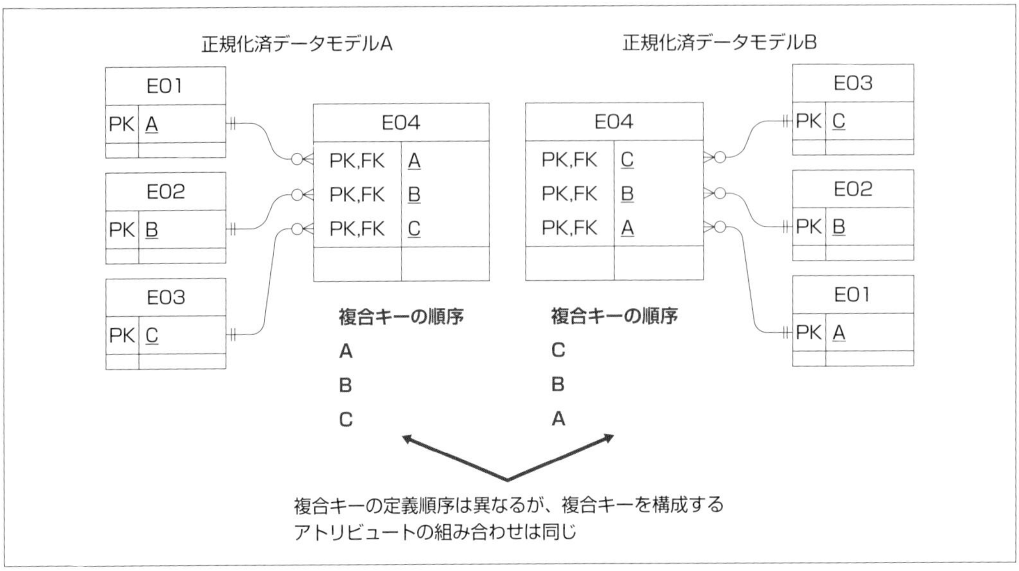

たリレーションシップが作業によって失われていたり、逆に同じエンティティを結ぶ過剰なリレーションシップが残っていたりしないかをチェックしましょう。

定義されていたはずのリレーションシップが削除されてしまっている場合は、作業前の状態を確認しながら復元します。

チェック17　複合キーの記載順の違いによる見落としに注意する

正規化モデルでは、複合キーの記載順にとくに決まりはないため、違う順番に記載されている場合などは最適化の対象から漏れる可能性があります。たとえば**図9**のケースは一見すると異なるプライマリーキーのように見えますが、実際は同一のプライマリーキーです。統合対象として見落とさないよう気をつけましょう。

チェック18　正規化違反がないか再検証する

最適化終了後も第三正規形を維持しているはずですが、シノニムの見落としなど、作業ミスにより第三正規化違反の状態が生じている可能性があるのであらためて確認します。たとえば、「受注」エンティティを統合する過程で「受注担当者名」アトリビュートが「社員」エンティティの「社員名」アトリビュートのシノニムであることを見落としてしまうと、「受注」と「社員」それぞれのエンティティで重複管理されることとなります（**図10**）。SD

▼図10　最低化作業ミスによる正規化違反

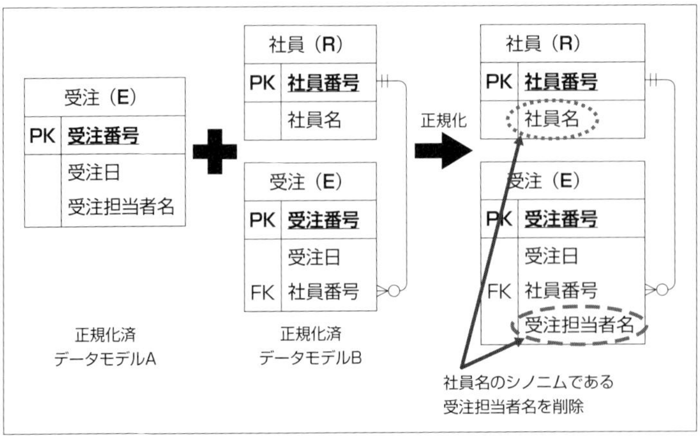

1-4 論理データモデリング ②

ビジネスの変化に強い安定したデータ構造を作る

Author 徳尾 秀敬(とくお ひでたか) 株式会社アシスト
URL https://www.ashisuto.co.jp/

ビジネスルール検証

ビジネスルール検証とは

1-3節で重複を排除しながらエンティティを分離し、複数の正規化されたモデルを1つに統合し、関連性も矛盾のない状態にしました。しかし、ビジネスルールを表すリレーションシップが実際のビジネスルールに則っていなければシステム化に大きな影響を及ぼすため、見直す必要があります。

ビジネスルールに則っているかどうかを確認し、ヌケ・モレや誤りがあれば修正する作業が「ビジネスルール検証」です。ビジネスルール検証はさまざまなパターンがあるので、本節では、チェックすべき代表的なビジネスルール検証例を紹介します。

チェック19 リレーションシップがビジネスルールと矛盾していないかを検証する

たとえば、「納品」エンティティと「請求」エンティティ間のカーディナリティが1:1となっているとします。「納品」と「請求」が1:1ということは、「納品の都度請求する」ということを表します。しかし、「1回の注文を複数回に分けて請求」できるようにしたい場合は、請求エンティティ側のカーディナリティを複数に変更しなければなりません。

チェック20 1つのエンティティに異なる意味合いの管理対象が含まれていないか検証する

正規化、最適化を経て対象データ群の基本的なデータ構造が固まります。しかし、個々のエンティティをあらためて確認してみると、1つのエンティティ内で異なる意味合いのデータを管理しているケースがあります。 この場合、1つのエンティティに異なる意味合いのデータが含まれるかどうかは「区分」「分類」「種別」といった名称のアトリビュートがあるかどうかが目安になります。アトリビュートをわざわざ設けることで、意味合いが違うものを識別できるようにしているからです。

図1左の「商品」エンティティには「商品分類区分」があります。実際の商品の分類を確認してみると、ここには「物品」と「サービス」が混在し、それを商品分類区分で識別していることがわかりました。また、物品のデータが格納される際には重量や仕入先業者番号が保持され、標準工数がNULLに、サービスのデータが格納される際には標準工数が保持され、重量や仕入先業者番号がNULLとなることもわかりました。

つまり、データ処理の際、商品分類区分により、どちらのデータが格納されるのか都度判断する必要があるということです。これはデータとアプリケーションの分離ができていないデータ構造といえます。物品とサービスを含む商品全体としてデータを扱うこともあるかもしれませんが、物品だけ、あるいはサービスだけを対象に処理したいケースもあるのならば、このビジネスルール検証の段階で、「商品分類区分」の下に論理的に異なる「物品」と「サービス」というサブタイプがあることを明記します(**図1**右)。これにより、物品とサービスの個別の処理を独立させることができるとともに、重量は「商品(物品)」、標準工数は「商品(サービス)」に属するというように固有の属性を明確にすることができ、NULL値が格納されるあいまいさを排除できます。この作業を「特化」といいます。

チェック21　共通の概念で統合できるエンティティがないか検証する

先ほどの特化とは反対に、異なる管理対象のエンティティを共通の意味合いで1つに統合したほうがビジネス上都合のよい場合もあります。この作業を「汎化」といいます。汎化ではプライマリーキーの「主要語」に着目し、同じ主要語を持つ候補を見つけたら、両エンティティの共通点を検証します。

図2では、入金伝票エンティティと出金伝票エンティティのプライマリーキーの主要語はどちらも「伝票」であり、アトリビュート構成は

▼図1　サブタイプの例

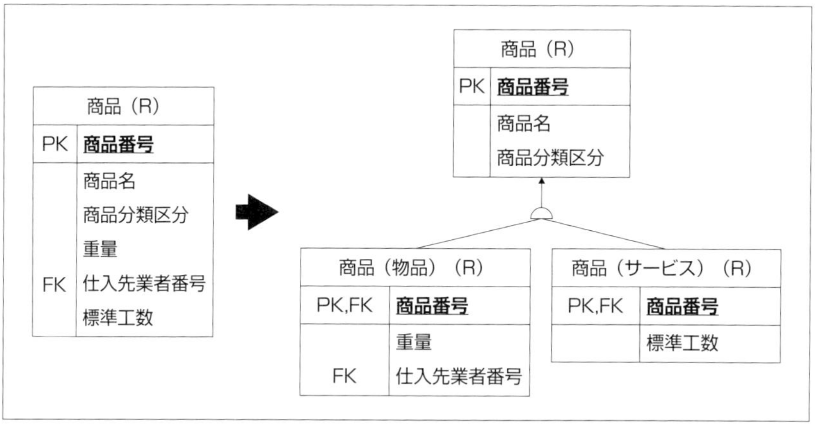

▼図2　プライマリーキーの主要語が同じ例1

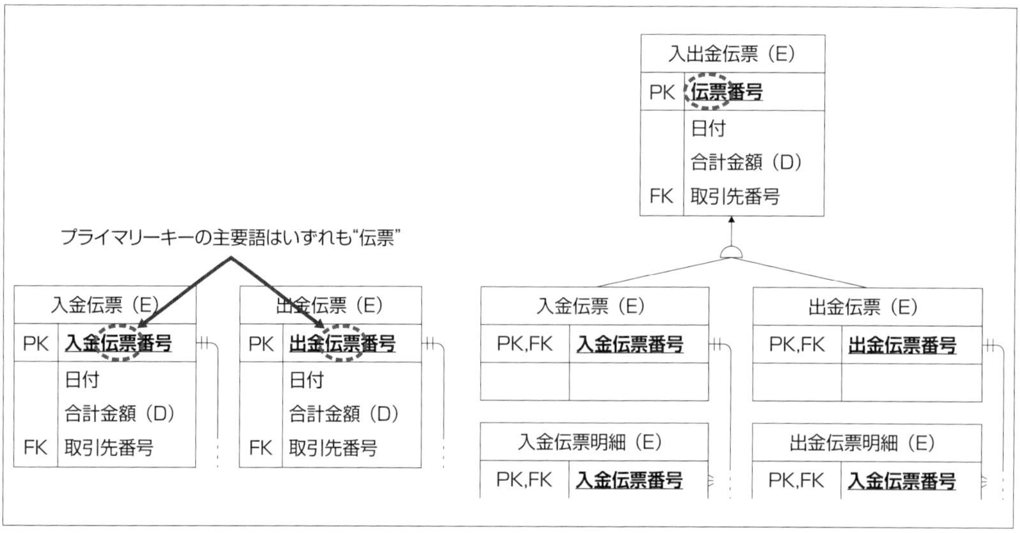

まったく同じです。この場合、2つの伝票は「入出金伝票」という共通の概念でくくることができます。もし、ビジネス的に、「入金伝票」と「出金伝票」を区別することなく、入出金のデータを扱うことがあるのならば、データモデル上は「入金伝票」と「出金伝票」をサブタイプとし、その上位概念を表す「入出金伝票」をスーパータイプとして定義します。ちなみにこの2つのようにアトリビュート構成が同じものを「同一のサブタイプ」と呼びます。

図3では「法人顧客」と「個人顧客」エンティティのプライマリーキーはどちらも主要語が「顧客」ですが、そのアトリビュート構成は異なります。この場合、「顧客」という共通概念があるので、ビジネス上、法人／個人の区別なく「顧客」としてデータを扱いたいならば、「顧客」をスーパータイプとして定義します。ちなみにこの2つのようにアトリビュート構成が異なるものを「相違のサブタイプ」と呼びます。

安定性検証

安定性検証とは

正規化からビジネスルール検証までの作業により、データモデルは現実のビジネスを反映した形になりました。しかし、一度作成したデータモデルを変えずに長く使い続けるためには、ビジネスの変化を受け入れやすい安定した構造にしておくことが重要です。

たとえば、社内でデータモデルに関わる代表的な変化には次が挙げられます。

- 組織や体制が変わる
- 商品やサービスなどの分類に変更が生じる
- 取引条件など、個別の業務におけるビジネスルールが変わる

このほかにも自社の都合で変更されることは数多くあります。また、社外を考えると市場や法律、競合関係など広範にわたりますが、システムやデータモデルに大きな影響を与える事例として「法改正によるビジネスルールの変更」がイメージしやすいのではないでしょうか。

将来のビジネス変化をすべて事前に把握することは不可能ですが、変化するものと変化しないものを業務部門の関係者と一緒に考察し、予測が可能なところにはデータモデル上必要な修正を加えておくことで安定性を高めることができます。このような検証を「安定性検証」と言います。

たとえば、**図4**左の「納品」「請求」「顧客」の関係は、現在のビジネスルールに合わせ、請求

▼図3　プライマリーキーの主要語が同じ例2

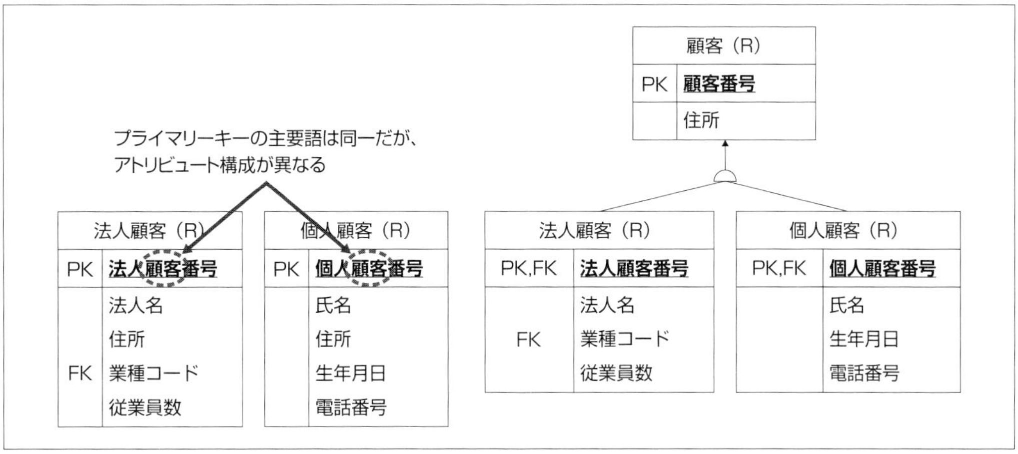

先と納品先を同じにしています。しかし、「請求先は本社に、納品先は工場に分けてほしい」という要望が多くの顧客から寄せられた場合、顧客満足度向上のためにルールを変更する可能性は十分に予測できます。そこで納品エンティティだけでなく、請求エンティティにも顧客エンティティとのリレーションシップを設定し、請求エンティティに顧客番号をフォーリンキーとして定義することで、納品先としての顧客番号と請求先としての顧客番号を変えることができます。

チェック22　リレーションシップの安定性を検証する

　ビジネスルールの変化を考える際にはカーディナリティが「1」の部分に着目すると検証がしやすくなります。なぜなら、ビジネスルールの変化によってカーディナリティが1：NからM：Nに変わるようなことがあると、データ構造の変更が必要になってしまうためです。

　たとえば、分割納品にしか対応していなかったデータモデルを一括納品にも対応できるように変更したい場合は、図5のように変更します。

チェック23　プライマリーキーの安定性を検証する

　プライマリーキーの安定性検証の進め方もリレーションシップと同じです。対象のプライマリーキーが今後のビジネス変化に対応可能かを検討し、必要な修正を行います。プライマリーキーの中でもとくに注意が必要なものは次の3つです。

・社外コード：JANコードや行政や取引先が

▼図4　請求先と納品先を分ける対応の例

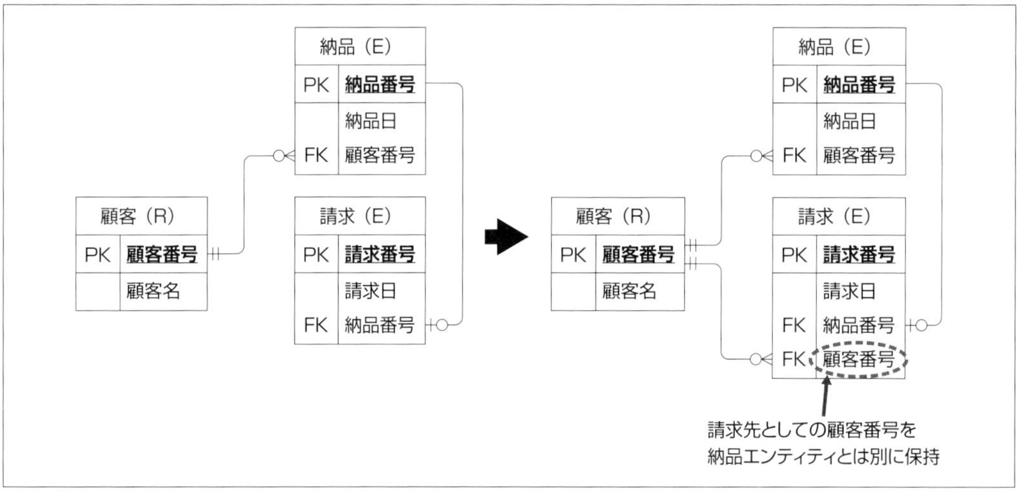

▼図5　分割納品と一括納品に対応するデータモデル

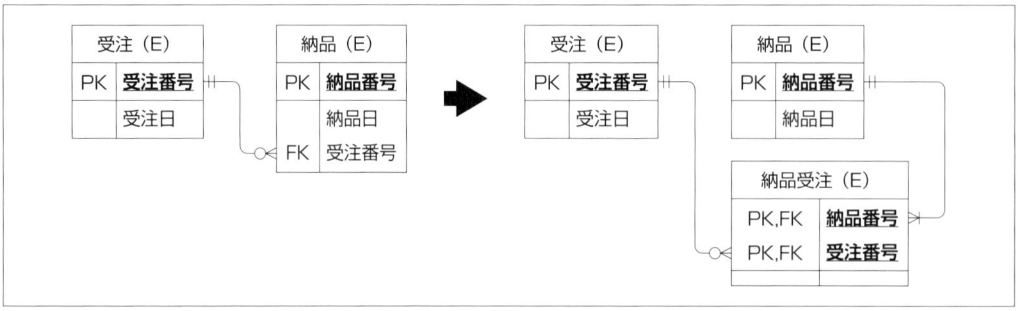

▼図6　代用キーの採用(社外コードへの対応)

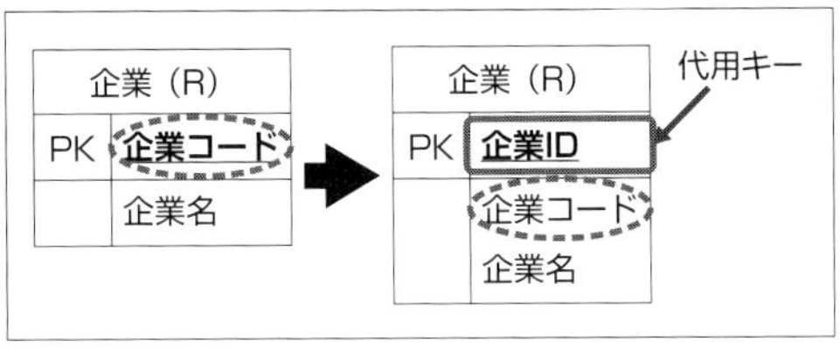

発行するコードなど、コード体系の変更を制御できないコード

・有意コード：先頭2桁（部門番号）＋後続3桁（商品コード）を商品番号（5桁）とするような、データ値自体に意味を持たせたコード

・複合キー：複数のアトリビュートから構成されるプライマリーキー

社外コード、有意コード、複合キーのようなプライマリーキーは変化に対して柔軟とは言えないため、いずれの場合もプライマリーキーの代わりとなる「代用キー」を採用した対策が有用です。プライマリーキーに固有の意味を持たせない連番などで代用することで安定性を向上させることができます。

プライマリーキーに社外コードを使用している場合の安定性検証

図6では、企業エンティティのプライマリーキーに信用調査会社が管理する「企業コード注1」を採用しています。コード体系が変わったら、企業コードを参照するすべてのフォーリンキーのデータ値を変更しなければデータの不整合が発生します。そこで、企業コードを非キーにし、代わりに「企業ID」という代用キーをプライマリーキーとして設定、さらにフォーリンキーも企業IDに変更しておきます。

注1） 調査対象の企業を識別するために信用調査会社が独自に付与したコードのこと。

プライマリーキーに有意コードを使用している場合の安定性検証

図7は商品エンティティのプライマリーキー「商品番号」に部門番号と商品コードから構成される有意コードを採用しています。これらもコード体系が変わったら、商品番号を参照するすべてのフォーリンキーのデータ値を変更しなければデータの不整合が発生します。そこで、商品KEYを代用キーとしてプライマリーキーに設定し、商品番号ではなく、部門番号と商品コードを、それぞれ部門エンティティ、商品エンティティのコードを参照するようにフォーリンキーかつ非キーとして定義しておきます。

プライマリーキーに複合キーを使用している場合の安定性検証

図8は受注番号と商品番号の複合キーを採用し、いったん注文が確定してしまうと受注数量の増減希望があってもデータ変更ができない状態になっています。受注数量のデータ値を直接修正すると、数量変更という履歴がデータとしてどこにも残らなくなります。そこで、受注数量が変更されたことも履歴として残るように、プライマリーキーとして受注明細番号を代用キーとして採用し、複数回商品番号が登録できるよ

▼図7　代用キーの採用例(有意コードへの対応)

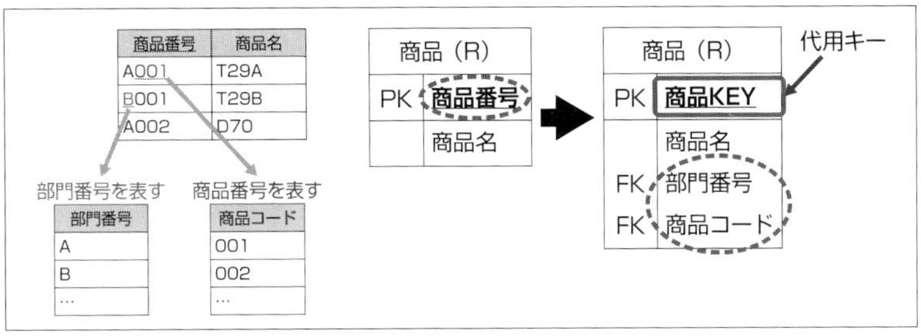

▼図8　代用キーの採用（複合キーへの対応）

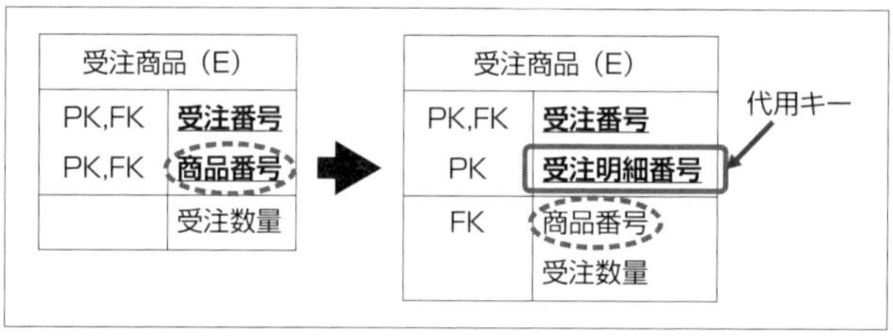

うに変更します。

◆　◆　◆

なお、見落としなどの作業ミスのリスクが高まるため、プライマリーキーの安定性検証とリレーションシップの安定性検証は同時に行わないようにしましょう。どちらを先に実施してもかまいませんが、仮にプライマリーキーを先に行うのであれば、すべてのプライマリーキーについての安定性検証を終えてからリレーションシップの安定性検証を行います。

論理データモデル成果物レビュー

安定性検証を実施することで論理データモデルの作成作業そのものは完了です。しかし、論理データモデリング工程を正式に完了するためには、最後に業務担当者を含むシステム化プロジェクトの全メンバーに対して成果物の品質に問題がないことを確認してもらうというステップが重要です。

チェック24　理解しやすいデータモデルになっているかを確認する

論理データモデルはER表記法により箱（エンティティ）と線（リレーションシップ）でデータの関連を表現しますが、この表記法に慣れていない方にとっては直感的に理解しづらいものであることも事実です。そのため、データの関連性を把握しやすいように論理データモデルのドキュメント面にいくつかの加工を施すことを推奨します。

実際に筆者が工夫していることは次のとおりです。

- エンティティタイプの違いを可視化する
- 時系列（業務の流れ）を表現する
- 販売業務、アフターサービス業務など特定の業務の範囲をサブエリアとして可視化する

リソースエンティティとイベントエンティティを色などで識別可能にし、業務の流れの順に左から右に並べてみると業務活動（イベント）の中で経営資源（リソース）がどのように関係しているかを理解しやすくなります（**図9**）。また、業務範囲をサブエリアとして表現することで特定の業務範囲で発生するデータを把握しやすくなります。

チェック25　必要なドキュメントはあるかを確認する

正規化、最適化、ビジネスルール検証、安定性検証と作業を進める過程で従来のデータ構造では存在していたエンティティが削除や統合されたり、新たに追加されたりします。アトリビュートの追加は基本的にはありませんが、参加しているシステム化プロジェクトで必要と判断されたアトリビュートについては追加する可能性もあります。

新システム（データベース）で実装・管理されるのは、論理データモデル上に存在しているエンティティやアトリビュートがすべてとなるので、どんなエンティティやアトリビュートがあり、どのように定義されているのかをまとめて提示できるよう準備しておくことが必要です（**表1**）。

チェック26　データ構造上の変更点を説明できるか確認する

エンティティ一覧やアトリビュート一覧、エンティティ仕様書を整備することで、「何が」新システムでの管理対象となるのかを示すことはできます。しかし、従来のデータ構造に存在したものが、完成した論理データモデルでは削除・統合されていたり、逆に従来は管理対象でなかったエンティティやアトリビュートが追加された場合は、「なぜ」そのような対応をしたのか関係者へ説明しなければならない場合があります。

これらの変更は論理データモデリングプロジェクトの中では逐次合意しながら進めますが、変更のための議論に直接関与しなかった関係者にはあらためてその経緯と必要性を説明し、承認してもらうことが必要です。

主要な変更点に対して、変更に至った背景やその際の論点を資料化し、説明可能な状態にしておきましょう。SD

▼図9　論理データモデル加工後のイメージ

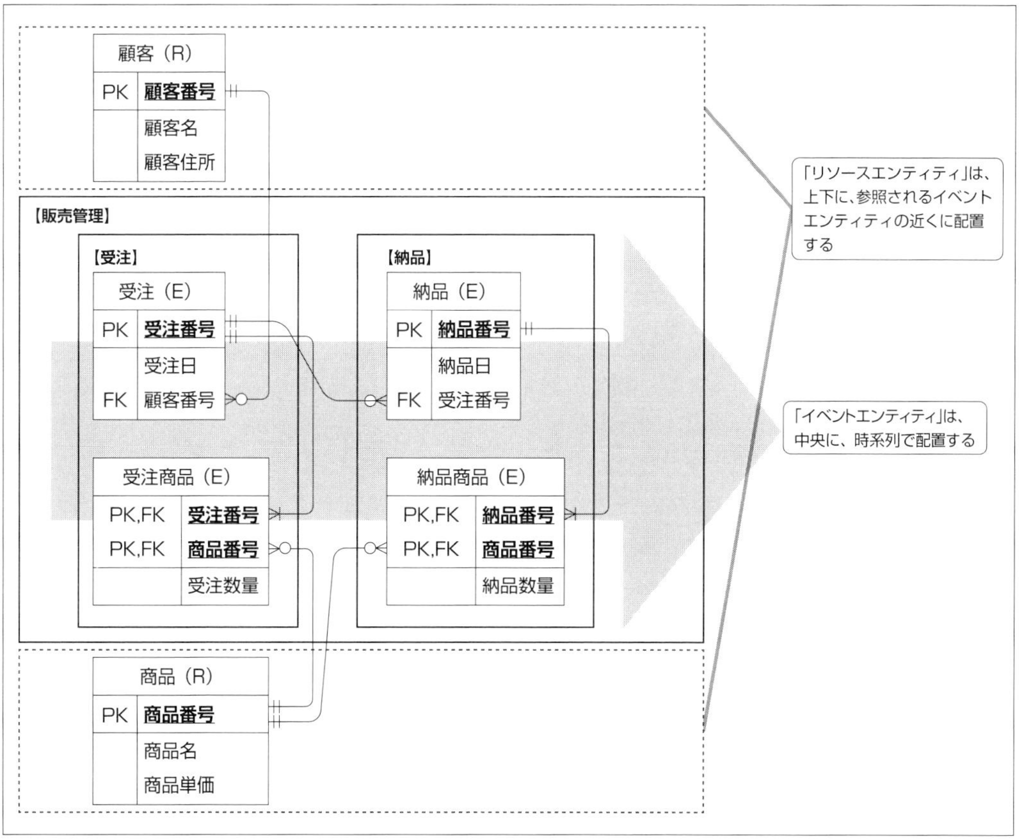

▼表1　おもなドキュメント

ドキュメント	説明
エンティティ一覧	当該プロジェクトの対象範囲内で管理対象となるすべてのエンティティの意味定義を記したリスト
アトリビュート一覧	当該プロジェクトの対象範囲内で管理対象となるすべてのアトリビュートの意味定義を記したリスト
エンティティ仕様書	エンティティごとに定義したアトリビュートの論理データ属性を定義した仕様書
用語辞書	論理データモデリングの過程で整理された業務用語とその定義内容

1-5

物理データモデリング①

内部構造を決定し、現実的なデータベースを実装する

Author 堀内 康夫（ほりうち やすお） 株式会社アシスト
URL https://www.ashisuto.co.jp/

物理データモデリングのゴールと実施手順

物理データモデリングの目的は、データモデルの安定性を考慮しつつ、RDBMSへ実装するためのシステム要件と運用要件を満たすように、論理データモデルを調節し「動くデータベース」にすることです。論理データモデリングではビジネスとデータの一貫性と整合性に着目してきましたが、物理データモデリングでは、システムとデータとの一貫性と整合性に着目します。

システム（アプリケーション）と連携させるためには、データモデリング担当者とアプリケーション開発者が機能要件やシステム要件、データ要件について、確認しながら共同で進める必要があります。

また、物理データモデリングの手順は、弊社の経験から、作業の手戻りが最小限になるよう、**図1**の順に進めることを推奨しています。ビュー設計はアプリケーション開発者が担うケースがあり、データセキュリティ設計は実質、データベース管理者（DBA）が行うため、本章ではデータモデリング担当者が常に実施しなければならない5つの工程に絞って解説します。

データと処理の構造化

CRUD図とは

物理データモデリングでは、最初にエンティティ（データ）とプロセス（処理）の関係を図式化しておきます。この関係図をCRUD図注1といいます（**図2**）。CRUD図により、エンティティやプロセスの重複や捕捉モレを把握したり、エンティティに対するプロセスの集中度合によって性能上のボトルネックとなり得る箇所を俯瞰したりできます。またエンティティかプロセスのどちらかに変更が生じた場合の影響範囲も正確に把握できるようになります。

物理データモデリングでは、現在の保守・運用要件や性能要件を満たすだけではなく、この

注1） データ（エンティティ）のライフサイクルは生成（Create）、参照（Retrieve）、更新（Update）、削除（Delete）の4種類から成るため、これらの頭文字をとっています。

▼図1　物理データモデリング実施手順

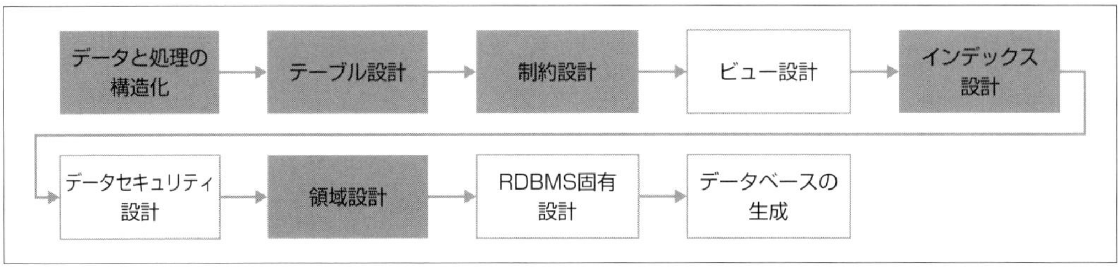

CRUD図の作成により、将来的なデータ量やユーザー数の増加を見越して、先手の運用ができるようにしておくことがポイントです。

CRUD図では、エンティティとプロセスをそれぞれ縦と横の視点で見ていくことで、関係を確認できます。

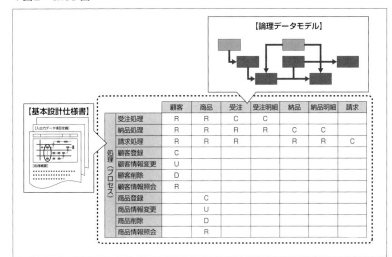

▼図2　CRUD図

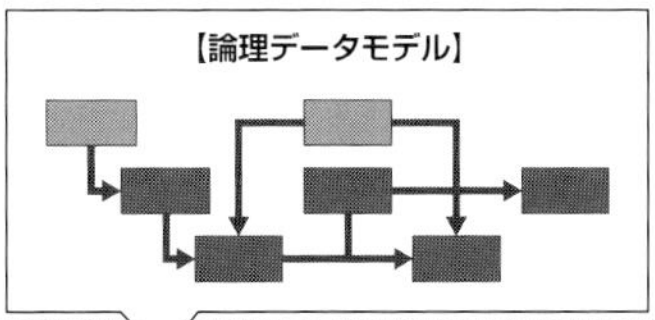

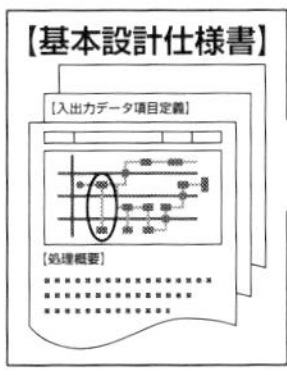

処理（プロセス）	顧客	商品	受注	受注明細	納品	納品明細	請求
受注処理	R	R	C	C			
納品処理	R	R	R	R	C	C	
請求処理	R	R	R		R	R	C
顧客登録	C						
顧客情報変更	U						
顧客削除	D						
顧客情報照会	R						
商品登録		C					
商品情報変更		U					
商品削除		D					
商品情報照会		R					

エンティティごとのライフサイクル（縦の視点）

図2の「顧客」エンティティを見てみましょう。「顧客」エンティティは「顧客登録」プロセスで生成（C）、「受注処理」「納品処理」「請求処理」「顧客情報照会」プロセスで参照（R）、「顧客情報変更」プロセスで更新（U）、「顧客削除」プロセスで削除（D）されることが読み取れます。

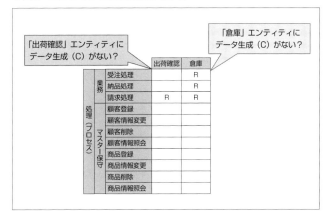

▼図3　エンティティの生成（Cがない!）

「出荷確認」エンティティにデータ生成（C）がない？

「倉庫」エンティティにデータ生成（C）がない？

処理（プロセス）		出荷確認	倉庫
業務	受注処理		R
業務	納品処理		R
業務	請求処理	R	R
マスター保守	顧客登録		
マスター保守	顧客情報変更		
マスター保守	顧客削除		
マスター保守	顧客情報照会		
マスター保守	商品登録		
マスター保守	商品情報変更		
マスター保守	商品削除		
マスター保守	商品情報照会		

プロセスごとの関連エンティティ（横の視点）

同じく図2の「受注処理」プロセスを見てみると、「顧客」「商品」エンティティで参照（R）、「受注」「受注明細」エンティティで生成（C）を行うということがわかります。

チェック27　すべてのエンティティに生成（C）が存在することを確認する

生成（C）が存在するかどうかは最初に確認します。ヌケ・モレの原因確認やその対応に時間が必要となる場合があるからです。また、ここで確認を怠ると、以降の工程でライフサイクル全体を見直す際の手戻りが多くなります。

まず縦の視点で各エンティティにCがあるかどうか、次に横の視点でどのプロセスでCが発生しているかを確認します。図3のようにエンティティにCがない場合、対応するプロセスのモレが考えられます。逆にエンティティにCが複数ある場合は、プロセスに機能が重複している可能性があります。いずれの場合もプロジェクト関係者、アプリケーション開発者への確認が必要です。

チェック28　すべてのエンティティに参照（R）が存在することを確認する

参照（R）が存在しないということは、そのエンティティのデータを活用していないことになります。参照するプロセスに欠落がないか、エンティティとして必要性があるのか、あるいは参照しない理由は何かをプロジェクト関係者に確認します。

チェック29　すべてのエンティティに削除（D）が存在することを確認する

削除（D）が存在しないとデータが増える一方になります。とくにイベントエンティティでデータ量が多い場合は注意が必要です。取り扱いが終了した商品は、撤去や廃棄をするのと同じように、実態に合わせてデータも退避や廃棄することが望ましいです。データの保管期限を確認し、期限を過ぎたデータはオフラインの環境に退避するのか、削除するのかなど、データのライフサイクル管理をどうするのか、アプリケーション開発者に確認します。

チェック30　依存リレーションシップと生成（C）の対応を確認する

依存リレーションシップ（親子関係）にあるエンティティでは、親エンティティのデータ生成と同時に子エンティティにもデータが生成されます。したがってCRUD図で依存リレーションシップの親エンティティ、子エンティティの両方にCが記入されているかを確認します。もしなければ、プロセスの内容を確認し、記入漏れの原因を突き止めて、対応方法を関係者と確認します。

チェック31　データライフサイクル全体の矛盾は時間軸で確認する

チェック30まで順番に行ったら、データライフサイクルとプロセスに全体的に矛盾がないか時間軸で確認します。まずは次のように2段階でCRUD図の並べ替えを行います。

1. イベントエンティティとリソースエンティティに分ける。リソースエンティティには時間軸がないため、ヒト・モノ・カネ・場所でグルーピングし、イベントエンティティの後ろにグループ単位に配置する
2. プロセスを上から、イベントエンティティを左から、発生順に並び替える

▼図4　時間軸の追加

業務の流れに沿って並び替え

処理（プロセス）			受注	受注明細	納品	納品明細	請求	顧客	商品
			E/R	E/R	E/R	E/R	E/R	E/R	E/R
	業務	受注処理	C	C				R	R
		納品処理	R	R	C	C		R	R
		請求処理	R		R	R	C	R	R
	マスター保守	顧客登録						C	
		顧客情報変更						U	
		顧客削除						D	
		顧客情報照会						R	
		商品登録							C
		商品情報変更							U
		商品削除							D
		商品情報照会							R

縦の視点で「C」から始まっている。

イベントエンティティ　リソースエンティティ

並べ替えを行ったら、データライフサイクル全体に矛盾がないか、縦の視点、横の視点の順に見ていきます。イベントエンティティでは、プロセスの最初に行われるのはCのはずです。さらに、時系列順に左から右に並び替えをしているため、エンティティとプロセスに矛盾がない場合、Cは左上から右下に向かって並びます（図4）。

チェック32　更新（U）、削除（D）が多いエンティティは要注意

UとDの多いエンティティはデータベース運用時に注意が必要です。頻繁にデータの更新や削除が行われると、データベース上でデータの断片化が発生しやすく、データベースの応答性能が劣化していく可能性があります。そのため、断片化を起こさないようにRDBMSのパラメータ値を検討するなど、RDBMSの持つ機能に合わせた対応をします。また、運用時に該当するテーブルやインデックスの再編成など、RDBMSの仕様に合わせた対応が必要です。

チェック33　データ更新時のデッドロックの発生リスクを見つける

複数のプロセスから更新または削除されるエ

ンティティでは、プロセスが同じタイミングでエンティティを更新、削除すると、資源の競合が発生する可能性があります。あるプロセスが処理を確定（コミット）するまでほかのプロセスは待機状態になったり、プロセスがデッドロック状態になったりする可能性があるため、

- UやDの多いエンティティでは待機が多く発生する可能性があること
- データ更新、削除の順番に規則性を持たせデッドロックが発生しないようにすること

をアプリケーション開発者に注意喚起します。

☑ チェック34　データ削除は物理削除なのか論理削除なのか認識合わせをする

削除（D）は、物理削除なのか、それとも実際にはデータを削除せずに削除フラグだけ立てる論理削除なのかをアプリケーション開発者と決めておきます。論理削除の場合は「論理削除」を示すカラムの追加が必要です。併せて、削除した日付や削除者などのカラムを追加する必要があるかを確認します。論理削除の場合、論理削除したデータの保持期間を確認して、いつまで保持するのかプロジェクト関係者と認識を合わせておきましょう。

☑ チェック35　ボトルネックを確認する

CRUD図に、各エンティティの予想データ件数、CRUD数（C、R、U、Dの数を合計する）、各プロセスの利用頻度（年単位、月単位、日単位なのか）、ピーク時の予想実行数などの情報を追加することで、ボトルネックとなりそうな箇所を予測できます。

ボトルネックの候補は次の観点で選定します。

- CRUD数が多いプロセス／エンティティ[注2]
- 実行頻度が高いプロセス
- データ件数が多いエンティティ
- 重要なユーザーが利用するなど、重要度の高いプロセス

これらの観点から改善が必要な箇所を見つけ出して、次の4つの方法を順に検討します。

1. プログラム（SQLを含む）の見直し

アプリケーションの観点から処理改善が可能かを検討します。具体的には、処理ステップの分割・統合やスカラー型から配列型への変更などのプログラムロジックの見直し、無駄なテーブル結合処理の確認や結合順の変更といったSQL文のチューニングなど、テーブル構造を変更しないことを前提に処理改善を図ることができないか、アプリケーション開発者と検討します。

2. RDBMS固有機能の検討

実装するRDBMSの仕様や機能を確認して検討を進めます。たとえばデータベースバッファキャッシュの調整を行い、物理ディスクへのアクセスの抑制、更新処理に対するロギング機能の停止、行の長さをふまえたブロックサイズの調整などがあります。

3. インデックス作成

検索処理の性能を改善しますが、ほかのプロセスの更新処理が遅くなるといった影響もあります。詳細は次節の「インデックス設計」項に記載しますが、必要最小限のインデックスを定義して、システム全体の最適化を目指します。

4. データ構造の変更

論理データモデリングで行った重複のない安定したデータ構造を崩し、データの整合性や一貫性という品質面や保守面の対価を払うことになるため、極力行わないようにしましょう。やむを得ず変更する場合には、安定性を考慮しながらデータ構造を見直します。

注2） CRUD数の多いプロセスは、そのプロセスがアクセスするエンティティが多く結合処理が多く発生するということ、また、CRUD数の多いエンティティの場合、そのエンティティにアクセスが集中することを意味しています。

チェック36　データ構造を変更するときには、変更理由を記録に残す

この記録が使われる場面は2つあります。1つは、物理データモデリングの最後のレビューで、プロジェクト関係者に論理データモデルから変更することになった原因、理由、変更箇所を説明する場面です。もう1つはデータベース保守の場面です。システムのカットオーバー後に機能拡張やバグ修正などで変更が必要な場合に、記録があることによって保守担当者が迅速に修正の可否を判断できます。通常、システム開発と運用・保守メンバーは分かれていて、システムが長く安定的に稼働すれば当時の開発担当者は異動や退職ですでにいない場合も多く、過去の背景がわからずに判断に迷うためです。

テーブル設計

テーブル設計ではRDBMSへ実装するテーブルとカラムを**図5**のように定義します。

テーブル設計の手順

1. テーブル名とカラム名の定義

論理データモデルのエンティティとアトリビュートの名称をもとに、物理データ名称（テーブル名とカラム名）を決めます。ここでのポイントは、論理データ名称と同様、変換ルールを作成すること、また、RDBMSの制限や仕様に合うものにすることの2点です。

1-2節で用語辞書の作成をお勧めしましたが、論理データ名称から物理データ名称へ変換する際も辞書の作成をお勧めします（**表1**）。

▼表1　論理ー物理変換辞書

項番	論理名称	物理名称		ドメイン
		名称	省略形	
1	顧客	CUSTOMER	CSTMR	
2	取引先	CUSTOMER	CSTMR	
3	社員	EMPLOYEE	EMP	
4	従業員	EMPLOYEE	EMP	
5	注文	ORDER	ORDR	
6	請求	DEMAND	DMND	
7	出荷	SHIP	SHP	
8	コード	CODE	CD	CD
9	番号	NO	NO	番号
10	金額	AMOUNT	AMNT	金額
11	数量	QUANTITY	QNTTY	数量

変換辞書を作成しておくと標準化ルールが適用されているか一目で確認でき、保守に入っても確認が容易になります。

2. データ属性の定義

論理データ属性をもとに物理データ属性を検討します。論理データ属性としてはおもに文字列型、数値型、日付型の3つがあります。まとめると**表2**になります。

数値型は取り得る値が文字列でも数値でも、定義可能なデータ値に注意が必要です。たとえば前ゼロの扱いをどうするかです。データ保管は数値型でも出力時に前ゼロをつけて固定長の文字列型に変換することはできるので、バラツキを抑えるために、文字列型にするのか、数値型にするのか標準化を検討します。さらに、数値の精度（全体の桁数）とスケール（小数点以下の桁数）を定義する際は、スケールを超える小数部を持つデータを入力・更新する場合にエ

▼図5　テーブル設計

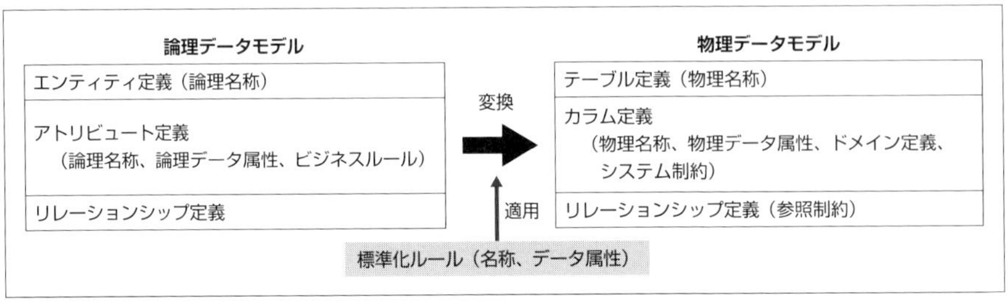

▼表2　データ属性の検討

論理データ属性	物理データ属性
文字列	固定長文字列型
	可変長文字列型
数値	数値型
	文字列型
日付	日付型
	文字列型
	数値型

ラーになるのか、四捨五入や切り捨てされるのか、などRDBMSにより仕様が異なるため注意が必要です。

3. 物理ドメインの定義

ドメイン定義は、データ属性（データ型、長さ、精度）とデータ値がとり得る範囲や制約条件を組み合わせ、複数のカラムに同じものを適用する場合に便利です。データ属性定義時の確認工程やミスを減らして生産性を高めたり、将来的に仕様変更が発生した場合のテーブル保守時に影響範囲の特定・変更が簡単になったりします。また、複数人で分担して作業する場合にも1ヵ所で管理するメリットは大きいものがあります。

チェック37　テーブル名、カラム名がRDBMSの制約に合っているかを確認する

論理データ名称から物理データ名称へ変換する際、将来的にパッケージソフトや開発言語が変更される可能性を考慮すると、日本語（漢字）ではなく英数字（シングルバイト文字）を採用したほうが安心です。また、実装するRDBMSに定義可能な長さにするために、次のように論理データ名称を英語またはローマ字の母音を除いた短縮形にするケースが一般的です。

- 商品名→PRDCT_NM
- 顧客名→CSTMR_NM

母音を除いて短縮する場合は、同音異義語が発生しないように、かつ、RDBMSの予約語と重複しないようにしましょう。

チェック38　日付データの属性定義方針を明確にする

日付データは、日付型、文字列型、数値型を選ぶことができますが、どのような場合にどの型で定義するのかは、プロセスの仕様を確認します。たとえば、プロセスで日付関数が用いられていたり、時間計算が必要だったりする場合は「日付型」にします。時間データが不要で、年月だけのデータが必要な場合は「文字列型」にするとよいでしょう。

チェック39　ドメイン定義ルールに沿ったデータ属性定義がされているか確認する

データ属性定義がドメイン定義ルールに沿っているかを確認するには、テーブル定義の一覧にドメイン名を定義する列を設け、ドメインが適用されるカラムにモレなく定義されているかを確認します。

制約設計

現実のビジネス（業務）とデータベース上のデータ値に矛盾があってはいけません。たとえば、「ある製品が製造中止となったのにデータベース上では存在していることになっていて、生産計画立案時のリストに出てくる」といった矛盾です。この矛盾を排除するためには、データを追加（INSERT）、更新（UPDATE）、削除（DELETE）するときに、テーブルのカラムごとに格納できるデータ値のルール（制約）を決めておきます。これを「制約設計」といいます。制約設計で重要なのは、どのカラムにどの制約が必要なのかをモレなく洗い出すことです。

制約設計の手順

制約設計では、次の3つのことを行います。

- カラムのデータ仕様（入力するデータ値に関する定義）の確認
- データ制約の適用検討
- データ制約の定義

▼表3　データ仕様の例

分類		データ仕様の説明	データ制約
列挙型		「1：社内、2：社外」などの列挙	ドメイン制約
範囲型		「1～9,999の連続数字4桁」、「AA～ZZの連続文字列2字」などの範囲	ドメイン制約（途中欠番あり）、多重度制約（原則途中欠番なし）
ルール系	単一項目型	一意・非一意	一意性制約
		必須・任意	NOT NULL制約
	複数項目型	項目間の比較（<, >, =, <=, >=）	関連制約
		項目間の参照	参照制約
	算出型	1項目もしくは複数項目と定数・変数との演算結果データ	導出制約
	処理型	データ値の変更によって呼び出されるビジネスロジックなどのアプリケーション処理	更新制約、処理順序制約
省略時解釈値		入力データが指定されなかった場合の固定データ値を指定する	データ制約にはないが、RDBMSの制約定義はある

表3ではデータ仕様ごとに適用するデータ制約をまとめています。

データ制約とは

データ制約とは、テーブルに格納するデータ値のルールを決め、データ値が矛盾なく維持され、意味的に一致していることを保証するための定義です。テーブル設計のカラム属性定義ではデータ“値”のデータ型、長さを決め、数値型の場合は精度や位取りを決めましたが、データ制約ではさらに範囲を狭め、妥当性のあるデータ“値”をデータベースに格納するための制御機能を定義します（**図6**）。

データ制約は、**表4**のとおり全部で9種類あります。

本稿では、代表的なデータ制約として「ドメイン」「一意性」「NOT NULL」「関連」「導出」「参照」の6つについて解説していきます（**リスト1**[注3]）。

ドメイン制約

データ値が正しい範囲にあることを保証する制約です。値の範囲か、列挙した値のいずれかを指定します。

一意性制約

データ値の一意性を保証する制約を一意性制約（ユニーク制約）といいます。ユニーク制約は、1つのテーブルに複数定義でき、NULL値を含むことができます。

ユニーク制約に加えて1つのテーブルに1つだけ持つことができ、NULL値を含むことを許さない制約が、プライマリーキー制約（主キー制約）です。プライマリーキー制約は、行の一

注3）例示のため、テーブル名、カラム名は日本語表記としています。

▼図6　カラム属性定義との違い

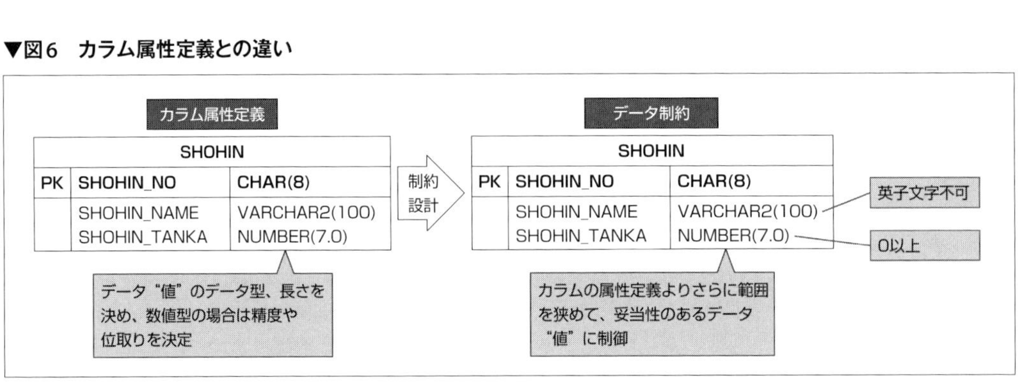

意性を保証するもので、複合キーの一部のカラムであってもNULL値を含むことは許されません。

NOT NULL制約

各カラムに必ず値を入力させたい場合(必須項目)の制約です。

関連制約

同一テーブル内の複数のカラム間におけるデータ値の関連を保証する制約です。**リスト1**では、受注日と出荷予定日が「受注日<出荷予定日」という条件、つまり、受注日は出荷予定日より前である、を満たすことを保証しています。

導出制約

データ値が、ほかの1つ以上のデータ値より導出されることを保証する制約です。たとえば受注明細金額は(受注数量×商品単価)より導出(算出)できます。

導出制約は通常、ビューとトリガーまたはプログラムで定義します。ちなみに「ビュー」は

▼表4　データ制約の種類

制約の種類	制約内容	カラム単位/テーブル間
ドメイン制約	データ値が正しい範囲にあることを保証する	カラム単位のデータ値を限定
一意性制約	データの一意性を保証する	
NOT NULL制約	データの存在を保証する	
関連制約	参照制約、導出制約を除くデータ項目間の制限を保証する	
導出制約	導出元データからの計算値であることを保証する	
多重度制約	1:NのリレーションシップのNのとり得る件数を制限する	
参照制約	フォーリンキーの値が参照先テーブルのプライマリーキーの値として存在することを保証する	テーブル間のデータ整合性保証
更新制約	データの更新をトリガーとして、ほかのデータへの更新を保証する	—
処理順序制約	データが持つ状態遷移規則を保証する	—

▼リスト1　各制約の定義方法の例(SQLデータ定義言語)

```
CREATE TABLE “受注” (
  “受注番号” NUMBER(10) PRIMARY KEY,      ← 一意性制約(プライマリーキー)
  “受注日” DATE NOT NULL,      ← NOT NULL制約
  “出荷予定日” DATE,
  CHECK (“受注日” < “出荷予定日”)      ← 関連制約
  (..略..)
  “受注チャネル” CHAR(1) CHECK(“受注チャネル” in ( ‘D’ , ‘A’ , ‘W’ ),      ← ドメイン制約(列挙型)
  (..略..)
);

CREATE TABLE “受注明細” (
  “受注番号” NUMBER(10) ,
  “受注明細番号” NUMBER(2) CHECK (受注明細番号< 50),      ← ドメイン制約(範囲型)
  (..略..)
  PRIMARY KEY (“受注番号”, “受注明細番号”)      ← 一意性制約(プライマリーキー)
  FOREIGN KEY (“受注番号”) REFERENCES “受注”  ON DELETE CASCADE      ← 参照制約
);

CREATE VIEW “受注ビュー” (
  “受注番号” , “受注明細番号”, “商品名”, “商品単価”, “受注数量”, “受注明細金額”
) AS
  SELECT H.“受注番号” , D.“受注明細番号”, P.“商品名”, P.“商品単価”, D.“受注数量”,
         D.“受注数量” * P.“商品単価”      ← 導出制約
  FROM 受注 H, 受注明細 D, 商品 P
  WHERE H.受注番号 = D.受注番号 AND D.受注商品番号 = P.商品番号;
```

実体のあるテーブルから任意のデータを取り出したり、組み合わせたり加工したりして作成した仮想的なテーブルです。「トリガー」はテーブルに対する追加(INSERT)、更新(UPDATE)、削除(DELETE)イベントをきっかけに自動的に実行制御されるプロシージャのことで、プロシージャとともにデータベースに格納しておきます。

参照制約

参照制約(外部キー制約とも呼びます)は、対象となるテーブルへ更新処理が発生した場合に、データモデル上のリレーションシップに従って、フォーリンキーの値とプライマリーキーの値との整合性を保証する制約です。このため、参照制約はリレーションシップが定義されているフォーリンキー側のカラムに対して定義します。**リスト1**では、参照制約を定義しているため、受注テーブルの「受注番号」が削除されると、受注明細テーブルの「受注番号」も連鎖して削除されます。

ここで、親/子テーブルのいずれかに追加、更新、削除を行った場合にどうなるのかについて解説します。親テーブルと子テーブルの間でデータの不整合を防止するために次の3つの対応方法を指定します。

- CASCADE(連鎖)
  親テーブルのプライマリーキーが更新、削除されたら子テーブルのフォーリンキーも更新・削除する
- RESTRICT(制限)
  親テーブルのプライマリーキー値と同じデータ値の子テーブルのフォーリンキーがあるため、親テーブルのプライマリーキーの更新、削除を制限する
- SET NULL(空白値化)
  親テーブルのプライマリーキーが削除されたらフォーリンキーの値をNULL値に設定する

親テーブルのプライマリーキーに更新処理を行った場合の子テーブルのフォーリンキーへの影響と、子テーブルのフォーリンキー変更に対する親テーブルへの影響はそれぞれ**表5、6**となります。

チェック40　参照制約の定義方針を決めているか確認する

参照制約のデータ操作時にどのアクションを適用するか、事前にアプリケーション開発者と

▼表5　親テーブルのプライマリーキー変更に対する子テーブルの影響(親→子)

親テーブルのプライマリーキーへの変更処理	子テーブルのフォーリンキーへの影響	対応方法
追加(INSERT)	親テーブルの新規レコード追加であるため、子テーブルへの影響はない	—
更新(UPDATE)	子テーブルが参照するプライマリーキーの変更のため、子テーブルへの影響がある	CASCADE(連鎖) RESTRICT(制限)
削除(DELETE)	子テーブルが参照するプライマリーキーの削除のため、子テーブルへの影響がある	CASCADE(連鎖) RESTRICT(制限) SET NULL(空白値化)

▼表6　子テーブルのフォーリンキー変更に対する影響(子→親)

子テーブルのフォーリンキーへの変更処理	親テーブルのプライマリーキーに依存した子テーブルの変更処理の影響	対応方法
追加(INSERT)	親テーブルのプライマリーキーにない、子テーブルのフォーリンキーの追加はできない	RESTRICT(制限)
更新(UPDATE)	親テーブルのプライマリーキーにない、子テーブルのフォーリンキーの更新はできない	RESTRICT(制限)
削除(DELETE)	親テーブルのプライマリーキーに関係なく、子テーブルのフォーリンキーの削除はできる	—

すり合わせを行うことで、属人化やブラックボックス化を防ぎます。

親テーブルに対する変更制御としてCASCADEにするかRESTRICTにするかは、親子のリレーションシップを確認します。基本的には、依存している場合はCASCADEを指定し、非依存の場合はRESTRICTを指定します。

チェック41　カラムごとに必要なデータ制約が洗い出されているか確認する

CRUD図を使って、テーブルに対してデータを追加、更新、削除するプロセスに着目し、プログラム設計書などから各カラムのデータ仕様を確認していきます。カラムごとにデータ仕様を確認する際に、カラムの一覧に制約内容を入れる欄を設け、どのデータ制約を適用できるか検討していくと、モレなく定義することができます。

チェック42　制約定義の実装方法を統一しているか確認する

データ制約の実装方法は、大きく分けて2通りあります。データベース側で定義する方法とアプリケーション側で定義する方法です（図7）。

データ値のユニーク性を保証する一意性制約やデータ値のとり得る範囲の定義といったドメイン制約は、データベース側でも実装可能ですし、アプリケーションのプログラム（JavaScriptなど）でもコーディングが可能です。データベース側に実装する利点としては、宣言の容易性やルールの一元化、あるいは、この制約のコーディング自体が不要となることが挙げられます。

アプリケーションプログラム側に制約をコーディングする場合、制約や動きを書き加えるなど、柔軟性を持たせることができます。データ値の妥当性検査の場合は、データベースへ問合せをかけることなく、すぐに応答できます。しかし、アプリケーションプログラム側に制約をコーディングすると、対象テーブルのデータ値の妥当性を維持するため、更新するアプリケーションプログラムすべてに制約のコーディングが必要となります。その結果、制約がアプリケーションプログラム内部に隠ぺいされることになり、ビジネスルールがブラックボックス化する可能性があります。

テーブルに対して追加、更新、削除が複数のアプリケーションプログラムから行われるのかどうかは、CRUD図を確認することで把握できます。保守フェーズにてロジックの変更がされる場合、対象のアプリケーションプログラムが多ければ保守工数が膨れ上がることになります。

したがって、データベース側、アプリケーション側、それぞれの実装方法によるメリット／デメリットをふまえたうえでの使い分けを行い、制約の実装方法、箇所を統一します。それにより、作業者による制約設計のバラツキやデータ値エラーを防ぎ、保守の生産性を向上させることができます。SD

▼図7　データ制約の定義方法

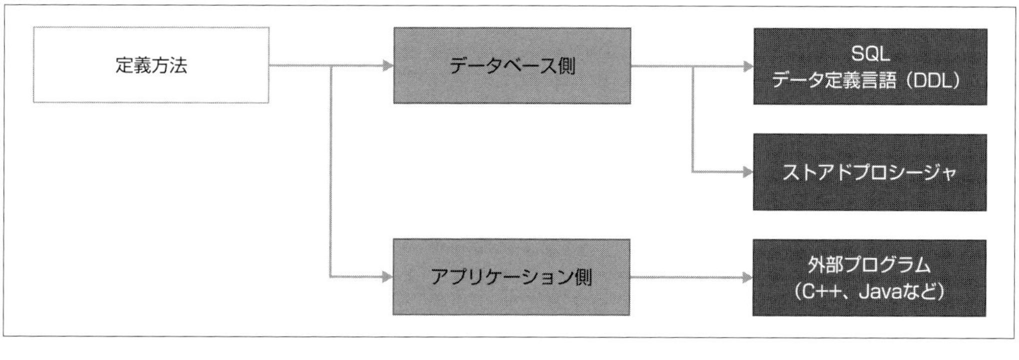

1-6 物理データモデリング ②

性能と安定運用を担保するためにデータベースを調整する

Author 堀内 康夫（ほりうち やすお） 株式会社アシスト
URL https://www.ashisuto.co.jp/

インデックス設計

インデックス設計の特徴

インデックスは本の索引のような役割です。本では読者が必要な情報をすぐに探せるように、最後のページに用語と参照先ページが複数書かれた索引を設けています。インデックスの場合も検索性能向上を目的として、RDBMSがインデックス用の領域を確保し、インデックスに定義されたカラムのデータとその格納先アドレスを利用して必要な情報を探しにいきます。

インデックス設計では、性能向上に効果が見込めるテーブル上のカラムを選択します。たとえば、WHERE条件節でデータを絞ったり、テーブルを結合したりなど、頻繁に利用しそうなカラムにインデックスを定義しておくと、処理を高速化できます。

データのアクセス方法

RDBMSがテーブル上のデータをアクセスする方法には、フルスキャン（全表走査）とインデックススキャン（索引走査）の2つがあります。フルスキャンはテーブルのすべての行をアクセスして該当のものを検出しますが、インデックススキャンはインデックスのアドレス情報（行ID、実データ値）を使って検出します。WHERE条件節で特定のデータに絞るようなケースでは、フルスキャンよりもインデックススキャンが圧倒的に有効です（図1）。

▼図1　フルスキャンとインデックススキャン

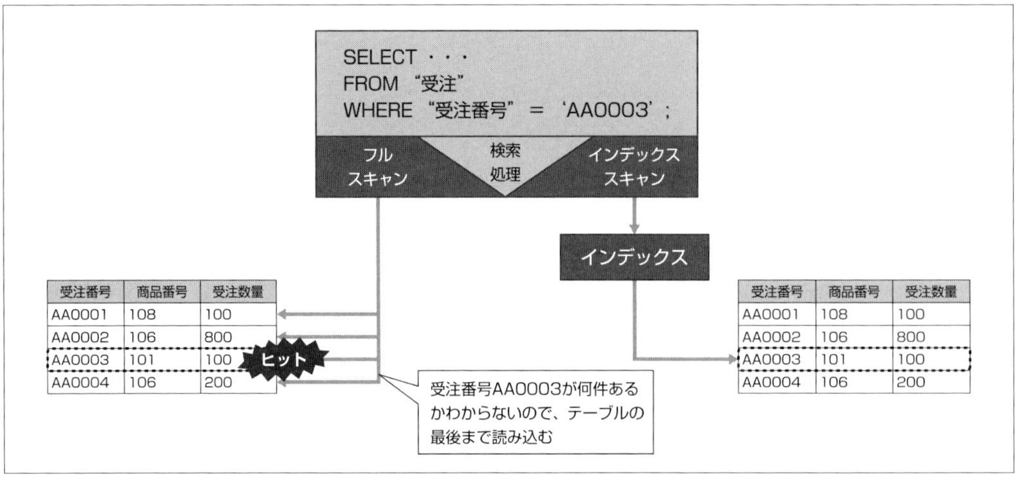

ディスクの無駄やメンテナンス工数が増大することもある

RDBMSでは、テーブルと同様にインデックス用の物理領域を確保し、そこにインデックス対象となったカラムデータ値とそのデータ値のある格納先アドレスを示す行IDを保持します(データの保持方法と探し方については、コラム「インデックスの構造とインデックススキャンの動作」を参照してください)。

また、インデックス対象のカラムに追加、更新、削除が発生した場合、RDBMSはインデックス用の物理領域も同時にメンテナンスします。そのことにより、せっかくインデックスを定義しても、使う／使わないはRDBMSが判断するため、

- インデックスが使われなければ性能が上がらない
- インデックス用に確保した領域が使われなければディスクの無駄が生じる
- 追加、更新、削除のたびにインデックスのメンテナンス負荷が高まり、さらにディスク

Column

インデックスの構造とインデックススキャンの動作

インデックスの構造はRDBMSによっていくつか種類がありますが、一般的なものとしてBツリーがあります。Bツリーはバランスツリーとも呼ばれ、均衡が保たれたツリー状の構造を持っています。

図Aのデータ値が101の行をインデックススキャンで検索してみましょう。まず、101と、一番上のルートノードにある107の大小を比較します。101は107より小さいので、左側のブランチノードに進みます。次に左側のブランチノードの105と101を比較し、101のほうが小さいので左側のリーフノードに進み、101を見つけます。このリーフノードに格納されている行ID「98969E」を使ってテーブル上の行データにアクセスします。

Bツリーインデックスには次の2つの特長があります。

- ツリー構造では、データ値が順番に並んでいるため、特定データのピンポイント検索に効果がある。また、リーフノード間にリンクがあるため、「受注日は2021年9月1日から2021年9月31日」などデータ値の範囲を指定した条件検索にも効果がある
- ツリー構造のバランスがRDBMSによって維持されていれば、各リーフノードへのアクセス速度が一定になる。レコード量が増加しても、RDBMSがツリー構造を維持することで検索性能が低下しにくくなる

▼図A　Bツリーインデックス

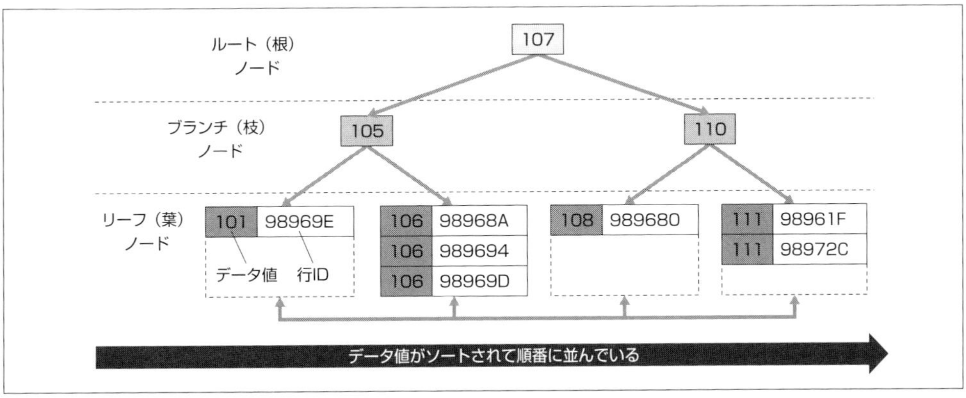

の無駄や断片化が生じる

といった課題があります。

インデックス設計では、これらも考慮した設計が必要になります。

インデックス設計の手順

インデックス設計は、検索処理速度向上の効果が見込めるインデックスに絞り込んで作成することを大前提とします。そうすることでインデックスのメンテナンスにかかるコストも最小限に抑えることができます。必要最小限のインデックスで最大の効果を出すインデックス設計は、次の手順で実施します。

1. テーブルの選択

インデックスの対象カラムを選定する前に、一般的に数十万件以上の行を持つテーブルを対象候補として選択します。

2. インデックスを設定するカラムの選択

インデックスを設定するカラムの候補を選びます。1で選択したテーブルの中で第一候補となるのは、WHERE条件節で直接指定するカラム（一般的には、行の選択率が15%以下となる場合）です。そのほかには、テーブル結合における条件キーやORDER BY句上のソートキーとなっているカラムを候補として選択します。

3. 影響度の検証

2で選択した候補の中から、最終的にインデックスを作成するカラムを決定します。決定後に、インデックスを定義したカラムにテスト的に追加、更新、削除を行います。インデックスを作成すると、データ更新時にインデックスも更新され処理のスピードが低下するため、CRUD図を参照しながらプロセスへの影響度を検証します。

チェック43　データ分布やSQL文の条件式に注意する

データ分布に偏りがある場合、インデックススキャンによる効果が得られません。データ分布の偏りはRDBMSの統計情報から調査できます。RDBMSの内部では、WHERE条件節にて条件として指定されたデータ値によってインデックススキャンのほうがよいかフルスキャンのほうがよいか、統計情報をもとに判断します。

SQL文にも注意が必要です。一般的にSQL文の条件式に**表1**のような記述が含まれていると、せっかくインデックスを作成してもインデックスが利用されません。SQL文はアプリケーション開発者の管轄ですので、このようなケースがないかどうかを確認しましょう。

チェック44　インデックス作成により、処理効率が低下するプロセスを特定する

インデックスを作成すると、同一テーブルに対する追加、更新、削除の処理速度が低下します。そこで、これらの操作の影響を受けるプロセスを特定し、あとで実施するテスト工程でも処理速度に問題がないか、アプリケーション開発者に確認をしてもらう必要があります。

どのプロセスが確認の対象となるのかを明確にするために、CRUD図を利用すると効率的に洗い出せます。CRUD図にインデックスを

▼表1　インデックスが使用されない可能性のあるSQL文の例

比較条件のパターン	SQL文の条件句の例
NULLを条件に使用している	WHERE インデックス定義列 IS NULL
否定の条件を使用している	WHERE インデックス定義列 <> 2
カラム列に演算を行っている	WHERE インデックス定義列 *0.9 > 10
カラム列にSQL関数を用いている	WHERE SUBSTRB(インデックス定義列, 3, 1) = 'ABC'
LIKE演算子による中間・後方一致を行っている	WHERE インデックス定義列 LIKE '%xyz%'

定義するカラムを追記し、C、U、Dの付いたプロセスに着目します。たとえば**図2**では、顧客エンティティの顧客名にインデックスを定義しています。R以外に着目すると、「顧客登録」「顧客情報変更」「顧客削除」のプロセスの処理性能に影響を及ぼす可能性があることがわかります。

チェック45　インデックス定義の効果検証テストを行う

インデックス設計で定義したインデックスは、机上でその有効性を判断したものです。そのため、実装後に必ず性能テストを実施し、作成効果を確認します。併せてインデックスを作成したことによる追加、更新、削除への影響が許容範囲内であるかも確認します。

チェック46　各インデックスに対しインデックス定義する理由を明文化しているか確認する

インデックスの定義は、それを格納する物理領域の占有、データの追加・更新・削除時の性能低下、運用時のメンテナンス工数というデメリットと、性能面でのメリットを天秤にかけることになります。なぜインデックスを定義したのかその理由を明文化することで、やみくもなインデックス作成を抑制できます。

▼図2　更新処理への影響確認

		テーブル	顧客		
		想定行数	400,000		
		インデックス定義カラム	CRUD	顧客番号	顧客名
	頻度	チェック		PK	○
処理（プロセス）	日	受注処理	R		
	日	納品処理	R		
	週	請求処理	R		
	日	顧客登録	C		
	日	顧客情報変更	U		
	年	顧客削除	D		
	日	顧客情報照会	R		

実際にはテスト工程の性能チェック結果を待って、本当にインデックスを作成するかどうか可否判断を行います。

領域設計

ディスク領域は有限です。無計画に運用すると、不要な物理領域の確保によるディスクの無駄遣いが発生したり、データの格納領域が散在することで発生するフラグメンテーションによりパフォーマンスが劣化したりします。

データベースを安定稼動させるためには、物理領域を計画的に管理する必要があります。領域管理対象であるテーブルとインデックスの容量を算出し、保守・運用面と性能面を考慮しながらデータベース上に物理領域を割り当てることを「領域設計」といいます。

領域設計では、データモデリング担当者がデータ容量見積もりのための各種情報収集、容量の見積もり、各物理領域のグループ化の案を作成します。それを基に、アプリケーション開発者とはサブシステムや利用者情報に基づくすり合わせ、運用担当者とはバックアップやリカバリなどの情報に基づくすり合わせを行って、領域設計を完成させます（**図3**）。

チェック47　テーブル、インデックスの容量見積もりを行う

テーブルとインデックスを対象に、必要な情報の収集と数値の試算を行うことで、容量を見

▼図3　領域設計の手順

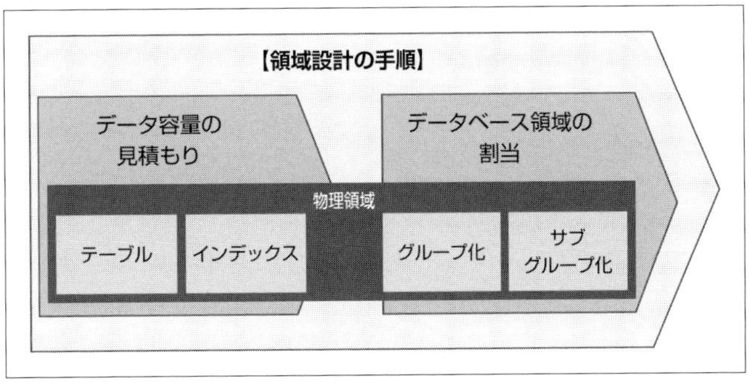

積もります。データベースへの実装前に、将来のデータ増加を見越した容量を確認しておき、領域不足のエラーを未然に防止する必要があります。

見積もりに必要な情報の収集

データ容量の見積もりに必要な情報は、**表2**の5項目です。そのほか、使用するRDBMSのメーカーマニュアルから、RDBMSにデータをテーブルとして格納するために必要な各種オーバーヘッド領域（行ヘッダ部、テーブルヘッダ部など）や、データ属性（文字列型、数値型、日付型）のデータサイズなどに関する情報を収集します。割り当てを設計するには、ディスクの本数や各ディスクのサイズ、RAIDの種類などディスク構成の確認も必要です。

データ容量の見積り

テーブルとインデックスを対象に、先ほど収集した情報を使ってデータ容量を見積もります。テーブルとインデックスのサイズは次の式から試算できます。

・**テーブルサイズ（概算）**
　初期データ容量＝初期データ件数×平均行サイズ
　増分データ容量＝データ増加件数×平均行サイズ
　最大データ容量＝初期データ容量＋（増分データ容量×保存期間）
・**インデックスサイズ（概算）**
　初期データ容量＝初期データ件数×（インデックスカラムの合計サイズ＋行IDのサイズ）
　最大データ容量＝最大データ件数×（インデックスカラムの合計サイズ＋行IDのサイズ）

テーブルとインデックスの容量にオーバーヘッド領域の容量を加え、最終的なテーブルとインデックスの容量を求めます。

チェック48　物理領域の割り当て方針を検討する

データ容量の見積もり後に、保守・運用、性能、信頼度などを考慮しながらデータベース上の物理領域の割り当て方針を作成します（**図4**）。

データベース上で物理領域が必要なものには、テーブルやインデックスのほかにも、トランザクションのロールバック用に使うUNDO領域、ソートやグルーピングで使う一時領域、バックアップ・リカバリ用のトランザクションログファイルなどがあります。それぞれの機能や役割に応じた特性があるので、適切なデータベース領域を割り当てられるように、何を重視すべきなのかに応じてグループ分けが行えているかを確認します。

運用・保守面を考慮したグループ分け

そもそもテーブルとインデックスは物理領域の構造に違いがあることに加え、同じ領域に更新頻度の高いテーブルとインデックスが混在すると、領域の使用に無駄が生じたり、断片化など保守・運用上の問題が発生しやすくなったりします。また、更新頻度の高いインデックスは

▼表2　データ容量の見積もりに必要な項目

項目	説明
初期データ件数	テーブルの初期移行時のデータ件数
最大データ件数	テーブルの最大時のデータ件数（たとえばデータ保存期間が5年なら、5年後のデータ件数）
データ増加率	所定期間（日／月／年）や間隔におけるテーブル上のデータの増加比率（件数）
データの保存期間	データベース上に物理的に管理され、常時アクセス可能な状態を保持する期間
平均行サイズ	テーブルの1行あたりのサイズ。インデックスの場合は、インデックスを定義するカラムの合計サイズ（複数カラムの場合）を使う。システムリリース時の必要なデータ容量だけでなく、将来必要となる分も見積もっておき、計画的な割り当てができるように検討する

性能劣化を防ぐために定期的に再構成が必要になります。このため、運用・保守面から、更新頻度の高いテーブルとインデックスが同じ物理領域に混在しないようにグループ分けします。

性能面を考慮したグループ分け

性能面を考慮する場合、物理領域へのI/Oが競合しないように検討します。たとえば、オンライントランザクション処理でデータ更新が頻繁に行われるシステムであれば、UNDO領域やトランザクションログファイルへのI/Oの頻度が高くなるため、SSDなどを利用したI/Oのより速いデータベース領域を割り当てます。また、情報系システムで、大量データのソートや結合・集計処理を行う場合は、一時領域へのI/Oが大量に発生するため、同じくI/Oのより速いデータベース領域を割り当てます。

信用度の観点でのグループ分け

一時領域にI/Oが生じるのはソートや結合・集計処理を行うときだけです。また、インデックスの場合は、もととなるテーブルにデータさえあれば復元が可能です。そのため、一時領域やインデックス用の物理領域は、ほかの物理領域と比べて冗長化されておらず信頼性の高くないデータベース領域に割り当てることも検討できます。

◆ ◆ ◆

テーブルとインデックスをグループ化する場合は、サブシステム単位、バックアップ・リカバリ単位、使用制限単位で物理領域を分離しておくと、運用・保守が楽になります（**表3**）。

▼図4　物理領域のデータベース上の割り当て

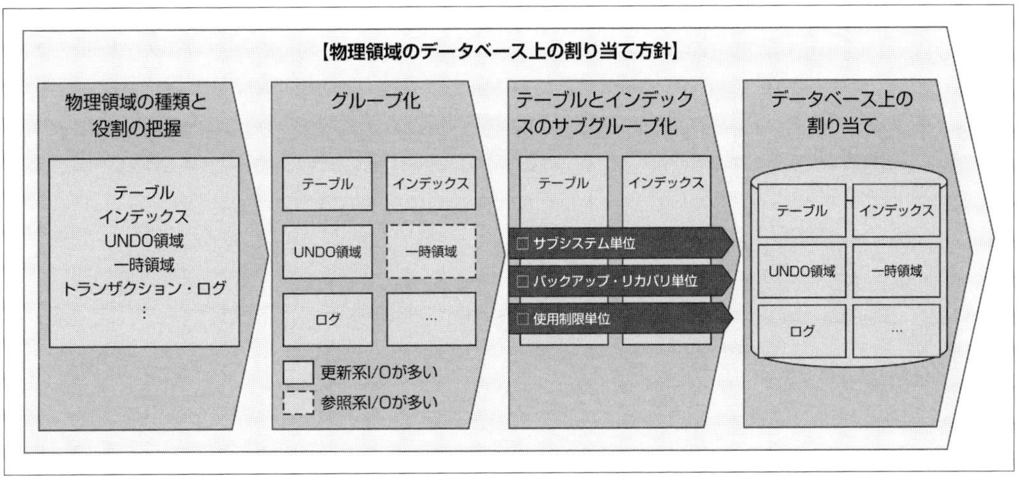

▼表3　テーブルとインデックスの物理領域の分離単位

単位	説明
サブシステム	販売管理や生産管理などサブシステム単位にサブグループ化すること。たとえば、あるサブシステムの物理領域に障害が発生しても、ほかへの影響を抑えることができる
バックアップ・リカバリ	バックアップやリカバリに必要な時間や優先順位を考慮してサブグループ化すること。たとえば、他システムからのデータ連携を待ってバックアップを取得するテーブルと、他システムとの連携がなくサービス提供時間終了後すぐにバックアップを取得できるテーブルの物理領域を分けて効率化することができる
使用制限	ユーザー（ユーザーグループ）の領域使用の容量を分けたい場合にサブグループ化すること。たとえば、見積もりと契約業務の役割を兼任するユーザーで役割担当に応じて使用容量を指定し、きめ細かい管理をすることができる

領域設計が終わったら、データベースエンジンのパラメータ設定などを行うRDBMS固有の設計、そして、データベースの生成へと進み、物理データモデルとデータベース上の定義の差異を検証して違いがなくなったら完了になります。

最後に

ここまで、論理データモデリングと物理データモデリングはどのように取り組むべきか、どこに注意すればよいのかを説明してきました。データモデルを設計するにあたり、「データ整理」と「データ調節」の2つの視点からデータ構造を設計することが大切であることをご理解いただけたでしょうか。

単にデータに対する要件を満たすデータ構造を設計するのではなく、蓄積したデータをさまざまな用途に活用できるようにデータを管理できる状態にすることが、これからのデータベース設計者には求められます。

そして、データモデルは作って終わりではなく、システムと同様に保守する必要があります。論理データモデルと物理データモデルを分けて管理し、そのモデルの差異を管理しておくことも重要です。たとえば、外部委託して構築したシステムの物理データモデルと、論理データモデルとの差異がわかっていると、ビジネスの変化により論理データモデルも変化した場合、システムへどのような影響があるのかを把握することができます。

最後に、本章の内容とチェックポイントを参考にしていただければ、作業の手戻りを減らして効率的にモデリング作業を行えるようになります。初めてデータモデリングに取り組もうとされている方を含め、データモデリングはどなたでもできます。ぜひデータモデリングに取り組んで、データモデルを活用してみてください。 SD

第2章

なにかと使える SQL

ORMにもBigQueryにも!

基本操作から実務に役立つテクニックまで

SQLの知識が必須になるのは、データベースエンジニアやデータサイエンティストに限った話でしょうか？　多くの企業は業務システムにリレーショナルデータベース(RDB)を使っています。Webサイトはシステムによって動いています。そのため、どんなエンジニアもDBやSQLの知識を覚えておいて損をすることはありません。
本章では、開発現場でも使えるSQLの基本を、実例を交えて解説します。「フレームワークで事足りる」と思っている方も"いざ"に備えてぜひご一読ください。

2-1 RDBMSとSQLの基礎知識

テーブル操作で理解するSQLの全体像

RDBは、現在において最も広く使用されているデータベースです。RDBを操作するためには、SQLという言語を使用します。SQLは、RDBのプログラミング言語とは種類が異なり、RDBMSによって「方言」があるため、使うには慣れが必要です。まずはテーブル操作を中心に、基本の知識を身に付けましょう。

Author とみたまさひろ

RDB（リレーショナルデータベース）とは

世の中にはさまざまな情報があふれています。その情報を管理しやすくデータ化して集めたものがデータベース（以降、DB）です。RDBはリレーショナルデータモデルという理論に基づいたデータベースです。DBにはRDB以外の種類もありますが、単にDBという場合はRDBを指すことが多いようです。

世の中にはいろんなデータがあります（**図1**）。RDBでは同じ属性項目を持ったデータの集まりを表（テーブル）形式で扱います（**図2**）。1つのデータは表の行（ロー）で表し、属性は列（カラム）で表します。行と列はレコードとフィールドと呼ばれることもあります。

DBを管理するコンピューターシステムのことをDBMS（データベース管理システム）と言います。DBMSのことを単にDBと呼ぶこともあります。RDBを管理するコンピューターシステムはRDBMS（リレーショナルデータベース管理システム）と呼ばれます。これも単にRDBと呼ばれることがあります。RDBMS製品にはOracle SQL Developer、IBM Db2、SQL Server、MySQL、PostgreSQLなどがありますが、本稿ではおもにMySQLとPostgreSQLのSQLについて記述します。

SQLの概要

RDBではSQL（Structured Query Language：構造化問い合わせ言語）という言語を使用して、

▼図1　さまざまなデータ

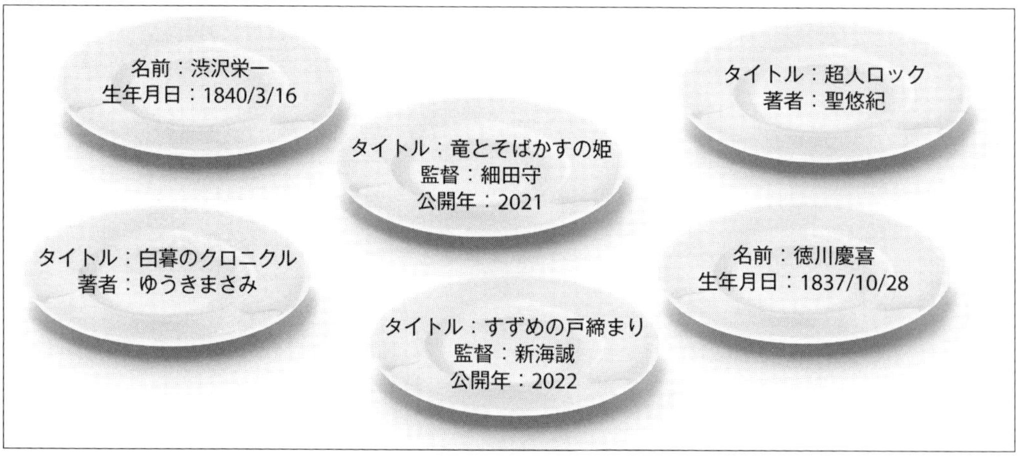

テーブルに行を格納／削除したり、特定の行の列を更新したり、テーブルの中から条件に一致する行を検索してその列を取り出したりすることができます。プログラムを作るためのプログラミング言語とは異なり、問い合わせ言語(Query Language)という種類の言語です。簡単な英単語の組み合わせで英語の文章のように記述できます。大文字小文字は区別されません。

▼図2　テーブル形式のデータ

映画		
タイトル	監督	公開年
竜とそばかすの姫	細田守	2021
すずめの戸締まり	新海誠	2022

（「竜とそばかすの姫｜細田守｜2021」の行 ― データ）

人物	
名前	生年月日
渋沢栄一	1840/3/16
徳川慶喜	1837/10/28

（「名前」の列 ― 属性）

漫画	
タイトル	著者
超人ロック	聖悠紀
白暮のクロニクル	ゆうきまさみ

（テーブル全体 ― データの集まり）

テーブル形式のデータ

SQLの文(ステートメント)を「クエリ」と呼びます。RDBを操作するための専用ツール(MySQLのmysqlコマンド、PostgreSQLのpsqlコマンドなど)から直接入力したり、プログラムからRDBを操作するときにプログラム中に埋め込んで使用したりします(**図3**)。

最近は、プログラムからRDBを操作するときはO/Rマッパー(以下、ORM)などを使用して直接クエリを書かないことも多いですが、それもORM内部でクエリが作成されてRDBMSに渡されています。ORMを使用していても調査などで発行されるクエリを確認することもあるのでSQLの知識は有用です(**図4**)。

SQLには標準規格もありますが、RDBMSごとに結構違いがあります。方言とも呼ばれています。

▼図3　mysqlコマンドの例

```
mysql> SELECT * FROM tblname;
+------+------+
| col1 | col2 |
+------+------+
| ABC  |  123 |
| XYZ  |  999 |
+------+------+
2 rows in set (0.00 sec)
```

SQLの種類

SQLは次の3種類に大別されます。

- **DDL(Data Definition Language：データ定義言語)**
  テーブルを作成したり、変更したり、破棄したりするクエリ
- **DML(Data Manipulation Language：データ操作言語)**
  テーブル内のデータを操作する命令。SQLで一番使用することが多い
- **DCL(Data Control Language：データ制御言語)**
  DB内のデータに対するアクセス権を設定するための命令

それぞれの代表的なコマンドを**表1**に、DMLのコマンドのイメージを**図5**にまとめます。

データ型

SQLの列には型があります。型によって列に格納できる値が制限されます。たとえば、数値型の列には文字列は保存できないですし、文字

▼図4　Active Record(Ruby on Railsが開発したORM)の例

```
irb(main):001:0> puts Person.where("birthday < ?", "1980-01-01").to_sql
#=> SELECT "people".* FROM "people" WHERE (birthday < '1980-01-01')
```

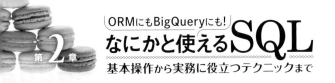

▼表1　代表的なSQLコマンド

SQLの種類	コマンド	説明
DDL	CREATE TABLE	データベース内にテーブルを作成する
	ALTER TABLE	テーブルを変更する。テーブル名の変更、列名の変更、列の追加、列の削除などが可能
	DROP TABLE	テーブルを破棄する
	TRUNCATE TABLE	テーブル内のすべての行を破棄する
DML	SELECT	テーブルの条件に合う行の列の値を取り出す
	INSERT	テーブルに行を追加する
	UPDATE	テーブルの条件に合う行の列を更新する
	DELETE	テーブルの条件に合う行を削除する
DCL	GRANT	データベースやテーブルに対するアクセス権をユーザーに付与する
	REVOKE	データベースやテーブルに対するアクセス権をユーザーから剥奪する

列型の列には数値は保存できません。文字列型の列に数字は保存できますがそれは数値ではなく数字文字ですので数値演算はできません[注1]。RDBで使用できるデータの型はRDBMSごとにかなり異なります。以降はMySQLとPostgreSQLの型について説明します。

数値型

数値型の中には、整数型、浮動小数点型、固定小数点型があります。

注1）MySQLは暗黙に型変換をするので文字列でも数値演算できてしまうのですが、これは思わぬバグにもつながる危険な振る舞いですので、これを期待するようなことは避けるべきです。

整数型は格納できる数値の範囲によってさらに複数の型に分類されます(**表2**)。通常は正負符号ありの整数ですので、たとえば2バイト整数であるsmallintの扱える数は－32,768～32,767となります。MySQLではunsignedを指定することで符号なし整数として扱うことができ、smallint unsignedは0～65,535となります。

浮動小数点型は単精度(4バイト)と倍精度(8バイト)の2つの型があります(**表3**)。演算すると誤差が発生する可能性があります。同じ「real」という名前の型でもMySQLとPostgreSQLで精度が異なるのはおもしろいですね。

固定小数点型(**表4**)は小数点以下を表現可能

▼図5　DMLのコマンドイメージ

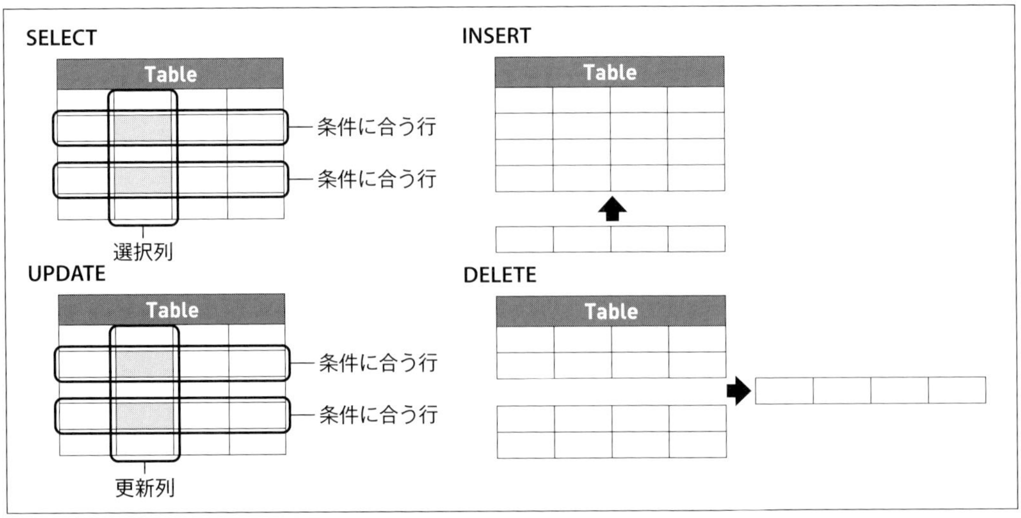

▼表2 整数型

型	バイト数	最小値	最大値	MySQLでunsigned指定時の範囲
tinyint(MySQL)	1	-128	127	0〜255
smallint	2	-32,768	32,767	0〜65,535
mediumint(MySQL)	3	-8,388,608	8,388,607	0〜16,777,215
intまたはinteger	4	-2,147,483,648	2,147,483,647	0〜4,294,967,295
bigint	8	-9,223,372,036,854,775,808	9,223,372,036,854,775,807	0〜18,446,744,073,709,551,615

な数値で、浮動小数点型と異なり演算誤差が出ません。たとえばdecimal(6,2)とすると、－9,999.99〜9,999.99の範囲の数値を格納できます。

文字列型

文字を格納する型です。固定長文字列型(char)と可変長文字列型(varchar)があります(**表5**)。

Boolean型(真偽値型，論理値型)

真または偽の値を格納する型です(**表6**)。MySQLにはこの型はありません。booleanを指定してテーブルを作成することはできますが、実際にはtinyint(1)型の列が作られます。

日付／時刻型

日付や時刻用の型です(**表7**)。MySQLの日時型にはdatetimeとtimestampの2つがあります。MySQLのtimestampはUNIX時刻[注2]で保持していて、環境のタイムゾーンによって時刻が自動変換されます(タイムゾーン付きの日時というわけではありません)。

バイナリデータ型

文字列ではなく、バイナリデータを格納するための型です。文字列型の列には文字コードとして正当なデータしか格納できませんが、バイナリデータ型の列には任意のバイト列が格納できます(**表8**)。

注2) 1970-01-01 00:00:00 UTCからの経過秒数。

▼表3 浮動小数点型

型	バイト数	精度	備考
float(MySQL)	4	6桁	
real(PostgreSQL)	4	6桁	
real(MySQL)	8	15桁	doubleの別名
double precision	8	15桁	MySQLは「precision」を省略可

▼表4 固定小数点型

型	バイト数	精度
decimal(p,s)	桁数に依存	p：全桁数、s：小数点以下桁数

▼表5 文字列型

型	文字数
char(n)、character(n)	固定長、n文字
varchar(n)、character varying(n)	可変長、最大n文字

▼表6 Boolean型

型	値
boolean、bool	trueまたはfalse

▼表7 日付／時刻型

型	説明
date	日付
datetime(MySQL)	日時
timestamp(MySQL & PostgreSQL)	日時
timestamp with time zone(PostgreSQL)	タイムゾーン付き日時
time	時刻

▼表8 バイナリデータ型

型	格納可能サイズ
bytea(PostgreSQL)	最大1GB
tinyblob(MySQL)	最大255B
blob(MySQL)	最大64kB
mediumblob(MySQL)	最大16MB
longblob(MySQL)	最大4GB

その他

ほかにもJSON型や空間データ型などがあります。とくにPostgreSQLはデータ型が豊富で、配列型やUUID型、ネットワークアドレス型などさまざまなデータ型があります。詳しくは各RDBMSのドキュメント注3を参照してください。

テーブル操作の例

それでは実際にSQLを使ってRDBを操作してみましょう。

実行環境の作成

現在のOSの環境に依存しないで簡単に作成するために、ここではDockerを利用してRDB環境を作成します。Docker自体の説明はしませんので、Dockerについて知りたい人は本誌2021年12月号第1特集や本誌2022年11月号第1特集などを参照してください。

ここでは、DB「test」を作成し、ユーザー「user」をパスワード「xxxx」で作成してtestにアクセスできるように指定していきます。

MySQLの場合

myという名前でMySQL 8.0のコンテナを起動します(図6)。

mysqlコマンドでMySQLサーバに接続します。図6の実行直後は初期化中で接続できないので、10秒ほど待ってから図7を実行してください。

mysql>がプロンプトです。ここにクエリを入力して実行します。

PostgreSQLの場合

psという名前でPostgreSQL 14のコンテナを起動します(図8)。

その後psqlコマンドでPostgreSQLサーバに接続します(図9)。

test=#がプロンプトです。ここにクエリを入力して実行します。

◆ ◆ ◆

DBの用意ができたので、実際に使っていきましょう。以降の図では、プロンプトを省略しています。出力の形式はMySQLのものですが、クエリ自体はPostgreSQLでも基本的に同じものが使用できます。

注3) MySQL:URL https://dev.mysql.com/doc/refman/8.0/ja/data-types.html
PostgreSQL:URL https://www.postgresql.jp/document/14/html/datatype.html

▼図6 MySQL環境の作成

```
$ docker run -d --name my \
-e MYSQL_ALLOW_EMPTY_PASSWORD=1 \
-e MYSQL_DATABASE=test \
-e MYSQL_USER=user \
-e MYSQL_PASSWORD=xxxx \
 mysql:8.0
```

▼図7 MySQLサーバに接続

```
$ docker exec -it -e LC_ALL=C.UTF-8 my mysql -u user -p test
Enter password: xxxx
Welcome to the MySQL monitor.  Commands end with ; or \g.
(..略..)

mysql>
```

▼図8 PostgreSQL環境の作成

```
$ docker run -d --name ps \
-e POSTGRES_DB=test \
-e POSTGRES_USER=user \
-e POSTGRES_PASSWORD=xxxx \
postgres:14
```

▼図9 PostgreSQLサーバに接続

```
$ docker exec -it ps psql -U user test
psql (14.5 (Debian 14.5-1.pgdg110+1))
Type "help" for help.

test=#
```

▼図10　テーブル作成

```
CREATE TABLE person (
  name varchar(50),
  birthday date
);
```

▼図11　行の登録

```
INSERT INTO person (name,birthday) VALUES ('渋沢栄一','1840-03-16');
INSERT INTO person (name,birthday) VALUES ('徳川慶喜','1837-10-28');
INSERT INTO person (name,birthday) VALUES ('西郷隆盛','1828-01-23');
INSERT INTO person (name,birthday) VALUES ('坂本龍馬','1836-01-03');
```

▼図12　バルクインサート

```
INSERT INTO person (name,birthday) VALUES
('渋沢栄一','1840-03-16'),
('徳川慶喜','1837-10-28'),
('西郷隆盛','1828-01-23'),
('坂本龍馬','1836-01-03');
```

▼図13　全データを取り出す

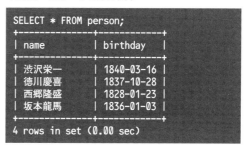

```
SELECT * FROM person;
+--------------+------------+
| name         | birthday   |
+--------------+------------+
| 渋沢栄一     | 1840-03-16 |
| 徳川慶喜     | 1837-10-28 |
| 西郷隆盛     | 1828-01-23 |
| 坂本龍馬     | 1836-01-03 |
+--------------+------------+
4 rows in set (0.00 sec)
```

テーブルの作成(CREATE TABLE)

大河ドラマ『青天を衝け』を見て、ふと幕末の人物のDBを作ろうと思い立ちました。

まずはテーブルを作ります。テーブル名は人物ですのでpersonにし、とりあえず名前と生年月日が入ればいいので列はnameとbirthdayにします。テーブル名や列名は日本語でもRDBMS的には問題ないのですが、プログラムから扱いにくかったり日本語変換入力がめんどくさかったりということもあり、英語で作るのが一般的となっているようです。ですが、たとえば行政用語のように業界固有の日本語で英語にふさわしい訳語がない場合など、日本語でテーブル名や列名を作る場合もあります。

テーブルを作るにはCREATE TABLE文を使用します。テーブル名を指定し、続いて括弧中に列名と型をカンマで区切って並べます(図10)。ここでは最大文字数50文字の文字列型のnameと、日付型のbirthdayという列を含むテーブル「person」を作成しています。

SQLでは文の末尾にセミコロン「;」を書きます。文は複数行になってもかまいません。「;」までを一文として評価します。

データの登録(INSERT)

次にテーブルに行を登録します。行の登録はINSERT文を使用します。INTOで登録対象のテーブル名と値を格納する列を指定し、続けてVALUESで格納したい値を登録します(図11)。

同じテーブルに対して行を複数登録する場合は、VALUESの後ろに各行のデータを並べて書くことで、一度のINSERT文で記述することもできます。これはバルクインサートと呼ばれます(図12)。

データの取り出し(SELECT)

ちゃんと登録できたか、テーブルを見てみましょう。テーブルから値を取り出すにはSELECT文を使用します。列名に続けて、FROMで表示したいテーブルを指定します。「*」はテーブル内の全カラムを意味します(図13)。

ここで、INSERTした順番にデータが取り出されましたが、これはたまたまです。順序を指定しない場合は、取り出した行の並びは基本的に不定と思っておいたほうがいいでしょう。

順序を指定するにはORDER BYを指定します。生年月日順に取り出してみましょう(図14)。DESCを指定すると、逆順に取り出されます(図15)。

すべての行を取り出すのではなく、条件を指定してその条件に適合する行だけを取り出すこともできます。条件はWHEREで記述します。図16のようにすると、「渋沢栄一」の生年月日を知ることができます。生年月日だけを知りたい

▼図14　生年月日順に取り出す

```
SELECT * FROM person ORDER BY birthday;
+--------------+------------+
| name         | birthday   |
+--------------+------------+
| 西郷隆盛     | 1828-01-23 |
| 坂本龍馬     | 1836-01-03 |
| 徳川慶喜     | 1837-10-28 |
| 渋沢栄一     | 1840-03-16 |
+--------------+------------+
4 rows in set (0.00 sec)
```

▼図15　生年月日の逆順に取り出す

```
SELECT * FROM person ORDER BY birthday DESC;
+--------------+------------+
| name         | birthday   |
+--------------+------------+
| 渋沢栄一     | 1840-03-16 |
| 徳川慶喜     | 1837-10-28 |
| 坂本龍馬     | 1836-01-03 |
| 西郷隆盛     | 1828-01-23 |
+--------------+------------+
4 rows in set (0.00 sec)
```

▼図16　渋沢栄一の生年月日を取り出す

```
SELECT birthday FROM person WHERE name='渋沢栄一';
+------------+
| birthday   |
+------------+
| 1840-03-16 |
+------------+
1 row in set (0.00 sec)
```

ので、SELECT *ではなくSELECT birthdayとしています。

生年月日が1830年代の人の名前を取り出してみましょう。値の範囲はBETWEEN A AND Bで指定できます(図17)。

SQLの中でSELECTが一番よく使用される命令です。SELECTについては次節で詳しく説明します。

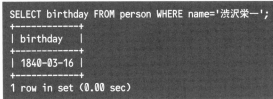

テーブルの変更(ALTER TABLE)

人物の出身地も管理したくなりました。テーブルに出身地(birthplace)の列を追加してみましょう。

テーブルを変更するにはALTER TABLE文を使用します。ALTER TABLEを使えばテーブルに対してさまざまな変更を行うことができます。

テーブルに値を追加するには、ADD COLUMNを使います(図18)。新たに追加された列にはまだ何も値が入っていないので、NULL(後述)となっています。

新しく追加した列に値を入れていきましょう。列の値を更新するにはUPDATE文を使用します。対象の行は、SELECTでも使用したWHEREで条件を指定します(図19)。行ごとに設定したい値が異なるので行数分だけUPDATEを発行する必要があります。なお、WHEREを指定しないとテーブル内のすべての行が更新されるので注意しましょう。

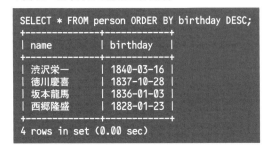

データの削除(DELETE)

ここまで登録して、坂本龍馬が『青天を衝け』に登場していないことに気がついてしまいました。幕末ドラマなのに坂本龍馬が登場しなかったとは……。

「坂本龍馬」の行は不要ですので削除します。テーブルから行を削除するにはDELETE文を使用します(図20)。WHEREで指定した条件に適合する行が削除されます。UPDATEと同じく、WHEREを指定しないとテーブル内のすべての

▼図17　生年月日が1830年代の人の名前を取り出す

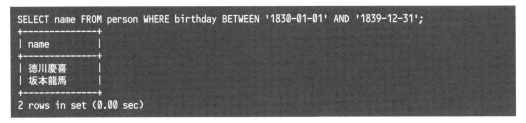

```
SELECT name FROM person WHERE birthday BETWEEN '1830-01-01' AND '1839-12-31';
+--------------+
| name         |
+--------------+
| 徳川慶喜     |
| 坂本龍馬     |
+--------------+
2 rows in set (0.00 sec)
```

▼図18　テーブルに列を追加して内容を表示

```
ALTER TABLE person ADD COLUMN birthplace VARCHAR(10);
SELECT * FROM person;
+--------------+------------+------------+
| name         | birthday   | birthplace |
+--------------+------------+------------+
| 渋沢栄一     | 1840-03-16 | NULL       |
| 徳川慶喜     | 1837-10-28 | NULL       |
| 西郷隆盛     | 1828-01-23 | NULL       |
| 坂本龍馬     | 1836-01-03 | NULL       |
+--------------+------------+------------+
4 rows in set (0.00 sec)
```

▼図19　birthplaceの値を設定して表示

```
UPDATE person SET birthplace='岡部藩' WHERE name='渋沢栄一';
UPDATE person SET birthplace='水戸藩' WHERE name='徳川慶喜';
UPDATE person SET birthplace='薩摩藩' WHERE name='西郷隆盛';
UPDATE person SET birthplace='土佐藩' WHERE name='坂本龍馬';

SELECT * FROM person;
+--------------+------------+------------+
| name         | birthday   | birthplace |
+--------------+------------+------------+
| 渋沢栄一     | 1840-03-16 | 岡部藩     |
| 徳川慶喜     | 1837-10-28 | 水戸藩     |
| 西郷隆盛     | 1828-01-23 | 薩摩藩     |
| 坂本龍馬     | 1836-01-03 | 土佐藩     |
+--------------+------------+------------+
4 rows in set (0.00 sec)
```

▼図20　テーブルから行を削除

```
DELETE FROM person WHERE name='坂本龍馬';
SELECT * FROM person;
+--------------+------------+------------+
| name         | birthday   | birthplace |
+--------------+------------+------------+
| 渋沢栄一     | 1840-03-16 | 岡部藩     |
| 徳川慶喜     | 1837-10-28 | 水戸藩     |
| 西郷隆盛     | 1828-01-23 | 薩摩藩     |
+--------------+------------+------------+
3 rows in set (0.00 sec)
```

行が削除されてしまうので注意しましょう。

テーブルの破棄(DROP TABLE)

めんどくさくなってきたし飽きてきたので、ここでもうやめることにしました。作ったテーブルも破棄します。テーブルを破棄するにはDROP TABLE文を使用します(図21)。これでテーブル内のすべてのデータはなくなり、もう参照することはできません。

▼図21　テーブルを破棄

```
DROP TABLE person;
```

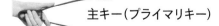

テーブル定義で指定可能な列の属性や制約

CREATE TABLEでのテーブル作成時(またはALTER TABLEでの変更時)に、列に対して制約を付与することができます。列の取り得る値は型によって制限されますが、制約はさらにそれよりも厳しい制限を課すものです。INSERTやUPDATEで指定された値が制約に違反していた場合はエラーになります。

制約は型指定の後ろに指定します。

主キー(プライマリキー)

テーブル内で行を一意に特定するための列を主キーといい、PRIMARY KEYで指定します。

▼図22　MySQLで自動採番される主キーの指定方法

```
CREATE TABLE person (
  id bigint PRIMARY KEY AUTO_INCREMENT,
  name varchar(30)
);
INSERT INTO person (name) VALUES ('渋沢栄一'),('徳川慶喜'),('西郷隆盛');
SELECT id,name FROM person;
+----+--------------+
| id | name         |
+----+--------------+
|  1 | 渋沢栄一     |
|  2 | 徳川慶喜     |
|  3 | 西郷隆盛     |
+----+--------------+
3 rows in set (0.00 sec)
```

▼図23　PostgreSQLで自動採番される主キーの指定方法

```
CREATE TABLE person (
  id bigserial PRIMARY KEY,
  name varchar(30)
);
INSERT INTO person (name) VALUES ('渋沢栄一'),('徳川慶喜'),('西郷隆盛');
SELECT id,name FROM person;
 id |   name
----+----------
  1 | 渋沢栄一
  2 | 徳川慶喜
  3 | 西郷隆盛
(3 rows)
```

主キーはテーブル内に1つの列しか指定できません。制約としては後述するUNIQUEとNOT NULLを組み合わせたものと同じです。

人にとって意味のあるデータが格納されている列を指定してもいいのですが、RDBMSに自動で機械的に採番してもらうことが多く、列名も単に「id」という無味乾燥な名前にされることが多いです。たとえば、従業員の社員番号は従業員を一意に特定できるので主キーとしてふさわしいのですが、将来社員番号の形式が変わり値をすべて更新しないといけないということもあり得ます。主キーはほかのテーブルから行を参照するために使われることも多いので、主キーが変更されるとなるとかなり手間がかかります。人にとって意味のある値は将来変更される可能性があるので、主キーにしないほうが無難だと思います。

MySQLではAUTO_INCREMENTとともに用いることで自動採番されるようになります(**図22**)。

PostgreSQLでは、型にsmallserial、serial、bigserialを指定することで同様に自動採番されるようになります(**図23**)。

デフォルト値

DEFAULT 値を指定するとその列のデフォルト値となり、INSERTで列が指定されなかった場合にこの値になります(**図24**)。デフォルト値がない列でINSERTで省略された場合はNULLとなります。

NOT NULL制約

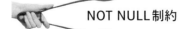

テーブルの各列には型に応じた値が入りますが、値以外にNULLという状態にもなり得ます。NULLは値がない、または値が不明な状態を表すものです。「テーブルの変更(ALTER TABLE)」節でbirthplace列を追加した後、値を格納するまでbirthplaceの値は不明ですのでNULLと

なっていました。

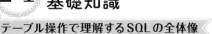

NOT NULLを指定すると列がNULLになりません。NULLにしようとするとエラーになります(図25)。

一意性制約

UNIQUEを指定するとこの列の値がテーブル内に1つしかないという制約になります。ほかの行に同じ値があるとエラーになります(図26)。

チェック制約

CHECK (式)を指定すると、式の評価結果が偽となる値は格納できません。

図27では、col1は10〜20の数値で、col2はcol1よりも大きいという制約を指定しています。なお、MySQLでは列定義の後ろに記述するCHECKはほかの列を参照できないため、複数の列に絡む制約は図28のように列定義ではなく独立して記述する必要があります。

外部キー制約

指定したテーブルの指定した列に存在する値しか格納できないという制約です。FOREIGN KEYでこのテーブルのカラムを指定し、REFERENCESで参照先のテーブルとカラムを指定します。指定したテーブルに存在しない値を指定するとエラーになります。また、ほかのテーブルから外部キー制約で参照されている値を消そうとしてもエラーになります(図29)。

参照されるテーブルを「親テーブル」、参照しているテーブルを「子テーブル」と呼ぶこともあります。参照される側の列はテーブル内で行を一意に特定できないといけないため、主キーまたは一意性制約が指定されている列でないといけません。

▼図24　デフォルト値の例

```
CREATE TABLE tblname (
  col1 varchar(30),
  col2 int DEFAULT 999
);
INSERT INTO tblname (col1,col2) VALUES ('ABC',123);
INSERT INTO tblname (col1) VALUES ('XYZ');
SELECT col1,col2 FROM tblname;
+------+------+
| col1 | col2 |
+------+------+
| ABC  |  123 |
| XYZ  |  999 |
+------+------+
2 rows in set (0.00 sec)
```

▼図25　NOT NULL制約の例

```
CREATE TABLE tblname (
  colname int NOT NULL
);
INSERT INTO tblname (colname) VALUES (NULL);
=> エラー
```

▼図26　一意性制約の例

```
CREATE TABLE tblname (
  colname int UNIQUE
);
INSERT INTO tblname (colname) VALUES (123);
=> 1回目は成功
INSERT INTO tblname (colname) VALUES (123);
=> 2回目はエラー
```

▼図27　チェック制約の例

```
CREATE TABLE tblname (
  col1 int CHECK (col1 >= 10 AND col1 <= 20),
  col2 int CHECK (col2 > col1)
);
INSERT INTO tblname (col1,col2) VALUES (9,15);
=> col1が10以上でないためエラー
INSERT INTO tblname (col1,col2) VALUES (15,14);
=> col2がcol1以下のためエラー
INSERT INTO tblname (col1,col2) VALUES (18,20);
=> OK
```

▼図28　MySQLでほかの列を参照するチェック制約の書き方

```
CREATE TABLE tblname (
  col1 int CHECK (col1 >= 10 AND col1 <= 20),
  col2 int,
  CHECK (col2 > col1)
);
```

トランザクション

RDBの特徴の1つにトランザクションがあります。複数の操作をアトミックに操作できます。たとえば、あるテーブルに行を登録し別のテーブルから行を削除するという一連の操作を不可分なものとして扱うことができます。トランザクションをコミットすることで、それまでの操作が確定し、トランザクションをロールバックするとそれまでの操作がすべてなかったことにされます。トランザクション中にクライアントとサーバ間の接続が切断してしまったときにもロールバックされます。

トランザクションはBEGIN命令で開始します。トランザクション内の処理を確定するにはCOMMIT、取り消すにはROLLBACKを使用します。

図30では、顧客が商品を購入したときに注文テーブルに登録するとともに在庫を1個減らしています。ここで、すでに在庫が切れてしまっていた場合(amountが0の場合)、UPDATEによりamountが−1となってしまいます。amount列にCHECK (amount>=0)というチェック制約が設定されていればUPDATEがエラーになるので、そのエラーをアプリケーションが拾ってROLLBACKすれば、ordersテーブルへのINSERTもなかったことになります。

このようにトランザクションを使えば、在庫がないのに注文テーブルに登録されてしまうということを防ぐことができます。

CREATE TABLEやALTER TABLEのようなDDLをトランザクションに含められるかどうかは、RDBMSによって異なります。PostgreSQLでは、トランザクション内にDDLを含めることができます。トランザクション内でCREATE TABLE後にロールバックするとテーブルの作成がなかったことになります。MySQLでは、DDLを実行したタイミングでトランザクションが自動的にコミットされるので、注意が必要です。SD

▼図29　外部キー制約の例

```
CREATE TABLE authors (
  name varchar(30) UNIQUE -- 著者名
);
CREATE TABLE books (
  name varchar(30),   -- 書籍名
  author varchar(30), -- 著者名
  FOREIGN KEY (author) REFERENCES authors (name)
);
INSERT INTO authors (name) VALUES ('聖悠紀');
INSERT INTO books (name,author) VALUES ('超人ロック','聖悠紀');
=> OK
INSERT INTO books (name,author) VALUES ('白暮のクロニクル','ゆうきまさみ');
=> authorsテーブルにない値を指定したのでエラー
DELETE FROM authors WHERE name='聖悠紀';
=> booksテーブルから参照されている値を削除しようとしたのでエラー
```

▼図30　トランザクションの例

```
BEGIN;
-- 顧客U123が商品P456を1,200円で購入したと注文テーブルに入れる
INSERT INTO orders (customer,product,price) VALUES ('U123','P456',1200);
-- 商品P456の在庫数を1減らす
UPDATE products SET amount=amount-1 WHERE id='P456';
-- UPDATEの結果が失敗したらROLLBACKする
COMMIT;
```

2-2 SELECTを使いこなす

SQLを制するカギはデータの抽出にあり

データはただ持っているだけでは使えません。適切にデータを抽出することではじめてやりたい操作が行えます。そのため、SELECTは最も使用頻度の高い命令であり、SELECTを押さえるのがSQLを使いこなすための近道です。本稿であらためて理解を深めていきましょう。

Author とみたまさひろ

前節ではRDBやSQL全般について簡単に説明しましたが、本稿ではSELECTについてさらに詳しく説明します。なお本稿では**図1**の形式のテーブルを使用して説明します。

テーブルの値は令和2年国勢調査の結果[注1]を使用しています。また本稿ではMySQLを使用して説明します。

SELECTの基本的な構文

前節で簡単に説明しましたが、SELECTの基本的な構文は次のとおりです。

```
SELECT 列名または式 ... FROM テーブル名 WHERE 式
```

注1） 令和2年国勢調査　調査の結果：URL https://www.stat.go.jp/data/kokusei/2020/kekka.html

▼図1　本稿で使用するテーブル

```
-- 都道府県テーブル
CREATE TABLE pref (
  pref_code int not null,           -- 都道府県コード
  pref_name varchar(10) not null,   -- 都道府県名
  population int not null,          -- 人口
  PRIMARY KEY (pref_code),
  UNIQUE (pref_name)
);

-- 市町村テーブル
CREATE TABLE city (
  pref_code int not null,           -- 都道府県コード
  city_code int not null,           -- 市町村コード
  city_name varchar(10) not null,   -- 市町村名
  population int not null,          -- 人口
  PRIMARY KEY (city_code)
);
```

SELECTの結果もテーブルの形式になります。SELECTはテーブルから新しいテーブルを作るものなのです。以降で詳しく見ていきます。

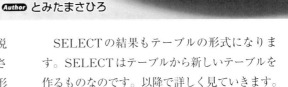

テーブルから列の値を取り出す SELECT

SELECTの後ろに取り出す列名を並べ、FROMでテーブル名を指定すると、テーブルから指定した列の値を取り出せます。列名の代わりに*を指定するとすべての列が取り出せます。列名だけでなく、列の値を含んだ式や列の値を含まない式を指定することもできます。式については後で詳しく説明します。

WHERE 式を指定すると式の値が真になった行だけに絞り込むことができます(**図2**)。WHEREを省略した場合はすべての行が取り出せます。これはWHERE trueを指定したとみなすことができます。

SELECTの結果は順序を指定しない限り基本的に順番は不定です。何かの順番に並んでいることを期待すべきではありません。

▼図2　人口70万人未満の県

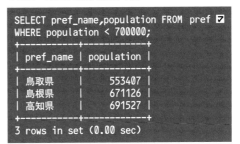

```
SELECT pref_name,population FROM pref ⏎
WHERE population < 700000;
+-----------+------------+
| pref_name | population |
+-----------+------------+
| 鳥取県    |     553407 |
| 島根県    |     671126 |
| 高知県    |     691527 |
+-----------+------------+
3 rows in set (0.00 sec)
```

テーブルを指定しないSELECT

SELECTはテーブルから値を取り出すだけでなく、単純に式を評価する場合にも使用できます。FROMを指定しないとテーブルに関係なく式を評価した結果を返します(**図3**)。

RDBMSによってはSELECTにFROMが必須なものがあります。つまりテーブルに関係なく式を評価したいだけであっても何かしらのテーブルの指定が必要になります。Oracleではそのためにダミーのテーブルdualが用意されています。MySQLはdualにも対応しています(**図4**)。なお、PostgreSQLはdualというテーブル名に特別な意味はありません。

式

SELECTやWHEREに書ける式について説明します。

真偽値

TRUEは真、FALSEとNULLは偽となります。PostgreSQLではほかに次の値も真偽値となります。評価結果がこれら以外の値になる式はWHEREには書けません。

- 真：'t'、'true'、'y'、'yes'、'on'、'1'

▼図3　テーブルを指定しないSELECT

```
SELECT 1+2*3;
+-------+
| 1+2*3 |
+-------+
|     7 |
+-------+
1 row in set (0.00 sec)
```

▼図4　dualテーブル

```
SELECT 1+2*3 FROM dual;
+-------+
| 1+2*3 |
+-------+
|     7 |
+-------+
1 row in set (0.00 sec)
```

- 偽：'f'、'false'、'n'、'no'、'off'、'0'

MySQLでは、0と空文字列も偽になります。また数値に変換したときに0になるデータ(文字列'0abc'や日付0000-00-00など)も偽となります。それ以外の値は真となります。実際にはMySQLにはTRUE、FALSEはなく、1、0のエイリアスです。

演算子と関数

演算子や関数はRDBMSによってかなり異なります。ここでは代表的なものを紹介します。

比較

表1の演算子を使用すると演算子の左右の2つのオペランドを比較して、真偽値を返します。この演算子で文字列同士の比較もできますが、比較結果は文字列のコレーション(照合順序)に従います。MySQLのデフォルトでは大文字小文字を区別せずに比較しますが、これはそのようなコレーションがデフォルトだからです。コレーションについては本稿では説明しませんので、各RDBMSのドキュメント[注2]を参照してください。

aの値がある範囲内(b以上c以下)にあるかどうかを調べるには`a >= b AND a <= c`と書きますが、BETWEEN演算子を使用して`a BETWEEN b AND c`と書くこともできます(**図5**)。なお、`a NOT BETWEEN b AND c`は`a < b OR a > c`と同じです。

注2) ・MySQL：URL https://dev.mysql.com/doc/refman/8.0/ja/charset.html
・PostgreSQL：URL https://www.postgresql.jp/document/14/html/collation.html

▼表1　比較演算子

演算子	意味
a = b	aとbが等しい
a <> b、a != b	aとbが等しくない
a > b	aはbより大きい
a >= b	aはb以上
a < b	aはbより小さい
a <= b	aはb以下

▼図5　人口が500万人以上600万人以下の県

```
SELECT pref_name,population FROM pref WHERE population BETWEEN 5000000 AND 6000000;
+-----------+------------+
| pref_name | population |
+-----------+------------+
| 北海道    |    5224614 |
| 兵庫県    |    5465002 |
| 福岡県    |    5135214 |
+-----------+------------+
3 rows in set (0.00 sec)
```

▼表2　論理演算子

演算子	意味
x AND y	論理積。xとyの両方が真の場合に真、そうでなければ偽を返す
x OR y	論理和。xとyのどちらかが真の場合に真、そうでなければ偽を返す
x XOR y	排他的論理和。xとyのどちらかが真でもう一方が偽の場合に真、そうでなければ偽を返す
NOT x	否定。xが真の場合に偽、偽の場合に真を返す

値が複数の値のどれかに一致しているかどうかを調べるには、INを使用します。たとえば都道府県コードが13、20、29の都道府県を調べるには次のように指定します。

```
SELECT pref_code,pref_name FROM pref ⏎
WHERE pref_code IN (13,20,29);
```

文字列があるパターンに一致するかどうかは**LIKE パターン**を使います。パターン内の%は任意の文字列で、_は任意の一文字に適合します。たとえば、2文字目が「島」の都道府県を調べるには次のように指定します。

```
SELECT pref_name FROM pref WHERE pref_ ⏎
name LIKE '_島%';
```

正規表現でパターンマッチすることもできます。MySQLでは**RLIKE**、PostgreSQLでは~を使用します。先ほどと同じ、2文字目が「島」の都道府県は正規表現で次のように指定できます。

```
SELECT pref_name FROM pref WHERE pref_ ⏎
name RLIKE '^.島';
```

論理演算

論理演算子(**表2**)を使用すると複数の式の結果を組み合わせた条件を指定できます。

なお、MySQLではAND、OR、XOR、NOTの代わりに、プログラミング言語によくある&&、||、^、!、も使用できますが、標準SQLではないので使用しないほうがよいでしょう。

数値演算

+、-、*、/で四則演算ができます。%は剰余演算です。

MySQLでは/の結果は浮動小数点数になりますが、PostgreSQLでは整数同士の割り算の結果は整数になります。MySQLで整数除算を行うにはDIVを使って`3 DIV 2`のように記述します。PostgreSQLでも整数除算はDIVですが、演算子ではなく`div(3, 2)`のような関数形式になります。

また、**表3**のような関数もあります。

文字列処理

文字列に対してさまざまな処理を行うための

▼表3　算術関数

関数	説明
abs(x)	絶対値
ceil(x)	切り上げ
floor(x)	切り捨て
round(x,d)	xを小数点以下d桁に四捨五入
power(a,b)	aのb乗
sin(x)、cos(x)、tan(x)	三角関数

▼表4 文字列関数/演算子

関数/演算子	説明
char_length(文字列)	文字列の文字数を返す
octet_length(文字列)	文字列のバイト数を返す
length(文字列)	MySQLではバイト数、PostgreSQLでは文字数を返す
upper(文字列)	文字列を大文字化した文字列を返す
lower(文字列)	文字列を小文字化した文字列を返す
left(文字列, n)	文字列の先頭n文字を返す
right(文字列, n)	文字列の末尾n文字を返す
substring(文字列, n, m)	文字列のn文字目からm文字を返す
concat(文字列1, 文字列2)	文字列1と文字列2を結合した文字列を返す
文字列1 || 文字列2	文字列1と文字列2を結合した文字列を返す(MySQLでは利用できない)

関数があります(**表4**)。

◆ ◆ ◆

ここに挙げた演算子、関数以外にも多くのものがあります。詳しくは各RDBMSのドキュメント注3を参照してください。

NULL

前節でも説明したようにNULLは値がない、または値が不明という状態を表します。NULLは値ではないので、比較や演算はできません。NULLを比較したり関数のパラメータに含めるとその結果もまたNULLになります(**図6**)。

注3) ・MySQL:URL https://dev.mysql.com/doc/refman/8.0/ja/functions.html
・PostgreSQL:URL https://www.postgresql.jp/document/14/html/functions.html

▼図6 NULLを含む演算結果はNULLとなる

```
SELECT 123=NULL, NULL=NULL, ⏎
left('abc',NULL);
+----------+-----------+------------------+
| 123=NULL | NULL=NULL | left('abc',NULL) |
+----------+-----------+------------------+
|     NULL |      NULL | NULL             |
+----------+-----------+------------------+
1 row in set (0.00 sec)
```

NULL同士を=で比較しても結果はNULLになります。NULLかどうかを調べるには専用の構文の**IS NULL**があります。NULLでないことを調べる**IS NOT NULL**もあります(**図7**)。

ORDER BYとLIMIT

通常SELECTが返す行は順不同ですが、ORDER BYを指定することで結果を昇順に並び替えることができます。さらにDESCを指定すると降順に並びます。通常はWHEREで絞り込んだ数の行が返りますが、LIMITを使用して指定した数の行だけを返すようにできます。たとえば**図8**は県を人口の大きい順に4件取得しています。

LIMITを使用する場合は通常はORDER BYを指定します。そうでないと何が返されるか不定になります。

集約関数

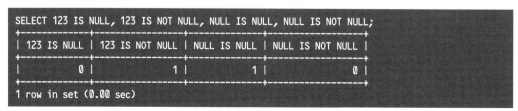

今まで見てきたように、SELECTはWHERE

▼図7 NULLを判定する

```
SELECT 123 IS NULL, 123 IS NOT NULL, NULL IS NULL, NULL IS NOT NULL;
+-------------+-----------------+--------------+------------------+
| 123 IS NULL | 123 IS NOT NULL | NULL IS NULL | NULL IS NOT NULL |
+-------------+-----------------+--------------+------------------+
|           0 |               1 |            1 |                0 |
+-------------+-----------------+--------------+------------------+
1 row in set (0.00 sec)
```

▼図8　ORDER BYとLIMITの例

```
SELECT pref_name FROM pref WHERE pref_name LIKE '%県' ORDER BY population DESC LIMIT 4;
+--------------+
| pref_name    |
+--------------+
| 神奈川県     |
| 愛知県       |
| 埼玉県       |
| 千葉県       |
+--------------+
4 rows in set (0.00 sec)
```

▼図9　「島」を名前に含む都道府県の件数

```
SELECT count(*) FROM pref WHERE pref_name LIKE '%島%';
+----------+
| count(*) |
+----------+
|        5 |
+----------+
1 row in set (0.00 sec)
```

▼図10　都道府県の人口の合計、平均値、最小値、最大値

```
SELECT sum(population), avg(population), min(population), max(population) FROM pref;
+-----------------+-----------------+-----------------+-----------------+
| sum(population) | avg(population) | min(population) | max(population) |
+-----------------+-----------------+-----------------+-----------------+
|       126146099 |    2683959.5532 |          553407 |        14047594 |
+-----------------+-----------------+-----------------+-----------------+
1 row in set (0.00 sec)
```

で行を絞り込んだ結果を返すので、結果テーブルの行数はWHEREの条件に適合した数になります。しかし、行の中身ではなく行数だけを欲しい場合があります。そのような場合、SELECTにcount(*)を指定すると結果テーブルの行数が返ります(**図9**)。なお、count(*)は条件に一致するすべての行をカウントしますが、引数に*ではなく列名を指定した場合は列の値がNULLでない行をカウントします。

このcount()のような関数を集約関数と言います。集約関数の形式は通常の関数と同じなのですが、SELECTに集約関数を指定すると、結果テーブルそのものではなく結果テーブル全体に対する演算結果を返すようにSELECTの動きが変わります。

集約関数はcount()のほかにもいくつかあります。たとえば、sum()は合計、avg()は平均値、max()は最大値、min()は最小値を計算します(**図10**)。

なお、SELECTに集約関数と列を併せて指定することはできません。集約関数は行全体を対象にするので、どの行の列を選択すべきか不明なためです。

GROUP BYとHAVING

集約関数はテーブル全体ではなく、ある条件でグルーピングしたグループごとに適用することができます。SELECTに指定した列や式をGROUP BYに指定するとその値によりグルーピングされます。

たとえば、都、道、府、県のそれぞれの数を数えるには、都道府県名の右端1文字でグルーピングして、グループ内の行数を数えればよい

▼図11　GROUP BYの例

```
SELECT right(pref_name,1), count(*) FROM pref GROUP BY right(pref_name,1);
+--------------------+----------+
| right(pref_name,1) | count(*) |
+--------------------+----------+
| 県                 |       43 |
| 府                 |        2 |
| 道                 |        1 |
| 都                 |        1 |
+--------------------+----------+
4 rows in set (0.00 sec)
```

▼図12　WHEREとGROUP BYの組み合わせ

```
SELECT right(pref_name,1) AS type, count(*) FROM pref WHERE population >= 3000000 GROUP BY 1;
+------+----------+
| type | count(*) |
+------+----------+
| 道   |        1 |
| 県   |        7 |
| 都   |        1 |
| 府   |        1 |
+------+----------+
4 rows in set (0.00 sec)
```

▼図13　HAVINGの例

```
SELECT right(pref_name,1) AS type, count(*) AS count FROM pref GROUP BY 1 HAVING count >= 2;
+------+-------+
| type | count |
+------+-------+
| 県   |    43 |
| 府   |     2 |
+------+-------+
2 rows in set (0.00 sec)
```

です(**図11**)。

SELECTとGROUP BYの両方にright(pref_name,1)を記述していますが、ASで別名をつけると簡単に記述できます。

```
SELECT right(pref_name,1) AS type, ↵
count(*) FROM pref GROUP BY type;
```

もっと簡単に、SELECTに記述した式の順番をGROUP BYに指定することもできます。今回は1番目の値でGROUP BYしているので、GROUP BY 1と記述できます。なお、GROUP BY使用時にSELECTに記述できるのは、基本的に集約関数とGROUP BYに記述した列や式とそれらを使用した式のみです。

WHEREはGROUP BYよりも前に評価されます。つまりWHEREで絞り込んだ結果テーブルに対してグルーピングされます。全都道府県ではなく、人口300万人以上の都道府県でグルーピングすると**図12**のようになります。

WHEREの後にGROUP BYされるということは、グルーピングした結果のテーブルに対してはWHEREは使えないということです。GROUP BYの結果をさらに絞り込みたい場合はHAVINGを使用します。**図13**は都、道、府、県のうち2つ以上あるものを出力しています。都と道は1つしかないので結果に表れていません。

なお、ORDER BY、LIMITはGROUP BYよりも後に評価されるため、GROUP BYした結果でソートすることができます。

結合(JOIN)

今まで都道府県テーブルを使用していましたが、市町村テーブルも使用してみましょう。全国に市町村は1,741個あるようです(図14)。

都道府県ごとの市町村の数が多い順に5件取り出してみましょう。cityテーブルには都道府県コードのpref_code列があるので、それを使ってグルーピングして、さらに行数の多い順に並べて、5件取り出します(図15)。

ちゃんと取り出せましたが、cityテーブルには都道府県名が存在せず、都道府県コードpref_codeしかないので都道府県名がわかりません。都道府県名はprefテーブルにあるので、今回見つかったpref_codeをprefテーブルから検索すればわかります(図16)。

この2つの結果から、市町村数が多い都道府県は、北海道、長野県、埼玉県、東京都、福岡県の順であることがわかりました。しかし複数回クエリを実行して結果を人の手で結合するなんて面倒です。JOINを使ってテーブルを結合することで、1回のクエリで関連する複数のテーブルから情報を得ることができます。今回の場合は図17のようなクエリを実行します。

JOINの種類

JOINには以下の種類があります。

CROSS JOIN (交差結合)

左右のテーブルのすべての行を結合したテーブルを作ります。t1 CROSS JOIN t2と記述します。t1, t2と記述することもできます(図18)。

たとえば1,000行程度のテーブル2つをCROSS JOINすると、論理的には100万行もの一時テーブルができあがります。そこからWHEREやGROUP BYを使用して目的の行を抽出することになります。これはあくまでも論理的にはそのような操作になるということであって、実際のRDBMSの処理ではテーブルの結合時にもWHEREなどの条件が考慮されるので、必ずしもすべての行を持った巨大な一時テーブ

▼図14 市町村の数

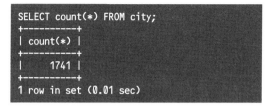

```
SELECT count(*) FROM city;
+----------+
| count(*) |
+----------+
|     1741 |
+----------+
1 row in set (0.01 sec)
```

▼図15 市町村の多い都道府県のコード

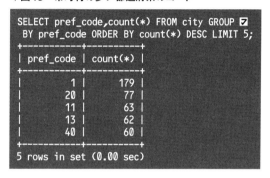

```
SELECT pref_code,count(*) FROM city GROUP ⏎
 BY pref_code ORDER BY count(*) DESC LIMIT 5;
+-----------+----------+
| pref_code | count(*) |
+-----------+----------+
|         1 |      179 |
|        20 |       77 |
|        11 |       63 |
|        13 |       62 |
|        40 |       60 |
+-----------+----------+
5 rows in set (0.00 sec)
```

▼図16 都道府県コードから都道府県名を得る

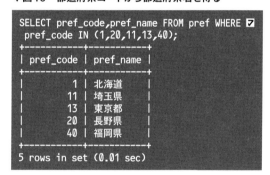

```
SELECT pref_code,pref_name FROM pref WHERE ⏎
 pref_code IN (1,20,11,13,40);
+-----------+-----------+
| pref_code | pref_name |
+-----------+-----------+
|         1 | 北海道    |
|        11 | 埼玉県    |
|        13 | 東京都    |
|        20 | 長野県    |
|        40 | 福岡県    |
+-----------+-----------+
5 rows in set (0.01 sec)
```

▼図17 市町村の多い都道府県

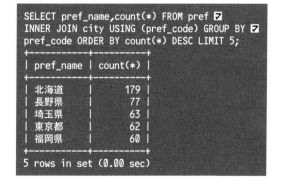

```
SELECT pref_name,count(*) FROM pref ⏎
INNER JOIN city USING (pref_code) GROUP BY ⏎
pref_code ORDER BY count(*) DESC LIMIT 5;
+-----------+----------+
| pref_name | count(*) |
+-----------+----------+
| 北海道    |      179 |
| 長野県    |       77 |
| 埼玉県    |       63 |
| 東京都    |       62 |
| 福岡県    |       60 |
+-----------+----------+
5 rows in set (0.00 sec)
```

▼図18　CROSS JOIN

t1

a	b
1	b1
2	b2
3	b3

t2

a	c	d
1	c1	d1
3	c3	d3
4	c4	d4

t1 CROSS JOIN t2またはt1, t2

a	b	a	c	d
1	b1	1	c1	d1
1	b1	3	c3	d3
1	b1	4	c4	d4
2	b2	1	c1	d1
2	b2	3	c3	d3
2	b2	4	c4	d4
3	b3	1	c1	d1
3	b3	3	c3	d3
3	b3	4	c4	d4

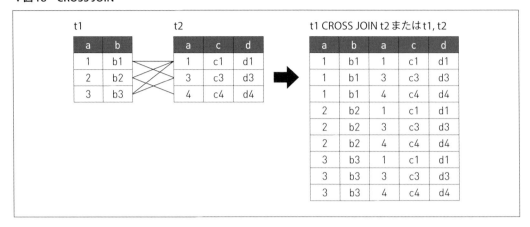

▼図19　INNER JOIN

t1

a	b
1	b1
2	b2
3	b3

t2

a	c	d
1	c1	d1
3	c3	d3
4	c4	d4

t1 INNER JOIN t2 USING (a) または
t1 INNER JOIN t2 ON t1.a=t2.a

a	b	a	c	d
1	b1	1	c1	d1
3	b3	3	c3	d3

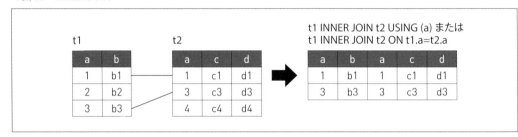

ルが作成されるわけではありません。

結合したテーブルに対するWHEREで条件を記述したり、SELECTで抽出する列を選択したりする際、両方のテーブルで同じ名前の列がある場合はどちらのテーブルの列かわからないので、テーブル名.列名と指定します。

INNER JOIN（内部結合）

左右のテーブルで条件に一致した行を結合したテーブルを作ります。`t1 INNER JOIN t2 USING (列名, ...)`と指定すると、左右のテーブルの列名の値が同じ行を結合します。`t1 INNER JOIN t2 ON 式`と指定するとONで指定した式の評価結果が真となる行を結合します（図19）。INNERは省略可能で、`t1 JOIN t2 〜`と記述することもできます。

OUTER JOIN（外部結合）

INNER JOINと同様に条件を満たす行同士が結合されますが、条件を満たさない場合にも行が残るという違いがあります。OUTER JOINには次の3種類があります。OUTERは省略可能ですので、記述しないことが多いようです（図20）。

- **LEFT（OUTER）JOIN（左外部結合）**
  左側のテーブルの行は条件が成立しない場合でも残る。右側のテーブルの列はNULLとして結合される
- **RIGHT（OUTER）JOIN（右外部結合）**
  LEFT JOINとは逆に条件が成立しない場合は右側のテーブルの行が残り、左側のテーブルの列はNULLとして結合される
- **FULL（OUTER）JOIN（完全外部結合）**
  左右両方の行が残る。なおMySQLではFULL JOINは使用できない

OUTER JOINは条件に一致しなかった行を調べるのによく使われます。`SELECT t1.id FROM`

▼図20　OUTER JOIN

t1

a	b
1	b1
2	b2
3	b3

t2

a	c	d
1	c1	d1
3	c3	d3
4	c4	d4
空		

t1 LEFT JOIN t2 USING (a) または
t1 LEFT JOIN t2 ON t1.a=t2.a

a	b	a	c	d
1	b1	1	c1	d1
2	b2	NULL	NULL	NULL
3	b3	3	c3	d3

t1

a	b
1	b1
2	b2
3	b3
空	

t2

a	c	d
1	c1	d1
3	c3	d3
4	c4	d4

t1 RIGHT JOIN t2 USING (a) または
t1 RIGHT JOIN t2 ON t1.a=t2.a

a	b	a	c	d
1	b1	1	c1	d1
3	b3	3	c3	d3
NULL	NULL	4	c4	d4

t1

a	b
1	b1
2	b2
3	b3
空	

t2

a	c	d
1	c1	d1
3	c3	d3
4	c4	d4
空		

t1 FULL JOIN t2 USING (a) または
t1 FULL JOIN t2 ON t1.a=t2.a

a	b	a	c	d
1	b1	1	c1	d1
2	b2	NULL	NULL	NULL
3	b3	3	c3	d3
NULL	NULL	4	c4	d4

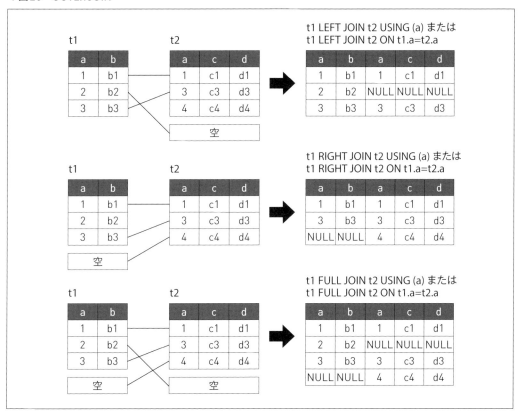

▼図21　NATURAL JOIN

t1

a	b
1	b1
2	b2
3	b3

t2

a	c	d
1	c1	d1
3	c3	d3
4	c4	d4

t1 NATURAL JOIN t2

a	b	a	c	d
1	b1	1	c1	d1
3	b3	3	c3	d3

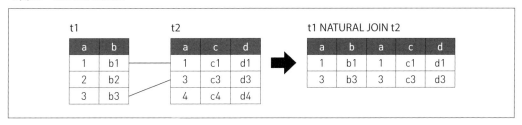

`t1 LEFT JOIN t2 ON 条件 WHERE t2.id IS NULL`のようにすることで、条件に一致するt2の行がなかったt1の行を抽出できます。

NATURAL JOIN（自然結合）

NATURAL JOINは、左右のテーブルに同じ名前の列がある場合は、INNER JOINまたはOUTER JOINのUSINGを省略したものと同じになります。左右のテーブルの同じ名前の列の値が等しい行を結合します（**図21**）。

たとえば`t1 NATURAL LEFT JOIN t2`は`t1 LEFT JOIN t2 USING (t1とt2の共通の列)`と同じです。左右のテーブルに同じ名前の列が存在しない場合はCROSS JOINと同じになります。

サブクエリ

日本国内には異なる県で同じ名前の市町村があります。どれくらいあるか調べてみましょう。

市町村テーブルから重複している名前を見つけるには、市町村名でグルーピングしてcount(*)が1よりも大きいものを抽出すればよいです。図22のようにGROUP BYとHAVINGを使用して25件見つかりました。

この25市町村がどの都道府県に属しているか調べるにはどうすればいいでしょうか。前述したようにテーブルをSELECTした結果もまたテーブルです。FROMの後には通常はテーブル名を書きますが、SELECT文を括弧で括ることでSELECTの結果テーブルを置くこともできるのです。このようにSELECT文の中にあるSELECT文をサブクエリと呼ぶます。

図22のSELECTの結果をテーブルとみなして、cityテーブルとJOINすることでpref_codeを得ることができます。なおサブクエリにはテーブル名がないのでASで適当なテーブル名をつける必要があります。図23ではAS xでサブクエリの結果テーブルにxという名前を付けています。

pref_codeから都道府県名を得るには、さらにprefテーブルとJOINすればよかったですね。最終的には図24のようにして都道府県名が得られます。

サブクエリはFROM以外にも使用できます。

比較演算子

SELECTが単一の行を返す場合、比較演算子で比較することができます。 次の式はSELECTの結果のxの値がaと等しい場合に真になります。

```
a = (SELECT x FROM ...)
```

SELECTが複数列を返す場合は括弧で括って比較できます。 次の式はSELECTの結果のx、yの値がそれぞれa、bと等しい場合に真になります。

```
(a,b) = (SELECT x,y FROM ...)
```

IN

SELECTが複数の行を返す場合、INを使用して比較できます。 次の例はSELECTの結果

▼図22　重複している市町村名

```
SELECT city_name FROM city GROUP BY ☑
 city_name HAVING count(*) > 1;
+-----------+
| city_name |
+-----------+
| 伊達市    |
| 松前町    |
| 森町      |
(..略..)
| 日野町    |
| 太子町    |
| 広川町    |
+-----------+
25 rows in set (0.00 sec)
```

▼図23　重複している市町村名の都道府県コード

```
SELECT city_name,pref_code FROM city
  INNER JOIN (SELECT city_name FROM city ☑
GROUP BY city_name HAVING count(*) > 1) ☑
AS x USING (city_name);
+-----------+-----------+
| city_name | pref_code |
+-----------+-----------+
| 伊達市    |         1 |
| 松前町    |         1 |
| 森町      |         1 |
(..略..)
| 小国町    |        43 |
| 高森町    |        43 |
| 美郷町    |        45 |
+-----------+-----------+
57 rows in set (0.00 sec)
```

▼図24　重複している市町村名とその都道府県名

```
SELECT city_name,pref_name FROM city
  INNER JOIN (SELECT city_name FROM city ☑
GROUP BY city_name HAVING count(*) > 1) ☑
AS x USING (city_name)
    INNER JOIN pref USING (pref_code);
+-----------+-------------+
| city_name | pref_name   |
+-----------+-------------+
| 伊達市    | 北海道      |
| 松前町    | 北海道      |
| 森町      | 北海道      |
(..略..)
| 小国町    | 熊本県      |
| 高森町    | 熊本県      |
| 美郷町    | 宮崎県      |
+-----------+-------------+
57 rows in set (0.01 sec)
```

の複数の行のxの値のどれかがaと等しい場合に真になります。

```
a IN (SELECT x FROM ...)
```

比較演算子と同様に括弧で括って複数列を返す場合にも使えます。

```
(a,b) IN (SELECT x,y FROM ...)
```

重複している市町村の都道府県コードは、上述したJOINではなく、INを使っても取得可能です。

```
SELECT city_name,pref_code FROM city
WHERE city_name IN (SELECT city_name ⏎
FROM city GROUP BY city_name HAVING ⏎
count(*) > 1);
```

EXISTS

EXISTSはSELECTが結果を返す場合に真となり、結果を返さない場合に偽となります。

```
EXISTS (SELECT ...)
```

UNION

JOINがテーブルを横に結合するのに対し、UNIONはテーブルを縦に結合します(**図25**)。

SELECT文とSELECT文をUNIONでつなげます。2つのSELECTの結果の列の数と型は同じでないといけません。また、UNIONした結果のテーブルの列名は最初のSELECTの列名になります。

たとえば、都道府県テーブルで人口が一番多いものと一番少ないものを一度のクエリで取得するには**図26**のようにサブクエリとUNIONを利用します。

▼図25 UNIONの例

a	b
1	b1
2	b2
3	b3

a	c
1	c1
3	c3
4	c4

➡

a	b
1	b1
2	b2
3	b3
1	c1
3	c3
4	c4

UNIONは重複している行(すべての列の値が同じ行)は1行にまとめられます。UNION ALLと指定することで重複している行もそのまま残るようになります。

おわりに

SELECTはSQLのほかの命令に比べてはるかに使用頻度が高い命令です。RDBを使うということはSELECTを使うことと言っても過言ではありません。データベースにデータをためるだけでは役に立ちません。ためられたデータを自分が望む形で取り出すことで役に立つのです。SELECTの使い方によってはかなり複雑な処理をデータベースに行わせることができます。SQLに興味を持たれた方はぜひ書籍や各RDBMSのドキュメントなどで理解を深めてください。SD

▼図26 サブクエリとUNIONの組み合わせ

```
(SELECT pref_name FROM pref ORDER BY population DESC LIMIT 1)
  UNION (SELECT pref_name FROM pref ORDER BY population LIMIT 1);
+-----------+
| pref_name |
+-----------+
| 東京都    |
| 鳥取県    |
+-----------+
2 rows in set (0.00 sec)
```

データ分析に効く SQL 50本ノック

Author 株式会社リブセンス
URL https://made.livesense.co.jp/

近年、SQLを利用する機会が増えています。顧客情報や販売情報などのデータはデータベースに集まるため、営業やマーケティング担当者からデータの抽出・集計の依頼を受けるエンジニアも多いことでしょう。その際にSQLが必要になってきます。もはや開発で使うだけの時代ではないのです。

そこで、SQLでデータを抽出するところから、累積比率や移動平均を求められるようになるまでの演習問題「SQL50本ノック」を用意しました。学習環境を簡単に構築できるスクリプトもあります。

自分のSQL力を磨くために使うも良し、社内のSQL勉強会の教材に使うも良し。本章をデータドリブンな組織づくりに役立ててください。

3-1 SQL50本ノックを始める前に

社員全員がSQLを使う組織作りに取り組んでいるリブセンスの方々に、SQL力を高めるための演習問題「SQL50本ノック」を作っていただきました。本稿ではまず、クエリを実行しながら学ぶための環境を構築しましょう。

はじめに

今日、データ・ドリブンな意思決定が、サービス開発や営業、マーケティング、人事、経営管理など、さまざまな組織で求められています。SQLは、データの取得でもっとも一般的に利用される「ツール」であり、それを活用する力、すなわち「SQL力」は、データ分析の強力な武器です。にもかかわらず、SQLの使い手の数は十分とは言えず、データ抽出はいまだエンジニアの仕事となっているのが、多くの現場の状況ではないでしょうか。

本章ではデータ抽出に使うSQL力を確実に身に付けるべく、初歩から応用まで幅広いノック（問題）注1を用意しました。また別立てのコラムとして、組織内でのSQL力の活用方法についても紹介します。

初学者の教科書としてはもちろん、周囲へ教えるときの参考書や、組織でのSQL浸透のヒントとして、幅広く本章をご活用ください。エンジニアが起点となって、社内にデータ・ドリブンの文化が根づいていく――本章がその1つのきっかけとなれば幸いです。

注1）さまざまなSQLを扱う「データサイエンス100本ノック」が、データサイエンティスト協会から公開されています。本章を読んだあとのステップアップとしても有用でしょう。
URL https://github.com/The-Japan-DataScientist-Society/100knocks-preprocess

想定読者

本章のSQLノックは初級編・中級編・応用編に分かれています。ノックは徐々に難しくなるように作られており、1本ごとに独立していますので、自分のスキルに合わせて読み進めてください。各節のレベルと想定読者は次のとおりです。

- 初級編（3-2）：SQLを初歩から学びたい方
- 中級編（3-3）：複数テーブルを組み合わせてデータ抽出する方法を学びたい方
- 応用編（3-4）：SQLを使いこなしてさらに多様な使い方を身に付けたい方。とくに、自由自在に分析を行う際に便利な機能やノウハウを知りたい方

それぞれのノックでは、説明用のサンプルクエリを載せています。まず1周目はサンプルクエリを見ながら読み進めて、2周目からはノックだけを読んで解けるか挑戦しましょう。

実行環境を用意しよう

本章の実行環境として、PostgreSQLを用意します。もちろん、業務で使うデータベースがMySQLやOracleの読者にも参考になるよう、一部を除いてSQL標準に準拠したクエリで説

明します。インストールの手間もないように、簡単に環境構築を行えるスクリプトも用意しています。

データベースサーバ（PostgreSQL）を用意しよう

本章では実行環境を簡単に用意できるよう、シェルスクリプト（Windows 10/11ではバッチファイル）を用意しています。このスクリプトは、Dockerを用いて「コンテナ」と呼ばれる仮想環境上でデータベースサーバを構築するものです。利用環境はLinuxの各ディストリビューション、macOS、Windows 10/11を想定しています。

Dockerのインストール

Dockerは各OS向けにプログラムが提供されていますので、Dockerの公式サイト注2から環境に応じてダウンロード、インストールしてください。

WindowsでDocker Desktopを動作させるためには、これまでエディションの制約や、Hyper-V対応CPUの制限がありましたが、WSL2 backendを利用することで制限がなくなっています。

詳細なインストール手順は、Docker公式サイトの次のページを確認してください。

- Ubuntu：https://docs.docker.com/engine/install/ubuntu/
- CentOS：https://docs.docker.com/engine/install/centos/
- Windows 10/11：https://docs.docker.com/desktop/install/windows-install/
- macOS：https://docs.docker.com/desktop/install/mac-install/

スクリプトの実行

次に、本書のサポートページ注3から構築用スクリプト一式「env_script.zip」をダウンロードし、展開したうえで実行してください。

・Linux/macOS

```
$ sh postgres_initialize.sh
```

（環境によってはsudoが必要です）

・Windows 10/11（コマンドプロンプト）

```
> postgres_initialize.bat
```

実行すると、コンソールには数分間にわたってサーバのダウンロードとインストールのメッセージが流れます。この間、Debianイメージ上でPostgreSQLのサーバが立ち上がり、その中に今回使うサンプルデータ（後述）が展開されます。しばらく待つと、PostgreSQLのクライアントである「psql」が立ち上がり、データベースサーバに接続します。コンソール上に、

```
#===============
# login postgres
#===============
psql (15.1 (Debian 15.1-1.pgdg110+1))
Type "help" for help.

postgres=#
```

のように表示されれば、準備完了です。

psqlを終了する際は、\qと入力してください。データベースサーバはDockerを終了するまで、起動したままとなります。完全に停止させたい場合は、docker compose downを実行してください。再度、psqlを使う場合、もう一度シェルスクリプトを実行してください。サーバが起動していてもしていなくても、サーバの再起動とデータの初期化により、クリーンな環境が用意されます。

サンプルとして扱う「Pagila」について

Pagila注4は、PostgreSQL向けに用意されているサンプルデータで、同じくMySQL用に提供されている「Sakila」をポーティング（移植）

注2） URL https://www.docker.com/products/docker-desktop/

注3） URL https://gihyo.jp/book/2023/978-4-297-13362-7/support

注4） URL https://github.com/devrimgunduz/pagila

▼図1 テーブルの構成

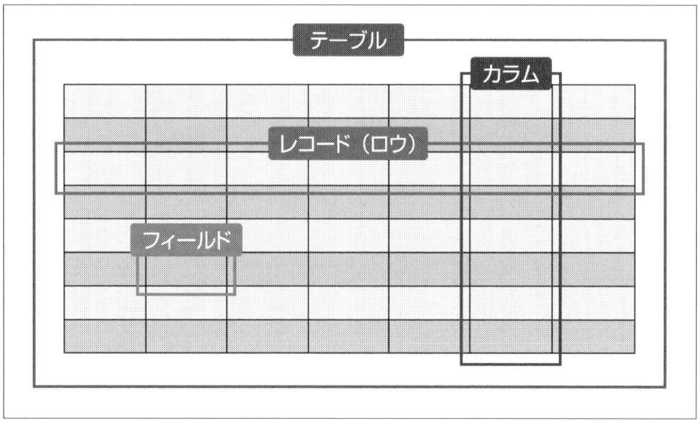

したものです。PagilaはDVDレンタルショップで取り扱うデータをモデリングしたもので、出演俳優をはじめとする作品メタ情報からカスタマー情報、そして売上情報まで含まれたデータベースとなっています。全体のER図など詳しい情報を知りたい方は、MySQLの公式サイト注5をご覧ください。

データベースとテーブルの構成

最後に、データベースにおける基本的な用語をおさらいしておきます。

一般的に、データベースは複数のテーブルで構成されています。Pagilaのように20テーブル程度のものもありますし、エンタープライズシステムでは数百テーブル以上から構成されるものもあります。

テーブルは、値が2次元に配置されたものです。言葉で説明するよりも、**図1**を見てもらうのが早いでしょう。テーブルはレコード（行）とカラム（列）で構成されていて、レコードとカラムが交わったところをフィールドと言い、そこに値が格納されています。SD

注5） URL https://dev.mysql.com/doc/sakila/en/sakila-structure.html

column SQL上達の秘訣は？

SQL上達の秘訣はズバリ、「自分の興味がある、もしくは必要に迫られているデータを利用すること」です。日々業務で利用しているデータの抽出を、自分自身の手でクエリを書いて行うことが大きなモチベーションになります。日々業務で使う必要に迫られたデータだからこそ、取得条件の間違いや甘さにも気づけ、修正するための創意工夫も苦なく行えます。こうしていつの間にか反復練習が行え、スキルアップが成されるのです。

column 本番では分析用のデータベースを準備しよう

本章でSQLの基礎を学んだあと、いざ現場で分析をしようとなったときに最初にやるべきことは、分析用のデータベースを準備することです。アドホックな分析クエリは高負荷になりがちです。トラブルを避けるために、たとえ参照系のクエリしか実行しないとしても、本番環境に分析クエリを投げることは可能な限り避けるべきです。

データベースは、万一に備えて定期的にバックアップが取得されているはずです。そのバックアップデータから分析用のデータベースを準備しましょう。データベースに個人情報が含まれている場合は、法令・ガイドライン注Aに従って適切なアクセス制御やデータの匿名化などの対応を行ってください。

データ分析の価値が明らかになり、分析用のデータベースの利用者が増えてきて、実行速度などに問題が出てきたら、Amazon Redshiftや、BigQuery、Snowflakeといったデータ分析に特化したデータベースに移行し、「進化」させるとよいでしょう。SQLはこれらのデータベースでも利用できます。社内外のデータを集約した「データウェアハウス」を構築し、あなたが得た分析スキルを、多様なデータでさらに発揮していきましょう。

注A）「個人情報保護委員会」 URL https://www.ppc.go.jp

3-2 初級編
SQLの基本を学ぶ

カァン　バシッ

いよいよSQL50本ノックの始まりです。ノックという形でデータの抽出・集計などの問題を出していきますので、それを実現するクエリを一緒に考えながら、SQLを学んでいきましょう。

customer、paymentテーブルを使ってSQLの基本を学ぶ

初級編では、おもにcustomerテーブルとpaymentテーブルを使ってSQLの基本を学んでいきましょう。

はじめにそれぞれのテーブルに存在するカラムを簡単に整理しておきます（図1）。

customerテーブル

顧客情報が格納されたテーブルです。顧客ID（customer_id）、氏名（last_name、first_name）などが格納されています。

paymentテーブル

支払い情報が格納されたテーブルです。支払いID（payment_id）、顧客ID（customer_id）、支払い額（amount）、支払い日（payment_date）などが格納されています。1人の顧客が複数回利用することがあるため、顧客と支払いは1対多の関係にあります。また、顧客なしで支払いはできないため、支払いテーブルには必ず顧客が関連づきます。

◆ ◆ ◆

それでは実際にクエリを書きながら学んでいきましょう。

▼図1　customerテーブルとpaymentテーブルの関係

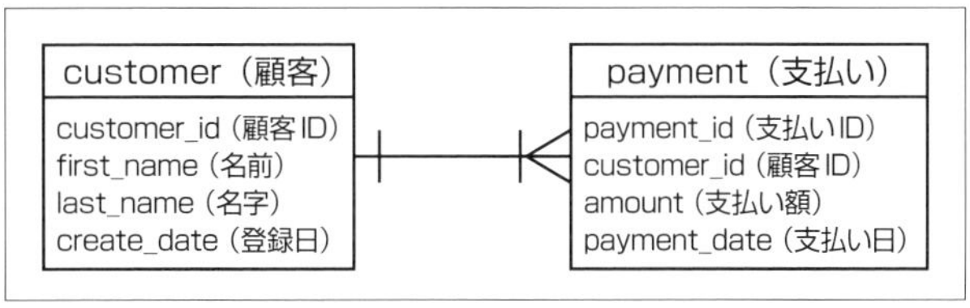

データを抽出する - SELECT

ここから先は、3-1節で準備した環境でクエリを実行しながら進めてください。

それでは、SELECTから学んでいきます。テーブルからデータを取り出すときに使用するのがSELECTです。まず、次のノックに挑戦してみてください。

ノック01　paymentテーブルの一覧を表示する

答えは、次のクエリになります。実際に、実行してみてください。

```
SELECT * FROM payment;
```

いかがでしょうか。図2のように何やらたくさん結果が出てきました。psql（PostgreSQLのターミナル型フロントエンド）でのクエリ実行結果は、moreコマンドと同じ操作で移動できます注1。/rowsと入力すれば実行結果のレコード数が見つかりますので、(16049 rows)と表示されていることを確認してください。

続いて次も実行してください。

```
SELECT payment_id FROM payment;

 payment_id
------------
      16051
      16065
      16109
      16195
      16202
(..略..)
(16049 rows)
```

注1）「Enterキーで次の1行を表示」「Spaceキーで次の1画面を表示」「/文字列 で指定した文字列を検索し、その場所に移動」など。

さらに次も実行してみましょう。

```
SELECT
  payment_id,
  customer_id
FROM
  payment
;

 payment_id | customer_id
------------+-------------
      16051 |         269
      16065 |         274
      16109 |         297
      16195 |         344
      16202 |         348
(..略..)
(16049 rows)
```

ここまで連続で実行し、少しイメージが湧いたでしょうか。どのクエリもテーブルからデータを取り出していることがわかるかと思います。

SELECTとFROMの間に*を指定するとすべてのカラムが抽出され、カラム名を指定すると指定したカラムのみ抽出されます。複数指定したいときには,で区切ります。

以上のことをふまえて次に進みましょう。

▼図2 「SELECT * FROM payment;」の実行結果

```
 payment_id | customer_id | staff_id | rental_id | amount |         payment_date
------------+-------------+----------+-----------+--------+-------------------------------
      16051 |         269 |        1 |        98 |   0.99 | 2022-01-29 01:58:52.222594+00
      16065 |         274 |        1 |       147 |   2.99 | 2022-01-25 12:14:16.895377+00
      16109 |         297 |        2 |       143 |   0.99 | 2022-01-28 00:49:49.128218+00
      16195 |         344 |        2 |       157 |   2.99 | 2022-01-31 05:58:51.176578+00
      16202 |         348 |        2 |       821 |   0.99 | 2022-01-26 16:52:41.359433+00
      16216 |         357 |        2 |       945 |   0.99 | 2022-01-24 00:39:09.052005+00
      16237 |         369 |        1 |        31 |   4.99 | 2022-01-31 00:12:16.422091+00
(..略..)
(16049 rows)
```

条件を指定する - WHERE

さて、SELECTが使えるようになりテーブルからデータを抽出できるようになりました。

抽出したデータを眺めると感じるかもしれませんが、このままではデータが膨大であり、ほしい情報をピンポイントで見ることができません。ここではほしいデータのみ抽出できるWHEREについて学びます。

ノック02 paymentテーブルのcustomer_idが1のレコードを抽出する

まずは、次のクエリを実行してみてください。

```
SELECT
  payment_id,
  customer_id
FROM
  payment
WHERE
  customer_id = 1
;

 payment_id | customer_id
------------+-------------
      28999 |           1
      29000 |           1
      18501 |           1
(..略..)
(32 rows)
```

実行結果を見ると、customer_idが1のレコードで絞られていることがわかります。

次は、条件を文字列で指定してみましょう。

ノック03 customerテーブルの名前(first_name) がKELLYのレコードを抽出する

今度はcustomerテーブルを使ってみます。

```
SELECT
  first_name,
  last_name
FROM
  customer
WHERE
  first_name = 'KELLY'
;

 first_name | last_name
------------+-----------
 KELLY      | TORRES
 KELLY      | KNOTT
(2 rows)
```

first_nameがKELLYで絞られました。

演算子

WHEREではさまざまな演算子が利用できます。必須と言えるので押さえておきましょう。

▼表1　論理演算子

演算子	説明
条件1 AND 条件2	どちらの条件にも一致
条件1 OR 条件2	どちらかの条件に一致
NOT 条件	条件に一致しない

論理演算子

SQLでは表1のような論理演算子が使えます。実際にSQLを実行して結果を見ていきます。

ノック04 customerテーブルから、名字(last_name) がKNOTTで名前がKELLYの顧客を抽出する

まずはANDを試してみます。

```
SELECT
  first_name,
  last_name
FROM
  customer
WHERE
  first_name = 'KELLY'
  AND last_name = 'KNOTT'
;

 first_name | last_name
------------+-----------
 KELLY      | KNOTT
(1 row)
```

first_nameをKELLYとした場合は2名抽出されましたが、last_nameも指定することで1名に絞られました。

ノック05 customerテーブルから、名前がKELLYもしくはMARIAの顧客を抽出する

次にORを試してみます。クエリの実行結果にMARIAとKELLYのレコードが含まれていることを確認してください。

```
SELECT
  first_name,
  last_name
FROM
  customer
WHERE
  first_name = 'KELLY'
  OR first_name = 'MARIA'
;

 first_name | last_name
------------+-----------
 MARIA      | MILLER
 KELLY      | TORRES
 KELLY      | KNOTT
(3 rows)
```

ノック06 customerテーブルから、名前がKELLYやMARIA以外の顧客を抽出する

続いて、NOTを試します。

```
SELECT
  first_name,
  last_name
FROM
  customer
WHERE
  NOT (
    first_name = 'KELLY'
    OR first_name = 'MARIA'
  )
;

 first_name |  last_name
------------+-------------
 MARY       | SMITH
 PATRICIA   | JOHNSON
 LINDA      | WILLIAMS
(..略..)
(596 rows)
```

NOTは条件の否定です。WHERE NOT(条件)とすることで、括弧内の条件を否定することができます。注意点は、括弧を付けることでNOTが影響する範囲を明確化している点です。括弧を付けなかった場合、演算子の優先順位によって思ったとおりの結果が得られないことがあります。今回のクエリも、括弧をはずしてしまうと「first_nameがKELLY以外、もしくはfirst_nameがMARIAの顧客」となってしまい期待した結果が得られません。試しに括弧をはずして実行してみてください。合計件数が変わってきます。

実行結果と照らし合わせることで理解が深まると思いますので、さまざまな条件でWHEREを書いてみてください。

▼表2 比較演算子

演算子	説明
A < B	AはBよりも小さい
A > B	AはBよりも大きい
A <= B	AはB以下
A >= B	AはB以上
A = B	AとBは等しい
A <> B	AとBは等しくない
A != B	AとBは等しくない

OR条件を、列挙して記述できるIN句

IN句を使うと、複数のOR条件をシンプルに記述することができます。

ノック07 customerテーブルから、名前がAARON、ADAM、ANNの顧客を抽出する

複数の値で抽出するにはWHERE カラム名 IN (カンマ区切りの値)と書きます。

```
SELECT
  first_name,
  last_name
FROM
  customer
WHERE
  first_name IN ('AARON', 'ADAM', 'ANN')
;

 first_name | last_name
------------+-----------
 ANN        | EVANS
 ADAM       | GOOCH
 AARON      | SELBY
(3 rows)
```

無事、括弧の中で列挙した名前で絞り込めました。これだけでは「ORと大差ないな」、「ORだけ覚えればいいや」と感じるかもしれません。しかし、この括弧の中に、実はクエリを書くことができます。別のクエリを呼び出した結果を使って絞り込みをかけられるため、IN句はORに比べて複雑な条件を柔軟に扱える強みがあります。3-4節の応用編ではIN(クエリ)を使ってデータを抽出する例を紹介しますので、楽しみに読み進めてください。

比較演算子

続いて比較演算子を見ていきます。先ほどの名前の抽出では=演算子を使いました。クエリでは一般的なプログラミング言語と同様、さまざまな比較演算子が使えます(**表2**)。とくに数値データ型のカラムで力を発揮しますので、

paymentテーブルを使って練習してみましょう。

ノック08 paymentテーブルから、支払い額(amount)が6.99ドル以上のレコードを抽出する

次のクエリを実行してみましょう。カラム名 演算子 値の形式で値の比較を行えます。

```
SELECT
  payment_id,
  amount
FROM
  payment
WHERE
  amount >= 6.99
;

 payment_id | amount
------------+--------
      16318 |   6.99
      16354 |   7.99
      16405 |   7.99
(..略..)
(2651 rows)
```

ノック09 paymentテーブルから、支払い額(amount)が0.99ドル以外のレコードを抽出する

条件に一致しないレコードの抽出には!=演算子が使えます。

```
SELECT
  payment_id,
  amount
FROM
  payment
WHERE
  amount != 0.99
;

 payment_id | amount
------------+--------
      16065 |   2.99
      16195 |   2.99
      16237 |   4.99
(..略..)
(13070 rows)
```

NULL演算子

NULLは「何もない」を表します。

IS NULL

値のないフィールドを抽出する際には、IS NULLを使ってWHERE句を組み立てます。IS NULLは「NULLかどうか」を判定します。

ノック10 rentalテーブルのreturn_dateがNULLのレコードを抽出する

次のクエリを実行してください。

```
SELECT
  rental_id,
  return_date
FROM
  rental
WHERE
  return_date IS NULL
;

 rental_id | return_date
-----------+-------------
     11496 |
     11541 |
     12101 |
(..略..)
(183 rows)
```

return_dateがNULLのものだけが抽出されていることがわかります。

IS NOT NULL

逆に「NULLでないか」の判定はIS NOT NULLを使います。

ノック11 rentalテーブルのreturn_dateがNULLではないレコードを抽出する

次のクエリを実行してください。

```
SELECT
  rental_id,
  return_date
FROM
  rental
WHERE
  return_date IS NOT NULL
;
```

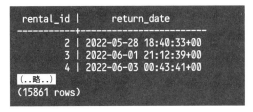

```
 rental_id |       return_date
-----------+------------------------
         2 | 2022-05-28 18:40:33+00
         3 | 2022-06-01 21:12:39+00
         4 | 2022-06-03 00:43:41+00
(..略..)
(15861 rows)
```

今度は、return_dateがNULL以外のレコードが抽出されていることがわかります。

BETWEEN演算子

範囲を指定する条件には、BETWEEN演算子が使えます。>=や<=で条件指定するよりも、簡便に読みやすく範囲条件を記述できます。

ノック12 customerテーブルから、顧客IDが11から13の顧客をBETWEENを使って抽出する

次のクエリを実行してください。

```
SELECT
  customer_id,
  first_name,
  last_name
FROM
  customer
WHERE
  customer_id BETWEEN 11 AND 13
;

 customer_id | first_name | last_name
-------------+------------+-----------
          11 | LISA       | ANDERSON
          12 | NANCY      | THOMAS
          13 | KAREN      | JACKSON
(3 rows)
```

BETWEEN a AND bという記法で、範囲が指定できます。BETWEENを使った場合、境界値が含まれることに注意してください。

LIKE演算子

あいまい検索にはLIKE演算子を使います。

ノック13 filmテーブルのdescriptionにAmazingが含まれているレコードを抽出する

次のクエリを実行します。

```
SELECT
  title,
  description
FROM
  film
WHERE
  description LIKE '%Amazing%'
;

       title       |    description
-------------------+-------------------
 ANNIE IDENTITY    | A Amazing Panoram...
 ANONYMOUS HUMAN   | A Amazing Reflect...
 BRANNIGAN SUNRISE | A Amazing Epistle...
(..略..)
(48 rows)
```

%は任意の文字列を表し、上の例だとフィールドのどこかにAmazingという文字列が含まれていれば抽出します。

それでは、先頭と末尾から%をそれぞれ取り除いた結果はどうでしょうか。

まずは先頭の%を取ってみます。

```
SELECT
  title,
  description
FROM
  film
WHERE
  description LIKE 'Amazing%'
;

 title | description
-------+-------------
(0 rows)
```

次に末尾の%を取ってみます。

```
SELECT
  title,
  description
FROM
  film
WHERE
  description LIKE '%Amazing'
;

 title | description
-------+-------------
(0 rows)
```

それぞれ、「Amazingから始まるdescription」と「Amazingで終わるdescription」が抽出されます。しかし、結果を見ると、Amazingから始

まるものも終わるものも含まれていないことがわかります。

否定のあいまい検索のNOT LIKEも使えるようになっておきましょう。

ノック14 filmテーブルのdescriptionにAmazingが含まれていないレコードを抽出する

次のように書きます。

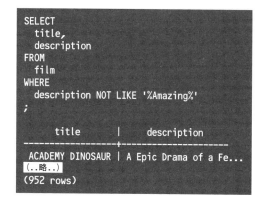

```
SELECT
  title,
  description
FROM
  film
WHERE
  description NOT LIKE '%Amazing%'
;

      title       |     description
------------------+---------------------
 ACADEMY DINOSAUR | A Epic Drama of a Fe...
(..略..)
(952 rows)
```

レコード総数を出す - COUNT

レコードの数を数えたいときにはCOUNTが使えます。

ノック15 paymentテーブルの総件数を求める

次のクエリを実行してください。

```
SELECT COUNT(*) FROM payment;

 count
-------
 16049
(1 row)
```

paymentテーブルには、16049レコードあることがわかります。COUNT(*)はすべてのレコード数を取得という意味です。

COUNT(customer_id)と書くとcustomer_idカラムのNULLではない件数を返してくれます。今回customer_idにはNULLが含まれていないため、COUNT(*)の結果と件数は変わりません。しかし、実際の業務で使うデータベースには、しばしばNULLが含まれるテーブルもあるので気をつけましょう。

COUNTのように「複数行の情報を集計し1行にまとめる」ものを「集計関数」と呼びます。合計・平均・最大値・最小値を求める集計関数もありますので、3-3節で詳しく取り上げます。

重複を取り除く - DISTINCT

重複を取り除きたいときはDISTINCTを使います。たとえば、支払いを行ったユニークな顧客IDリストを作成する場合にはcustomer_idが同じ人を支払い数に関係なく1名と扱いたいです。

ノック16 paymentテーブルから、支払いを行ったユニークな顧客IDを求める

次のクエリを実行してください。

```
SELECT
  DISTINCT customer_id
FROM
  payment
;

 customer_id
-------------
         184
          87
         477
(..略..)
(599 rows)
```

customer_idカラムを対象に重複を取り除いた結果なので、つまり支払いを行ったユニークな顧客IDとなります。

また、DISTINCTは、COUNTと合わせて使うことができます。

ノック17 paymentテーブルから、支払いを行ったユニークな顧客数を求める

次のクエリを実行してください。

```
SELECT
  COUNT(DISTINCT customer_id)
FROM
  payment
;

 count
-------
   599
(1 row)
```

このようにCOUNTとDISTINCTはユニークユーザを集計したいときに重宝するので合わせて覚えておきましょう。

順序を指定する - ORDER BY

ここまでのノックで、さまざまな条件でデータを抽出できるようになりました。次は抽出したデータを並び替える方法を学びましょう。

ノック18 customerテーブルから、顧客の名字を昇順に出力する

指定した順序によってレコードを抽出したい場合には、ORDER BYを使います。

```
SELECT
  customer_id,
  last_name
FROM
  customer
ORDER BY
  last_name
;

 customer_id |  last_name
-------------+-------------
         505 | ABNEY
         504 | ADAM
          36 | ADAMS
          96 | ALEXANDER
         470 | ALLARD
          27 | ALLEN
         220 | ALVAREZ
          11 | ANDERSON
         326 | ANDREW
         183 | ANDREWS
(..略..)
(599 rows)
```

ORDER BY last_nameと指定することで、昇順にデータを取得できました。ただし、同じ名字の顧客がいた場合にはどちらが先に表示されるかわかりません。「同じ名字の場合は、顧客IDが若い順に並べる」ように、その順序も指定する場合には、ORDER BY last_name, customer_idのようにカンマ区切りでカラム名を指定します。

では、降順に出力するにはどうすると良いでしょうか。

ノック19 customerテーブルから、最近登録された顧客を順に(customer_idの降順に)並べて出力する

降順で出力するには、カラム名のあとにDESCキーワード(DESCendent:降下する)を使います。

```
SELECT
  customer_id,
  first_name,
  last_name
FROM
  customer
ORDER BY
  customer_id DESC
;
```

```
 customer_id | first_name |  last_name
-------------+------------+-------------
         599 | AUSTIN     | CINTRON
         598 | WADE       | DELVALLE
         597 | FREDDIE    | DUGGAN
         596 | ENRIQUE    | FORSYTHE
(..略..)
(599 rows)
```

昇順を表すASCキーワード（ASCendant：上昇する）もありますので、ご自身で書き換えて実行し、確かめてみてください。ASCキーワードは省略可能ですが、明示的に記述することで、クエリの意図がより明確になります。

抽出したデータの件数を絞る場合はLIMITを使います。

ノック20 customerテーブルから、最近登録された顧客3名を抽出する

次のクエリを実行します。

```
SELECT
  first_name,
  last_name
FROM
  customer
ORDER BY
  customer_id DESC
LIMIT 3
;

 first_name | last_name
------------+-----------
 AUSTIN     | CINTRON
 WADE       | DELVALLE
 FREDDIE    | DUGGAN
(3 rows)
```

いかがでしょうか。LIMIT 件数とすることで、データの抽出件数を指定することができます。実務では「新規登録者N人にキャンペーンを打つ」ようなケースが頻繁にあると思いますので、繰り返しクエリを書いて練習しましょう。

column SELECTするときはLIMITを付ける癖をつけよう

今回の教材には含まれませんが、実際の業務では巨大なテーブルを取り扱うことも多いかと思います。たとえば、アクセスログを格納したテーブルや、あるテーブルのスナップショットを日々記録したテーブルなどは数十万から数億レコードに達することも珍しくありません。

このような巨大なテーブルに対して、次のように一覧表示するクエリを実行したとします。

```
SELECT
  *
FROM
  アクセスログ
ORDER BY
  更新日 DESC
;
```

このようなクエリを実行すると多くの場合、結果が出力されるまでに長い処理時間がかかってしまいます。この間はI/Oをはじめとする計算機資源を消費してしまっていますので、同時アクセスしているほかのクエリの実行も待たされてしまいます。つまり、ほかの人から見るとデータベースサーバが停止したように感じられてしまいます。

LIMITを付けた場合は、付けない場合に比べてデータ転送時間を「LIMITで指定した件数／全レコード件数」に短くでき、こうしたトラブルを予防できますので、SELECTクエリには積極的にLIMITを付けるように心がけましょう。

同じく、SELECT ＊ではなくSELECT カラム名とするのも良い方法です。

```
SELECT
  カラム1, カラム2
FROM
  アクセスログ
ORDER BY
  更新日 DESC
LIMIT 10
;
```

もちろん、クエリの実行に処理時間がかからないようにするのもデータベースエンジニアの腕の見せどころではありますが、さまざまなクエリに対応できるわけではありません。

カラムの値ごとに集計する - GROUP BY

顧客の中からロイヤルカスタマーを抽出し、綿密な営業やプロモーションを行うことは、ビジネスの現場でよくあるのではないでしょうか。そんなときに役立つのが、GROUP BY句です。GROUP BY カラム名とすることで、特定の値ごとに集計を行えます。

ノック21 paymentテーブルから、これまでの累計で支払い回数が多い顧客の上位3人の顧客IDを抽出する

次のようなクエリで抽出できます。

```
SELECT
  customer_id,
  COUNT(*) AS payment_count
FROM
  payment
GROUP BY
  customer_id
ORDER BY
  payment_count DESC
LIMIT 3
;

 customer_id | payment_count
-------------+---------------
         148 |            46
         526 |            45
         144 |            42
(3 rows)
```

GROUP BY customer_idにより、顧客IDごとに取りまとめられます。そしてCOUNT(*)によって、顧客IDごとの支払い回数を集計できます。

集計した結果のカラム名は、AS句で設定できます。AS 名称とすると、集計結果カラムに名称を付与できます。何も設定せずともcountというデフォルト名称が付与されますが、COUNTを複数使ったときにみんな同じ名称になってしまいますので、ASを付与する癖をつけておきましょう。今回はpayment_countという名称を付けました。

支払い回数の多い順にソートするには、先ほど学んだORDER BYにpayment_countを指定します。ORDER BYをはじめとするカラム名を指定する句では、先ほどAS句で指定した別名を使うことになります。今回のクエリでは、ORDER BY payment_count DESCと指定することで支払い回数順にソートを行えます。

データ型と関数

これまで抽出したデータには数字や文字列、時間などが含まれていましたが、データベースにも型があります。データ型は、データベース固有のものもあるため、代表的なものを紹介して、データの型変換まで行ってみます。

データ型には、VARCHAR型などの文字列、INTEGER型などの数値、TIMESTAMP型などの日時を指定するものがあります。

データの保存時には型チェックが行われ、そのデータが妥当なものかどうか判定されます。

おもなデータ型は**表3**のとおりです。ほかのプログラミング言語では、データの型によって使える関数や演算子の振る舞いが違ったりしますが、それはSQLでも同様です。ここからしばらく、関数を使ったノックが続きますのでデータ型と関数の扱いに慣れていきましょう。

▼表3　データベースの代表的なデータ型

データ型	データ内容
CHARACTER	固定長文字列
VARCHAR	最大長付き可変長文字列
BITEA	バイナリデータ
BOOLEAN	真偽値
INTEGER	整数値
DECIMAL(p,s) NUMERIC(p,s)	固定小数点数
REAL FLOAT4	単精度浮動小数点数(4バイト)
DATE	日付(年、月、日)
TIME	時間(時、分、秒)
TIMESTAMP	日時(年、月、日、時、分、秒)

ノック22 paymentテーブルの売上金額(amount)をドルから円に変換して、"109"のように小数点以下を四捨五入した形で抽出する(1ドル110円とする)

数値のデータ型であれば四則演算ができます。たいていのデータベースでは、テーブル定義を参照して、カラムのデータ型を調べることができます(調べ方は次頁のコラム「中身を知らないデータベースで分析する」をご覧ください)。

まずは、1ドル110円としてデータを抽出してみます。

```
SELECT
  amount * 110 AS amount_yen
FROM
  payment
LIMIT 3
;

 amount_yen
------------
     108.90
     328.90
     108.90
(3 rows)
```

ドルから円に変換できましたが、日本円は通常1円単位のため、小数値は使いません。小数を四捨五入するにはROUND()関数を使います。

SQLの関数は、カラムを引数にとり、ROUND(amount)のように使います。この関数は、引数にとったカラムのデータにそれぞれ作用します。今回は、円に変換したあとに四捨五入することにしましょう。

```
SELECT
  ROUND(amount * 110) AS amount_yen
FROM
  payment
LIMIT 3
;

 amount_yen
------------
        109
        329
        109
(3 rows)
```

ノック23 paymentテーブルの売上金額(amount)をドルから円に変換して、"109yen"のように小数点以下を四捨五入し単位を付けて抽出する

最後に109yenのような形で出力することにしましょう。文字列を結合するにはCONCAT()関数を使います。

```
SELECT
  CONCAT(
    ROUND(amount * 110),
    'yen'
  ) AS amount_yen
FROM
  payment
LIMIT 3
;

 amount_yen
------------
 109yen
 329yen
 109yen
(3 rows)
```

目的のデータを抽出できました。しかし、CONCAT()関数が数値と文字列をよしなに結合したので良かったものの、明示的にデータの型を変換しなければならないケースもあります。

その場合はCAST()関数を使います。CAST(変換したいカラム AS 変換後のデータ型)のように書きます。

```
SELECT
  CONCAT(
    CAST(ROUND(amount * 110) AS VARCHAR),
    'yen'
  ) AS amount_yen
FROM
  payment
LIMIT 3
;
(実行結果は省略)
```

少々複雑になってしまいましたが、ここで扱った内容を理解していると、クエリでさまざまなデータ加工ができるようになります。CASTは次の中級編でも詳しく解説します。SD

column 中身を知らないデータベースで分析する

本章を読んで、自分が携わる事業やサービスのデータを分析しようとしたときに、どんなテーブルやカラムがあるかがわからなくて、どこから分析をしたら良いか困ってしまうことがあるかもしれません。

テーブル定義のドキュメントが読めると、どんなデータが保存されているかが、ビジネスやサービス内容と絡めて理解できるので理想的です。

ただし、度重なるシステム改修によってドキュメントの更新が追いついていなかったり、そういったドキュメントが準備されていなかったりすることもあるでしょう。そうした場合は、データベースのテーブルの定義を調べるところから始めると良いでしょう。

今回の題材であるPagilaで試してみます。まずは、クエリを使って対象のデータベースのスキーマを見てみます。

```
SELECT
  DISTINCT table_schema
FROM
  information_schema.columns
;

    table_schema
--------------------
 public
 pg_catalog
 information_schema
(3 rows)
```

結果を見るとpublicスキーマというものがあります。Pagilaのデータはpublicスキーマの中に入っています。では、publicスキーマに所属しているテーブルを見てみましょう。

```
SELECT
  DISTINCT table_name
FROM
  information_schema.columns
WHERE
  table_schema = 'public'
ORDER BY
  table_name
;
```

```
          table_name
----------------------------
 actor
 actor_info
 address
 category
 city
 country
 customer
 customer_list
 film
 film_actor
 film_category
 film_list
 inventory
(..略..)
(29 rows)
```

このテーブル一覧をもとに、テーブル名から中身を推測しつつ、テーブルのカラム定義を見ていきます。たとえば、今回のノックでもよく使われたcustomerテーブルを調べてみます。次のクエリを実行すると、

```
SELECT
  column_name,
  data_type,
  column_default,
  is_nullable
FROM
  information_schema.columns
WHERE
  table_schema = 'public'
  AND table_name='customer'
;
```

カラム名、データ型、カラムのデフォルト値、NULL許容について知ることができます（図A）。

この結果を踏まえて、データをざっと把握するためにLIMITを付けてクエリを投げてみます。カラムの定義と合わせて、データの中身を見ることで、ざっくりとしたデータの偏りや出現頻度を把握することができます。

```
SELECT * FROM customer LIMIT 100;
(実行結果は省略)
```

また、paymentテーブルとcustomerテーブルのように、customer_idカラムで関連している場合があります。そういったテーブル同士の関連は、外部キー(FOREIGN KEY)で定義されていることが多いです。外部キーは図Bのようにして調べられます[注A]。

これらのテーブル情報をもとに、さまざまな観点から分析をしていけることでしょう。

▼図A　customerテーブルのカラム定義の出力結果

```
 column_name |         data_type          |                 column_default                  | is_nullable
-------------+----------------------------+-------------------------------------------------+-------------
 customer_id | integer                    | nextval('customer_customer_id_seq'::regclass) | NO
 store_id    | integer                    |                                                 | NO
 first_name  | text                       |                                                 | NO
 last_name   | text                       |                                                 | NO
 email       | text                       |                                                 | YES
 address_id  | integer                    |                                                 | NO
 activebool  | boolean                    | true                                            | NO
 create_date | date                       | CURRENT_DATE                                    | NO
 last_update | timestamp with time zone   | now()                                           | YES
 active      | integer                    |                                                 | YES
(10 rows)
```

▼図B　外部キーを調べる

```
SELECT
  k1.table_name AS fk_table,
  k1.column_name AS fk_column,
  k2.table_name AS ref_table,
  k2.column_name AS ref_column
FROM
  information_schema.referential_constraints AS rc
  INNER JOIN information_schema.key_column_usage AS k1
    USING(
      constraint_catalog,
      constraint_schema,
      constraint_name
    )
  INNER JOIN information_schema.key_column_usage AS k2
    ON k2.constraint_catalog = rc.unique_constraint_catalog
      AND k2.constraint_schema = rc.unique_constraint_schema
      AND k2.constraint_name = rc.unique_constraint_name
      AND k2.ordinal_position = k1.ordinal_position
;

     fk_table      |     fk_column      | ref_table |  ref_column
-------------------+--------------------+-----------+--------------
 film_actor        | actor_id           | actor     | actor_id
 store             | address_id         | address   | address_id
 staff             | address_id         | address   | address_id
 customer          | address_id         | address   | address_id
 film_category     | category_id        | category  | category_id
 address           | city_id            | city      | city_id
 city              | country_id         | country   | country_id
 rental            | customer_id        | customer  | customer_id
(..略..)
(36 rows)
```

注A）図Bのクエリの中に出てくるJOINやUSINGなどについては、中級編以降で解説します。

3-3 中級編
複数テーブルを使った抽出・集計

中級編では、初級編で学んだクエリに加えて、JOIN、HAVING、CASE、集計関数など、より複雑な操作を行う方法を学んでいきましょう。

テーブルの結合 - JOIN

paymentテーブルとcustomerテーブルは、ともにcustomer_idカラムを持っているため、2つのテーブルのデータがひも付きます。このひも付きを使って、paymentテーブルをcustomerテーブルの顧客氏名とともに表示させたい場合は、テーブルとテーブルを結合するJOINを使います。

テーブル同士の結合にはいくつか種類がありますが(**図1**)、ここではとくに利用頻度の高いLEFT JOINとINNER JOINについて扱います。

▼図1　JOINの種類

JOINの種類	イメージ
INNER JOIN	左テーブル 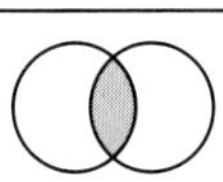 右テーブル
LEFT OUTER JOIN	左テーブル 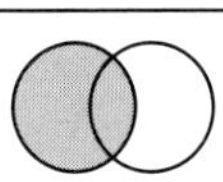 右テーブル
RIGHT OUTER JOIN	左テーブル 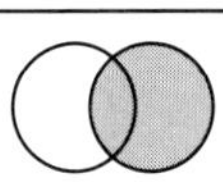 右テーブル
FULL OUTER JOIN	左テーブル 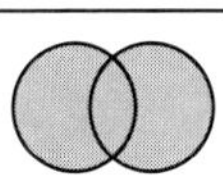 右テーブル
CROSS JOIN	左テーブル 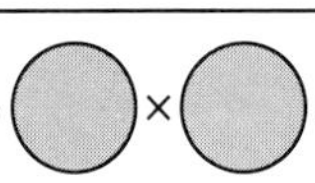 右テーブル

LEFT JOIN

ノック24　paymentテーブルにcustomer_idでひも付くcustomerテーブルを結合し、payment_id、last_name、first_nameカラムのデータを抽出する

paymentテーブルをもとに、customerテーブルの一致するデータを結合して抽出するには、LEFT JOINを使います注1。

なぜこんなにJOINの種類があるかというと、2つのテーブルの間に結合できないデータがあった場合の取り扱いが異なるからです。今回使っているPagilaのデータではJOINの違いがわかりにくいため、説明では一部データが欠損した、不完全なデータを使います。paymentおよびcustomerテーブルの抜粋を用意しましたので、データベースの中にこのデータが入っていると思って読み進めてください(**表1**、**表2**)。

LEFT JOINは日本語で左外部結合といい、左側のテーブルをもとに右側のテーブルを結合します。今回のノックではpaymentテーブルを優先して結合したいため、FROM句にpayment

注1)　LEFT JOINやRIGHT JOINは外部結合と呼ばれ、LEFT OUTER JOINのように、OUTERを明示的に書くこともできます。

テーブルを指定します。テーブルの結合条件を指定する場合は、ONのあとに条件を書きます。

```
SELECT
  payment_id,
  first_name,
  last_name
FROM
  payment
  LEFT JOIN customer
    ON payment.customer_id
      = customer.customer_id
;

 payment_id | first_name | last_name
------------+------------+-----------
      31917 | MARGIE     | WADE
      31918 | MARGIE     | WADE
      31919 | CASSANDRA  | WALTERS
      31921 | NAOMI      | JENNINGS
      31922 |            |
```

LEFT JOINは、paymentテーブルとcustomerテーブルのデータがひも付かない場合でも、paymentテーブルのデータは優先されてすべて抽出されます。customerテーブル側にひも付くcustomer_idがなかった場合は、データにNULLが入ります（図2）。

なお、結合に使うカラム名が2つのテーブルで同じ場合、USING(custom_id)と短い表現で書くこともできます。

```
SELECT
  payment_id,
  first_name,
  last_name
FROM
  payment
  LEFT JOIN customer
    USING(customer_id)
;
(実行結果は省略)
```

INNER JOIN

paymentテーブルとcustomerテーブルで、データのひも付きがあるものだけを抽出するには、INNER JOINを使います。

```
SELECT
  payment_id,
  first_name,
  last_name
FROM
  payment
  INNER JOIN customer
    ON payment.customer_id
      = customer.customer_id
;

 payment_id | first_name | last_name
------------+------------+-----------
      31917 | MARGIE     | WADE
      31918 | MARGIE     | WADE
      31919 | CASSANDRA  | WALTERS
      31921 | NAOMI      | JENNINGS
```

▼表1　paymentテーブルの抜粋

payment_id	customer_id	amount
31917	267	7.98
31918	267	0.00
31919	269	3.98
31921	274	0.99
31922	279	4.99

▼表2　customerテーブルの抜粋

customer_id	first_name	last_name
267	MARGIE	WADE
269	CASSANDRA	WALTERS
274	NAOMI	JENNINGS
275	CAROLE	BARNETT

▼図2　LEFT OUTER JOIN

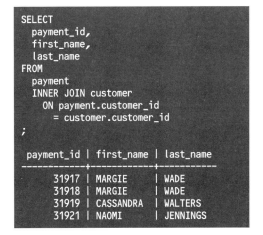

paymentテーブル

payment_id	amount	customer_id
31917	7.98	267
31918	0.00	267
31919	3.98	269
31921	0.99	274
31922	4.99	279

顧客IDでJOIN

customerテーブル

customer_id	first_name	last_name
267	MARGIE	WADE
267	MARGIE	WADE
269	CASSANDRA	WALTERS
274	NAOMI	JENNINGS
279	NULL	NULL

結合できなかった顧客IDのフィールド値にはNULLが入る

INNER JOINは、2つのテーブルで結合できるデータのみに絞り込まれるため、WHERE句のような働きも併せ持ちます。今回のサンプルでは、paymentテーブルにあったcustomer_id = 279のデータがINNER JOINによって除外されました(図3)。

以降では再度、Docker環境のPagilaのデータを使ってクエリを実行しながら進めます。

ノック25 paymentテーブルから、顧客名がBRIAN WYMANの支払いデータを抽出する

JOINで結合したテーブルは、WHEREやGROUP BYなどで使うことができます。このノックでは顧客名で絞り込みをしたいので、WHERE句でfirst_nameとlast_nameをAND条件で指定します。カラムは、payment_id、customer_id、amountを取り出すことにしましょう。

```
SELECT
  payment_id,
  customer_id,
  amount
FROM
  payment
  INNER JOIN customer
    ON payment.customer_id
      = customer.customer_id
WHERE
  first_name = 'BRIAN'
  AND last_name = 'WYMAN'
;

-- ERROR:  column reference "customer_id" is ambiguous
-- LINE 3: customer_id,
```

おかしいですね、エラーになってしまいました。このエラーはSELECTで指定したcustomer_idが、paymentテーブルのものかcustomerテーブルのものかが判別できないために発生したものです。

どのテーブルのものか明示するためには、テーブル名.カラム名のようにテーブル名をドットでつなぎ、指定します。ここでは、payment.customer_idという形で明示しましょう。

```
SELECT
  payment_id,
  payment.customer_id,
  amount
FROM
  payment
  INNER JOIN customer
    ON payment.customer_id
      = customer.customer_id
WHERE
  first_name = 'BRIAN'
  AND last_name = 'WYMAN'
;

 payment_id | customer_id | amount
------------+-------------+--------
      17403 |         318 |   7.99
      17400 |         318 |   2.99
      20001 |         318 |   2.99
      25748 |         318 |   0.99
      25746 |         318 |   8.99
      25747 |         318 |   0.99
      17401 |         318 |   2.99
      25744 |         318 |   4.99
      17402 |         318 |   0.99
      25745 |         318 |   2.99
      25749 |         318 |   5.99
      16160 |         318 |   9.99
(12 rows)
```

念のため、customer_id = 318がBRIAN WYMANであることを確認しましょう。

▼図3 INNER JOIN

paymentテーブル

payment_id	amount	customer_id
31917	7.98	267
31918	0.00	267
31919	3.98	269
31921	0.99	274
31922	4.99	279

顧客IDでJOIN

customerテーブル

customer_id	first_name	last_name
267	MARGIE	WADE
267	MARGIE	WADE
269	CASSANDRA	WALTERS
274	NAOMI	JENNINGS

× 結合できなかった顧客IDのレコードは含まれない

```
SELECT
  customer_id, first_name, last_name
FROM
  customer
WHERE
  customer_id = 318
;
 customer_id | first_name | last_name
-------------+------------+-----------
         318 | BRIAN      | WYMAN
(1 row)
```

customer_id = 318はBRIAN WYMANであることがわかります。また、先ほど書いたクエリを、

```
SELECT
  payment_id,
  payment.customer_id,
  customer.first_name,
  customer.last_name,
  amount
FROM
  payment
  INNER JOIN customer
    ON payment.customer_id
      = customer.customer_id
WHERE
  first_name = 'BRIAN'
  AND last_name = 'WYMAN'
;
(実行結果は省略)
```

のように書き換えても確認できますので、ぜひこちらも手元で実行してみてください。

テーブル名が長い場合は、カラム名と同様にASを使ってテーブルに別名を付けることで短くできます。

```
SELECT
  payment_id,
  p.customer_id,
  amount
FROM
  payment AS p
  INNER JOIN customer AS c
    ON p.customer_id = c.customer_id
WHERE
  first_name = 'BRIAN'
  AND last_name = 'WYMAN'
;
(実行結果は省略)
```

これでデータを抽出できました。なおUSINGを使った場合は、どちらのテーブルのカラムであるかの明示は不要です。

```
SELECT
  payment_id,
  customer_id,
  amount
FROM
  payment
  INNER JOIN customer USING(customer_id)
WHERE
  first_name = 'BRIAN'
  AND last_name = 'WYMAN'
;
(実行結果は省略)
```

これらのJOINに慣れてきたら、RIGHT JOINといった、ほかの結合方法も試してみてください。

GROUP BYした結果で絞り込む - HAVING

ここでは、filmテーブル、film_categoryテーブル、categoryテーブルを使い、HAVINGについて学んでいきます。HAVINGを使うと、GROUP BYでの結果に対して、さらに条件を付けて絞り込むことができます。初級編で学習したとおり、GROUP BYを使うとカラムの値ごとに集計できます。

filmテーブルは映画情報が格納されたテーブルです。映画ID（film_id）、タイトル（title）、説明（description）、リリース年（release_year）などが格納されています。

film_categoryテーブルには映画ID（film_id）、カテゴリID（category_id）などが入っています。

categoryテーブルにはカテゴリID（category_id）、カテゴリ名（name）などが入っています。

ノック26 filmテーブル・film_categoryテーブル・categoryテーブルから、カテゴリ名ごとに映画の作品数を集計し、65件以上のものを抽出する

先にクエリと実行結果を見ていきましょう。

```
SELECT
  category.name AS name,
  COUNT(category.name) AS film_cnt
FROM
  film
  INNER JOIN film_category
    USING(film_id)
  INNER JOIN category
    USING(category_id)
GROUP BY
  category.name
HAVING
  COUNT(category.name) >= 65
ORDER BY
  film_cnt DESC
;

    name     | film_cnt
-------------+----------
 Sports      |       74
 Foreign     |       73
 Family      |       69
 Documentary |       68
 Animation   |       66
(5 rows)
```

GROUP BYを使ってカテゴリ名ごとに集計したうえで、HAVING COUNT～の部分で条件に合うレコードを抽出しているように見えます。

ここまで進めてきた方であれば、WHEREとどう違うのかという疑問が浮かんでくると思います。まずはその違いについて解説します。

HAVINGとWHEREの違いについて

適用される順番が違うのがポイントです。クエリはWHERE→GROUP BY→HAVINGという順に適用されていきます。WHEREはGROUP BYの前、HAVINGはGROUP BYの後と覚えておきましょう。

WHEREを用いると、適用順が後であるGROUP BYで集計した結果に対して絞り込むことができません。一方で、HAVINGを用いればGROUP BYでの集計結果を絞り込むことができます。

いかがでしょうか。ちなみに、1つのクエリ内で両方を使用することもできます。

```
SELECT
  category.name AS name,
  COUNT(category.name) AS film_cnt
FROM
  film
  INNER JOIN film_category
    USING(film_id)
  INNER JOIN category
    USING(category_id)
WHERE                              ┐
  category.name IN(                │
    'Sports',                      ├ WHERE句
    'Games',                       │
    'Travel'                       │
  )                                ┘
GROUP BY
  category.name
HAVING                             ┐
  COUNT(category.name) > 60        ┘ HAVING句
ORDER BY
  film_cnt DESC
;

  name  | film_cnt
--------+----------
 Sports |       74
 Games  |       61
(2 rows)
```

上のクエリで、次の3つのケースをそれぞれ実行してみてください。違いが実感できると思います。

- 全体を実行（上記のクエリ）
- HAVING句を削って実行
- WHERE句を削って実行

なお、SELECTクエリの評価順序は次のとおりです。

(1) FROM
(2) JOIN
(3) WHERE
(4) GROUP BY
(5) HAVING
(6) SELECT
(7) ORDER BY
(8) LIMIT

条件分岐 - CASE

プログラミングにおける条件分岐にあたるものがCASEです。長くなりがちで多少読みづらさがありますが、単に「○○という結果のとき××と表示するもの」と覚えておくと良いです。

ノック27 paymentテーブルで、支払い額が5を超える場合はexpensive、1を超える場合はmodest、そうでなければcheapとして一覧表示する

それではCASEを使ったクエリを実行してみましょう。CASE WHEN 条件1 THEN 値1 ELSE デフォルト END値という構文で、条件ごとに値を振り分けることができます。

```
SELECT
  payment_id,
  amount,
  CASE
    WHEN amount > 5 THEN 'expensive'
    WHEN amount > 1 THEN 'modest'
    ELSE 'cheap'
  END AS price_range
FROM
  payment
;

 payment_id | amount | price_range
------------+--------+-------------
      16051 |   0.99 | cheap
      16065 |   2.99 | modest
      16109 |   0.99 | cheap
(..略..)
(16049 rows)
```

POSIX正規表現

SQLでは正規表現を扱うこともできます。こちらに関してはPostgreSQL、MySQLでそれぞれ表現方法が違うので、MySQLでの表現方法についても軽く触れておきたいと思います。

ノック28 filmテーブルのdescriptionに入っているThoughtfulまたはInsightfulの数を求める

先にクエリを実行してみましょう。

```
SELECT
  COUNT(*)
FROM
  film
WHERE
  description ~ '(Thou|Insi)ghtful'
;

 count
-------
    91
(1 row)
```

正規表現のマッチ演算子は**表3**のとおりです。ここで紹介したのはPostgreSQLの正規表現ですが、MySQLでは次のように書けます。

```
SELECT
  COUNT(*)
FROM
  film
WHERE
  description REGEXP '(Thou|Insi)ghtful'
;
(実行結果は省略)
```

どちらの環境にも対応できるよう、それぞれ覚えておくと良いと思います。

▼表3　PostgreSQLの正規表現

演算子	説明
~	正規表現に一致し、大文字小文字を区別する
~*	正規表現に一致し、大文字小文字を区別しない
!~	正規表現に一致しない、大文字小文字を区別する
!~*	正規表現に一致しない、大文字小文字を区別しない

集計関数

ここからは、集計で使われるクエリを学んでいきましょう。初級編ではCOUNTを使いましたが、これはデータの個数を数えるものでした。たとえば売上の合計金額を知りたい場合は、SUM関数を使ってamountの値をすべて足し上げます。

```
SELECT
  SUM(amount) AS total_sales
FROM
  payment
;

 total_sales
-------------
    67416.51
(1 row)
```

COUNTやSUMは、値の集まりを1つに集計するため、集計関数とも呼ばれます。

GROUP BYと組み合わせる

集計関数はGROUP BYと組み合わせることで、クエリの表現力が一気に広がります。たとえば、顧客ごとの売上の金額を知りたい場合は次のように書きます。

```
SELECT
  customer_id,
  SUM(amount) AS total_sales
FROM
  payment
GROUP BY
  customer_id
;

 customer_id | total_sales
-------------+-------------
         184 |       90.77
          87 |      145.70
         477 |      109.78
         273 |      157.65
         550 |      159.68
         394 |       84.78
          51 |      138.67
         272 |       98.80
(..略..)
(599 rows)
```

▼表4　集計関数

関数	集計処理
COUNT	レコードの件数
SUM	合計
AVG	平均値
MAX	最大値
MIN	最小値

お店ごとであったり、日付ごとであったり、クエリのGROUP BYの指定を変えるだけで、さまざまな観点で集計を行うことができます。おもな集計関数には**表4**のものがあります。

ノック29 paymentテーブルから、支払い額上位5名の顧客データを抽出する

SUMなどの関数の処理結果は、SELECTの結果だけではなく、WHERE句やORDER BYの中でも使えます。

customer_idをGROUP BYでまとめて、ORDER BY SUM(amount) DESCとすると、支払い額の降順で顧客情報を並べることができます。

```
SELECT
  customer_id,
  SUM(amount) AS total_sales
FROM
  payment
GROUP BY
  customer_id
ORDER BY
  total_sales DESC
LIMIT 5
;

 customer_id | total_sales
-------------+-------------
         526 |      221.55
         148 |      216.54
         144 |      195.58
         137 |      194.61
         178 |      194.61
(5 rows)
```

日付の条件指定

中級編の最後では、日別や月別といったデータ集計の方法を見ていきます。

日付型に変更する - CAST

ノック30 paymentテーブルから、日付ごとの売上金額を集計する

では、日付ごとの売上を見ていきましょう。paymentテーブルのpayment_dateに日時が入っているので、GROUP BYで指定してみます。

```
SELECT
  payment_date,
  SUM(amount) AS total_sales
FROM
  payment
GROUP BY
  payment_date
ORDER BY
  payment_date
;

          payment_date          | total_sales
--------------------------------+-------------
 2022-01-23 13:03:52.212496+00 |        3.99
 2022-01-23 13:24:17.906429+00 |        2.99
 2022-01-23 13:42:35.952907+00 |       10.99
 2022-01-23 13:43:42.505434+00 |        2.99
 2022-01-23 13:57:04.087741+00 |        0.99
 2022-01-23 14:05:24.118128+00 |        5.99
 2022-01-23 14:26:35.170413+00 |        5.99
 2022-01-23 14:44:27.976362+00 |        2.99
 2022-01-23 15:06:30.830136+00 |        4.99
(..略..)
(16049 rows)
```

payment_dateがtimestamp型のため、日付ごとではうまく集計できませんでした。

timestampからdateのようにデータの型を変更するにはCASTを使います。初級編の最後で説明したように、CAST(変換したいカラム AS 変換後のデータ型)という形式で型を変換できますので、payment_dateをdate型に変換するように書き換えます。

```
SELECT
  CAST(payment_date AS DATE) AS p_date,
  SUM(amount) AS total_sales
FROM
  payment
GROUP BY
  p_date
ORDER BY
  p_date
;

   p_date    | total_sales
------------+-------------
 2022-01-23 |      161.60
 2022-01-24 |      366.18
 2022-01-25 |      394.13
 2022-01-26 |      336.15
 2022-01-27 |      383.18
(..略..)
(186 rows)
```

CASTは整数を文字列に変換したり、整数を小数に変換したりする場合にも使うことができます。データ型は、データベースによって種類や使える関数が異なるためご注意ください。

日付から月だけ抽出 - EXTRACT

ノック31 paymentテーブルから、月別の売上金額を集計する

先ほどは日別の集計でしたが、次は月別の集計をしてみます。日付から特定の部分だけを取り出すにはEXTRACTを使用します。

```
SELECT
  EXTRACT(MONTH FROM payment_date)
    AS p_month,
  SUM(amount) AS total_sales
FROM
  payment
GROUP BY
  p_month
ORDER BY
  p_month
;
```

```
 p_month | total_sales
---------+-------------
       1 |     3094.78
       2 |    10164.97
       3 |    11413.86
       4 |    10759.52
       5 |    11347.28
       6 |    10923.45
       7 |     9712.65
(7 rows)
```

ただ、この集計だと、去年なのか今年なのか年度がわかりません。あらためて年と月を使って集計してみましょう。

```
SELECT
  EXTRACT(YEAR FROM payment_date) AS yyyy,
  EXTRACT(MONTH FROM payment_date) AS mm,
  SUM(amount) AS total_sales
FROM
  payment
GROUP BY
  yyyy,
  mm
ORDER BY
  mm
;

 yyyy | mm | total_sales
------+----+-------------
 2022 |  1 |     3094.78
 2022 |  2 |    10164.97
 2022 |  3 |    11413.86
 2022 |  4 |    10759.52
 2022 |  5 |    11347.28
 2022 |  6 |    10923.45
 2022 |  7 |     9712.65
(7 rows)
```

今回のデータでは問題なかったのですが、1年分以上のデータが蓄積されているデータベースの場合、月だけで集計すると別の年のデータ(たとえば2022年1月と2021年1月のデータ)も集計してしまう恐れがあります。先ほどのようなミスで意思決定を間違えないように、日頃から数値感の把握をしたり、複数の書き方でクエリを書いて結果のダブルチェックをしてみたりするといった工夫ができれば理想的です。

EXTRACTを使わずに年、月を取り出すにはどうしたら良いでしょうか。日付情報を文字列として扱って、左から7文字を取得すると、yyyy-mmの形でデータを取得できます。

```
SELECT
  LEFT(
    CAST(payment_date AS VARCHAR),
    7
  ) AS yyyymm,
  SUM(amount) AS total_sales
FROM
  payment
GROUP BY
  yyyymm
ORDER BY
  yyyymm
;

 yyyymm  | total_sales
---------+-------------
 2022-01 |     3094.78
 2022-02 |    10164.97
 2022-03 |    11413.86
 2022-04 |    10759.52
 2022-05 |    11347.28
 2022-06 |    10923.45
 2022-07 |     9712.65
(7 rows)
```

LEFT(文字列, 文字数)は、「文字列」から「文字数分」の文字を左から切り出す関数です。この関数を使うことで、timestamp型のpayment_dateの値を文字列変換し、2022-01のような文字列を作ることができます。せっかく日付用の型でデータが格納されているのに文字列として操作するという、少々乱暴な書き方ではありますが、この方法でもEXTRACTと同様の結果を得ることができました[注2]。

このほかにも、GROUP BYを使ったときの合計値と、使わなかったときの結果が一致するかなど、さまざまなチェック方法が考えられます。

日付の条件指定

ノック32 paymentテーブルから、2022年1月の売上データを抽出する

次は日付の条件指定の書き方です。初級編で説明したように、WHERE句に1月の開始日と終

注2) データベースによっては、TO_CHARやCONVERTなどの、日付情報をフォーマット指定して文字列で取り出す関数が提供されています。

了日をAND条件で指定してみます。

```
SELECT
  SUM(amount) AS total_sales
FROM
  payment
WHERE
  payment_date >= '2022-01-01'
  AND payment_date <= '2022-01-31'
;

 total_sales
-------------
     2791.54
(1 row)
```

おや、おかしいですね。月別で集計した結果(3094.78)よりも売上が少なくなってしまいました。これはクエリの学び始めで誰しもがつまづくポイントなのですが、実は終了日の指定のしかたに問題があります。

payment_date <= '2022-01-31' と書くと、「2022-01-31 00:00:00」までのデータが取得されます。つまり、「2022-01-31」のほとんどのデータが対象外になってしまうのです。

日付の範囲指定を正しく書くにはいくつか方法があります。代表的なものとしては、条件を「2022-02-01」未満にする方法と、payment_dateをCASTしてdate型で扱う方法です(**図4**)。

2022年1月の売上データは次の3通りの方法で表現できます。

①payment_date >= '2022-01-01' AND payment_date < '2022-02-01'
②payment_date >= '2022-01-01' AND CAST(payment_date AS DATE) <= '2022-01-31'
③CAST(payment_date AS DATE) BETWEEN '2022-01-01' AND '2022-01-31'

③を使ったクエリは次のとおりです。

```
SELECT
  SUM(amount) AS total_sales
FROM
  payment
WHERE
  CAST(payment_date AS DATE)
    BETWEEN '2022-01-01' AND '2022-01-31'
;

 total_sales
-------------
     3094.78
(1 row)
```

今回のクエリは、無事結果が一致しました。もちろん、先ほど使ったEXTRACTを使って年、月が一致するように条件指定しても大丈夫です。

```
SELECT
  SUM(amount) AS total_sales
FROM
  payment
WHERE
  EXTRACT(YEAR FROM payment_date) = 2022
  AND EXTRACT(MONTH FROM payment_date) = 1
;

 total_sales
-------------
     3094.78
(1 row)
```

ただし、こちらの書き方は月初から月末までのデータを見たいときにしか使えないので、先ほどの書き方を覚えておくと応用しやすいです。

▼図4 日付の範囲指定

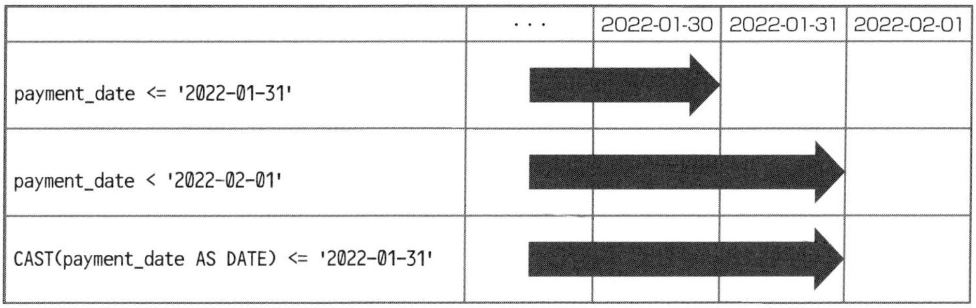

・・・
2022-01-30
2022-01-31
2022-02-01
payment_date <= '2022-01-31'
payment_date < '2022-02-01'
CAST(payment_date AS DATE) <= '2022-01-31'

3-4 応用編

複雑な集計・順位付け・累積

これまでのテクニックをふまえて、さらに複雑な構文を学びます。応用編をマスターすれば「複数のクエリを組み合わせた抽出」「複雑な条件式の簡略化」「順位付けや累積などの行をまたいだ集計」ができるようになります。

複数のクエリを組み合わせた抽出 - FROM、IN、EXISTS

「集計処理を行った結果に対して、さらに集計処理を行う」ような、複数のクエリを組み合わせた抽出を行う場合には「サブクエリ」というしくみを利用します。

別のクエリ結果をテーブルとして使う - FROM

サブクエリで抽出した結果をテーブルとして使いFROMに引き渡すと、クエリ結果に対する集計を行えます。文章にすると難しそうに感じますが、「大きな問題を小さな問題に分割して解いていく」というイメージさえ持てれば解けたも同然です。

ノック33 paymentテーブルから顧客IDごとに累計売上を合計し、1顧客あたりの平均売上、最低売上、最高売上を求める

さっそく今回のノックを小さな問題に分割して解いていきましょう。

①「顧客IDごとに累計売上を合計し……」。ここまでは、初級編で解説した内容の復習で解けます。GROUP BY customer_idとすることで、顧客IDごとの集計が行えましたね。合計値は、何の合計値かわかるようにtotal_salesと名付けましょう。

```
SELECT
  customer_id,
  SUM(amount) AS total_sales
FROM
  payment
GROUP BY customer_id
;

 customer_id | total_sales
-------------+-------------
         184 |       90.77
          87 |      145.70
         477 |      109.78
(..略..)
(599 rows)
```

②「1顧客あたりの平均売上、最低売上、最高売上を求める」。次に、先ほど学んだ集計関数を使って平均、最低、最高をクエリにします。①で作った顧客IDごとに売上を合計したテーブルがcustomer_paymentというテーブル名で存在すると想像しながら、書いてみましょう。

```
SELECT
  AVG(total_sales),
  MIN(total_sales),
  MAX(total_sales)
FROM
  customer_payment
;

ERROR:  relation "customer_payment" ⏎
does not exist
```

「customer_paymentテーブルは存在しない」というエラーが出ます。そこで、customer_paymentの前に、①で作ったクエリを括弧で囲み、ASをつけたものを追加しましょう。

```
SELECT
  AVG(total_sales),
  MIN(total_sales),
  MAX(total_sales)
FROM (
  SELECT
    customer_id,
    SUM(amount) AS total_sales
  FROM
    payment
  GROUP BY customer_id
) AS customer_payment
;

         avg          |  min  |  max
----------------------+-------+--------
 112.5484307178631052 | 50.85 | 221.55
(1 row)
```

これで1顧客あたりの平均売上、最低売上、最高売上を求めることができました。

問題を分割して考えた際に、結果のテーブルを使ってさらに結果を求めるイメージができるのなら、そこがサブクエリの使いどころです。サブクエリ単位で実行し、結果を確認しながらクエリを構築していくと良いでしょう。

サブクエリより、なるべくJOINを使おう

サブクエリを使うクエリは、しばしばJOINを用いても実現可能です。たとえば「直近の支払い3件を、顧客の氏名とともに抽出する」というクエリは、JOINでもサブクエリでも結果を得られます。

しかしサブクエリを用いたクエリは重くなりがちです。1つのクエリの中に複数のクエリがあり、それぞれを実行しなければ結果が得られないという特性と、サブクエリの結果テーブルにはインデックスと呼ばれる索引機能が働かないためです。また、サブクエリを使ったクエリはネストが深くなり、可読性が落ちがちです。

一方、JOINを用いた場合は(設定にもよりますが)インデックスと呼ばれる索引機能が働くため高速にテーブル同士の結合が行われます。ですから、JOINで済む場合はなるべくJOINを使うようにしましょう。

応用編の後半では、重くなりがち、可読性が落ちがちなサブクエリの欠点を解消するWITHを紹介していますので、そちらもご覧ください。

別のクエリ結果を値として使う - IN

初級編では、IN(値の列挙)という絞り込みの方法を学びました。ここではその応用として、()内でサブクエリを使う方法を学びます。

まずは2022年5月に支払いのあった顧客のlast_nameを取り出してみましょう。ここではpayment_p2022_05テーブルを扱います。これはpaymentテーブルのうち、2022年5月のデータのみを取り出したものです(今後もpayment_p2022_XXというテーブルをいくつか扱うので、覚えておいてください)。

まずはサブクエリを用いず、中級編で習ったJOINを使って素直に書いてみましょう。

ノック34

customerテーブルとpayment_p2022_05テーブルからJOINを用いて、2022年5月に支払いのあった顧客のlast_nameを抽出する

次のようなクエリになります。

```
SELECT
  last_name
FROM
  customer AS c
  INNER JOIN payment_p2022_05 AS p
    ON c.customer_id = p.customer_id
;

  last_name
--------------
 WALTERS
 CURTIS
 JENNINGS
 JENNINGS
 JENNINGS
 OBRIEN
(..略..)
(2677 row)
```

一見うまくいったように見えますが、この方法だと複数回購入した人(JENNINGS)は複数回出てきてしまいます。もちろんDISTINCTを使って重複を削除することもできますが、ここからさらにJOINをつなげていくケースなどでは、JOINするごとにどんどん行が膨れあがってしまい、処理時間も膨大にかかります。

それではこれをINを用いて書き直してみます。

ノック35 INを用いて、2022年5月に支払いのあった顧客のlast_nameを抽出する

次のようなクエリになります。

```
SELECT
  last_name
FROM
  customer
WHERE
  customer_id IN (
    SELECT
      customer_id
    FROM
      payment_p2022_05
  )
;

  last_name
--------------
 SMITH
 JOHNSON
 WILLIAMS
 JONES
 BROWN
 DAVIS
(..略..)
(595 rows)
```

/JENNINGSと入力して調べると、1回だけ出力されたことがわかります。

条件はcolumn IN (query)という形になり、queryのところにSELECTクエリが書かれます。ここでは5月に支払いのあったcustomer_idを抽出しており、その結果を値として親クエリではINを用いて絞り込みを行っています。試しにINの内部のSELECTクエリだけを実行して、customer_id一覧が表示されることをご自身で確認してみてください。

別のテーブルに存在する値だけ抽出する - EXISTS

実は先ほどのINで扱ったクエリは、EXISTSで書き直すことも可能です。EXISTSはその名のとおり、該当する行が存在するかどうかを判定する構文です。

ノック36 payment_p2022_05テーブルから、EXISTSを用いて、2022年5月に支払いのあった顧客のlast_nameを抽出する

実際のクエリを見てみましょう。

```
SELECT
  last_name
FROM
  customer AS c
WHERE
  EXISTS (
    SELECT
      1
    FROM
      payment_p2022_05 AS p
    WHERE
      c.customer_id = p.customer_id
  )
;

  last_name
--------------
 SMITH
 JOHNSON
 WILLIAMS
 JONES
 BROWN
 DAVIS
(..略..)
(595 rows)
```

EXISTSキーワードの後ろにはサブクエリを書きますが、先ほどのINと異なり、EXISTSのクエリは単独では実行できません。サブクエリのWHERE句にはJOIN同様に結合条件が書かれます。内部ではJOINと似た結合が行われますが、あくまでEXISTSは該当するレコードがあるかないかを確認するだけであり、実際に複数レコードとの結合が行われることはありません。

EXISTSの特徴をおさらいしておきましょう。

・ある外部キーがほかのテーブルに存在するかどうかを判定する

・一般的にJOINしてからDISTINCTを行うのに比べ高速である
・SELECT句のカラムは結果に影響せず、慣例的に1が使われることが多い
・これまでの条件演算と同様にNOT EXISTSとして、否定条件で使うこともできる

EXISTSとINの使い分け

EXISTSとINでは似た動きができることがわかりました。利用するデータベースにもよりますが、一般的には、

・INはまずサブクエリを実行する
・EXISTSは内部でJOINに近い動きをする

という違いがあります。
使い分けについてはまずは、

・サブクエリの結果が小さくなる場合は、INを使う
・親クエリの結果が小さくなる場合は、EXISTSを使う

と覚えておきましょう。

問い合わせの結合 - UNION、INTERSECT、EXCEPT

次は問い合わせの結合です。2つ以上のクエリの結果を組み合わせる方法を学びます。図で表すと**図1**のようなイメージになります。

▼図1　問い合わせの結合イメージ

結合の種類	イメージ		
UNION	クエリA	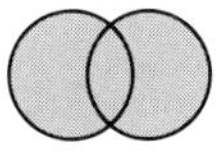	クエリB
INTERSECT	クエリA	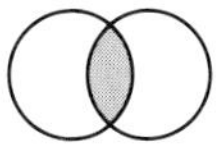	クエリB
EXCEPT	クエリA	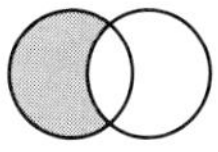	クエリB

結果の和集合をとる - UNION

2つ以上のクエリから、その結果の和集合（どちらか、もしくは両方に含まれるもの）を取り出したいときはUNIONでクエリをつなぎます。

ノック37　1月と5月の支払い履歴（payment_p2022_01/05テーブル）から、どちらかに含まれるcustomer_idを抽出する

次のようなクエリで実現できます。

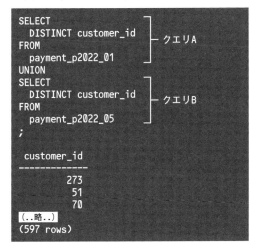

```
SELECT                         ┐
  DISTINCT customer_id         │
FROM                           ├ クエリA
  payment_p2022_01             ┘
UNION
SELECT                         ┐
  DISTINCT customer_id         │
FROM                           ├ クエリB
  payment_p2022_05             ┘
;

 customer_id
-------------
         273
          51
          70
(..略..)
(597 rows)
```

このように最低どちらかに入っているcustomer_idが表示されます。このとき重複はデフォルトで削除されますが、削除を避けたい場合はキーワードをUNION ALLに変更しましょう。

結果の積集合をとる - INTERSECT

同様に積集合（両方に含まれるもの）をとりたい場合は、INTERSECTを使います。

ノック38　1月と5月の支払い履歴（payment_p2022_01/05テーブル）から、両方に含まれるcustomer_idを抽出する

次のようなクエリになります。

```
SELECT
  DISTINCT customer_id
FROM
  payment_p2022_05
INTERSECT
SELECT
  DISTINCT customer_id
FROM
  payment_p2022_01
;

 customer_id
-------------
         351
          87
         116
(..略..)
(391 rows)
```

5月と1月、どちらでも利用のあった顧客が391人いたことがわかります。

問い合わせの結合はどのキーワードでも連続させることが可能です。1、2、3月と続けて利用した顧客を見てみましょう。

ノック39 1、2、3月の支払い履歴(payment_p2022_01/02/03テーブル)から、すべてに含まれるcustomer_idを抽出する

```
SELECT
  DISTINCT customer_id
FROM
  payment_p2022_01
INTERSECT
SELECT
  DISTINCT customer_id
FROM
  payment_p2022_02
INTERSECT
SELECT
  DISTINCT customer_id
FROM
  payment_p2022_03
;

 customer_id
-------------
         351
         116
          87
(..略..)
(382 rows)
```

これは実際には次のクエリと同義で、内部では先に前の2つのクエリが実行されています。

```
(
  SELECT
    DISTINCT customer_id
  FROM
    payment_p2022_01
  INTERSECT
  SELECT
    DISTINCT customer_id
  FROM
    payment_p2022_02
)
INTERSECT
SELECT
  DISTINCT customer_id
FROM
  payment_p2022_03
;
(実行結果は省略)
```

結果の差集合をとる - EXCEPT

それでは、最後に差集合(片方にあって、もう片方にはないもの)を取り出すEXCEPTを実行してみましょう。

ノック40 payment_p2022_01/05テーブルから、5月に支払いがあって、1月には支払いがなかったcustomer_idを抽出する

次のようなクエリになります。

```
SELECT
  DISTINCT customer_id
FROM
  payment_p2022_05
EXCEPT
SELECT
  DISTINCT customer_id
FROM
  payment_p2022_01
;

 customer_id
-------------
         184
         550
         394
(..略..)
(204 rows)
```

和集合のUNION、積集合のINTERSECTと異なり、差集合EXCEPTでは結合するクエリの順

番によって結果が異なることに注意しましょう。上のクエリでは、5月にいて1月にはいなかった顧客を抽出していますが、以下のクエリでは1月にはいて5月にはいなくなってしまった顧客を抽出しています。

```
SELECT
  DISTINCT customer_id
FROM
  payment_p2022_01
EXCEPT
SELECT
  DISTINCT customer_id
FROM
  payment_p2022_05
;

 customer_id
-------------
         500
         287
(2 rows)
```

実行してみて結果セットが異なることを確認しましょう。

結合結果に対しての操作

UNIONなどで結合された結果に対しては、通常のクエリと同様GROUP BYやORDER BYを適用することが可能です。

ノック41 payment_p2022_01/05テーブルから、1月または5月に支払いがあった顧客を、customer_idの昇順で3件のみ抽出する

次のようなクエリになります。

```
SELECT
  DISTINCT customer_id
FROM
  payment_p2022_01
UNION
SELECT
  DISTINCT customer_id
FROM
  payment_p2022_05
ORDER BY
  customer_id ASC
LIMIT
  3
;

 customer_id
-------------
           1
           2
           3
(3 rows)
```

GROUP BYなどと組み合わせたUNION(UNION ALL)は、INTERSECTやEXCEPTと比べて、実務でもよく使います。機能をよく理解しておきましょう。

複雑なサブクエリを簡略化する - WITH [注1]

複雑な分析をしていると、集計した結果を結合して、それと別の集計テーブルを結合……と、どんどん構想が広がっていきます。もちろんこれまで使ったテクニックを駆使してそれを実現しても良いのですが、テーブルが増えていくとクエリの見通しが悪くなってしまいます。

WITHを使えば、実行結果を1つの仮想テーブルとして扱うことができます。たとえば1月に5回以上レンタルしてくれたロイヤルカスタマーにメールを送りたいとします。まず、payment_p2022_01テーブルを集計して5回以上支払いのあるcustomer_idを抽出し、その後customerテーブルと連結してみましょう。

ノック42 WITH句を使って、payment_p2022_01テーブルから1月に5回以上支払いのあったアクティブなcustomerのemailを抽出する

構文はWITH table_name AS (query)となります。queryの結果をtable_nameとして、それ以降のクエリで利用することができます。では、実際に次のクエリを実行してみてください。

注1) MySQLでは8.0から利用可能です。

```
WITH loyal_customers AS (
  SELECT
    customer_id,
    COUNT(*) AS cnt
  FROM
    payment_p2022_01
  GROUP BY
    customer_id
  HAVING
    COUNT(*) >= 5
)
SELECT
  email
FROM
  customer AS c
  INNER JOIN loyal_customers AS lc
    ON c.customer_id = lc.customer_id
WHERE
  c.active = 1
;
```

```
               email
-------------------------------------
 MARION.SNYDER@sakilacustomer.org
 ROSEMARY.SCHMIDT@sakilacustomer.org
 DAISY.BATES@sakilacustomer.org
 NORMAN.CURRIER@sakilacustomer.org
(4 rows)
```

WITHは2つ以上同時に使うこともできます。その場合は、次のようにカンマで区切ります。

```
WITH table1 AS (
  query
),
tabel2 AS (
  query
)
```

部分的に集計関数を適用する - ウィンドウ関数[注2]

先ほどはロイヤルカスタマーを抽出しましたが、ここで各顧客に対してそのロイヤルティを購入回数に応じて順位付けしたいとしましょう。各行に対して、全体と比較した評価を行いたい場合はウィンドウ関数を使用します。

まずはサンプルを見てみます。1月の利用回数が多かった顧客と順位を一緒に表示しましょう。

ノック43 ウィンドウ関数を使って、payment_p2022_01テーブルとcustomer_listテーブルから1月の利用回数が多かった顧客をその順位と一緒に表示する

次のようなクエリになります。

```
SELECT
  cl.name,
  COUNT(*) AS cnt,
  RANK() OVER (
    ORDER BY COUNT(*) DESC
  ) AS ranking
FROM
  payment_p2022_01 AS p
  INNER JOIN customer_list AS cl
    ON p.customer_id = cl.id
GROUP BY
  cl.name
;
```

```
         name          | cnt | ranking
-----------------------+-----+---------
 MARION SNYDER         |   6 |       1
 ROSEMARY SCHMIDT      |   5 |       2
 DAISY BATES           |   5 |       2
 NORMAN CURRIER        |   5 |       2
 NELSON CHRISTENSON    |   4 |       5
(..略..)
(393 rows)
```

このクエリではcustomerではなく、customer_listテーブルを使って顧客情報を取得しています。customer_listテーブルは「ビュー(view)」と呼ばれる特殊なテーブルです。ビューはSELECTクエリの実行結果を保持しているものでcustomerテーブルのfirst_nameとlast_nameをつなげたnameカラムや、address、countryテーブルをJOINして得られたcountry(居住国)カラムなどがあります。応用編ではこのcustomer_listビューを活用してノックを進めます。

さて、SELECT句の3行目から5行目に見慣れない関数があると思いますが、これがウィンドウ関数です。

注2) MySQLでは8.0から利用可能です。

構文はfunction_name() OVER (ORDER BY column)となっています。順番に見ていきましょう。まず、RANK()は順位を表示する関数であることを示しています(それ以外のウィンドウ関数についても、のちほど扱います)。次のOVER (ORDER BY column)にて順序を指定します。今回は回数の降順で順位付けしたいのでORDER BY COUNT(*) DESCを指定しています。

範囲(パーティション)を指定する - PARTITION

次に順位を国別に取得してみましょう。今回は先ほどのRANK()とORDER BYに加えて、順位付けする範囲をOVER()の中でPARTITION BY columnとして指定します。実行結果の横幅が長くなってきましたので、ここからは顧客の名前ではなくIDを表示します。

ノック44

payment_p2022_01テーブルとcustomer_listテーブルから、1月の顧客の利用回数順位を国別に表示する

次のクエリを実行してみてください。

```
SELECT
  cl.id,
  cl.country,
  COUNT(*) AS cnt,
  RANK() OVER (
    PARTITION BY cl.country
    ORDER BY COUNT(*) DESC
  ) AS rank
FROM
  payment_p2022_01 AS p
  INNER JOIN customer_list AS cl
    ON p.customer_id = cl.id
GROUP BY
  cl.id, cl.country
;

 id  |   country    | cnt | rank
-----+--------------+-----+------
 218 | Afghanistan  |   1 |    1
 176 | Algeria      |   3 |    1
 441 | Algeria      |   2 |    2
  69 | Algeria      |   2 |    2
 528 | Angola       |   1 |    1
 322 | Argentina    |   3 |    1
(..略..)
(393 rows)
```

今回は国ごとに順位がついているのがわかると思います。

このようにウィンドウ関数は大きく分けて、

- 関数
- 範囲
- 順序

からなっています。

ウィンドウ関数で平均を求める - AVG

先ほどは国別の順位を表示しました。次に国別の平均値も併せて表示してみましょう。

ノック45

ノック44の結果にあわせて、国別の平均利用回数も表示する

使う関数は平均値を計算するAVGです。クエリは次のようになります。

```
SELECT
  cl.id,
  cl.country,
  COUNT(*) AS cnt,
  ROUND(AVG(COUNT(*)) OVER (
    PARTITION BY cl.country
  ), 2) AS avg_pay,
  RANK() OVER (
    PARTITION BY cl.country
    ORDER BY COUNT(*) DESC
  ) AS rank
FROM
  payment_p2022_01 AS p
  INNER JOIN customer_list AS cl
    ON p.customer_id = cl.id
GROUP BY
  cl.id, cl.country
;

 id  |   country    | cnt | avg_pay | rank
-----+--------------+-----+---------+------
 218 | Afghanistan  |   1 |    1.00 |    1
 176 | Algeria      |   3 |    2.33 |    1
 441 | Algeria      |   2 |    2.33 |    2
  69 | Algeria      |   2 |    2.33 |    2
 528 | Angola       |   1 |    1.00 |    1
 322 | Argentina    |   3 |    1.60 |    1
(..略..)
(393 rows)
```

先ほどのRANKと異なり、AVGの場合は何の平均を表示するかをAVG(column)として指定します。今回は国別の利用回数の平均なので、

COUNT(*)を入れてAVG(COUNT(*))とします。

OVER句は先ほどと同様にPARTITION BY customer_list.countryを指定。小数点の表示が長くなってしまうので、ROUND関数でくくっておきましょう。

ウィンドウ関数で合計を求める - SUM

同様に国ごとの合計を表示することも可能です。

ノック46 ノック45のクエリを変更し、平均回数の代わりに国ごとの合計利用回数を表示する

SUM(COUNT(*))を用いて、国ごとの合計利用回数を並べて表示してみましょう。

```
SELECT
  cl.id,
  cl.country,
  COUNT(*) AS cnt,
  SUM(COUNT(*)) OVER (
    PARTITION BY cl.country
  ) AS total_pay,
  RANK() OVER (
    PARTITION BY cl.country
    ORDER BY COUNT(*) DESC
  ) AS rank
FROM
  payment_p2022_01 AS p
  INNER JOIN customer_list AS cl
    ON p.customer_id = cl.id
GROUP BY
  cl.id, cl.country
;

 id  |   country    | cnt | total_pay | rank
-----+--------------+-----+-----------+------
 218 | Afghanistan  |   1 |         1 |    1
 176 | Algeria      |   3 |         7 |    1
 441 | Algeria      |   2 |         7 |    2
  69 | Algeria      |   2 |         7 |    2
 528 | Angola       |   1 |         1 |    1
 322 | Argentina    |   3 |        16 |    1
(..略..)
(393 rows)
```

累積比率のための累積回数

ここまで国別の平均や合計を出してきましたが、パレート分析などを行う際には累積の比率が重要になります。そこで、国ごとの累積比率の算出に挑戦してみましょう。

累積比率は「累積比率＝累積利用回数÷全体の利用回数」として算出するため、まず累積の利用回数が必要です。

あるパーティションの中で集計する範囲を限定するためにはROWS BETWEENオプションを利用します。こちらはパーティションと区別してフレームと呼ばれます。

ノック47 1月の国別の利用回数を降順に抽出し、累積回数と併せて表示する

次のクエリを実行してみましょう。

```
SELECT
  cl.country,
  COUNT(*) AS count,
  SUM(COUNT(*)) OVER (
    ORDER BY COUNT(*) DESC
    ROWS BETWEEN
      UNBOUNDED PRECEDING
      AND CURRENT ROW
  ) AS cumulative_count
FROM
  payment_p2022_01 AS p
  INNER JOIN customer_list AS cl
    ON p.customer_id = cl.id
GROUP BY
  cl.country
ORDER BY
  count DESC
;

      country       | count | cumulative_count
--------------------+-------+------------------
 India              |    81 |               81
 China              |    47 |              128
 Russian Federation |    43 |              171
 Mexico             |    38 |              209
 United States      |    35 |              244
(..略..)
(88 rows)
```

cumulative_countに、最初の行から現在の行までのcountを合計した値が入っていることがわかります。

6行目の見慣れないROWS BETWEEN UNBOUNDED PRECEDING AND CURRENT ROWがウィンドウの範囲（ウィンドウフレーム）の指定となります。これはROWS BETWEEN frame_start AND frame_endという文法になっており、それぞれフレー

ムの始点と終点を設定します。frame_startとframe_endには、表1の値が設定できます。

今回のケースではパーティション内を降順に並べたうえで、パーティションの最初の行から現在の行までを合計することで、累積回数を得ています。

frame_endは省略が可能であり、デフォルトはCURRENT ROWとなるため、今回のケースでは単にROWS UNBOUNDED PRECEDINGと記述することも可能です。

累積比率

それでは累積比率の計算に移ります。「累積比率＝累積利用回数÷全体の利用回数」という式をそのままクエリ上で表現します。累積利用回数は先ほど（ノック47）のとおり。全体の利用回数は、こちらもウィンドウ関数のSUM(COUNT(*)) OVER ()を利用します。

ノック48 payment_p2022_01テーブルとcustomer_listテーブルから1月の国別の利用比率を降順に並べ、累積で表示する

次のようなクエリになります。

```
SELECT
  cl.country,
  ROUND(
    SUM(COUNT(*)) OVER (
      ORDER BY COUNT(*) DESC
      ROWS BETWEEN
        UNBOUNDED PRECEDING
        AND CURRENT ROW
    ) / SUM(COUNT(*)) OVER (),
    2
  ) AS cumulative_percent
FROM
  payment_p2022_01 AS p
  INNER JOIN customer_list AS cl
    ON p.customer_id = cl.id
GROUP BY
  cl.country
ORDER BY
  COUNT(*) DESC
;
```

▼表1　ROWS BETWEENで指定できる値

キーワード	意味
UNBOUNDED PRECEDING	パーティションの最初の行
n PRECEDING	n行前
CURRENT ROW	現在の行
n FOLLOWING	n行後
UNBOUNDED FOLLOWING	パーティションの最後の行

```
       country        | cumulative_percent
----------------------+--------------------
 India                |               0.11
 China                |               0.18
 Russian Federation   |               0.24
 Mexico               |               0.29
 United States        |               0.34
 Brazil               |               0.38
 Japan                |               0.42
 Indonesia            |               0.46
 Nigeria              |               0.49
(..略..)
(88 rows)
```

全体として88ヵ国ありますが、上位9ヵ国で利用の大半を占めていることがわかります。

ウィンドウ関数で移動平均を求める

最後はこれまで学んだテクニックを活用して移動平均を計算してみましょう。

移動平均とはおもに時系列データなどに対し、ある一定区間ごとの平均値を、区間をずらしながら求めるものです。たとえば曜日ごとの変動の大きいデータに対して7日間移動平均を計算することで、曜日変動を抑えた傾向を見ることができます。

今回はpaymentテーブルを使い、4月6日から12日の利用回数の3日移動平均を見てみましょう。まずは当該期間について、日別の利用回数を計算します。

ノック49 paymentテーブルを使い、2022年4月6日から12日の日別利用回数を集計する

次のクエリを実行してみてください。

```
SELECT
  CAST(payment_date AS DATE) AS d,
  COUNT(*)
FROM
  payment AS p
WHERE
  CAST(payment_date AS DATE)
    BETWEEN '2022-04-06' AND '2022-04-12'
GROUP BY
  d
ORDER BY
  d ASC
;

     d      | count
------------+-------
 2022-04-06 |    81
 2022-04-07 |    90
 2022-04-08 |    99
 2022-04-09 |    85
 2022-04-10 |    88
 2022-04-11 |    70
 2022-04-12 |   107
(7 rows)
```

ここまでは大丈夫ですね。次にこのクエリを改変して移動平均を計算します。

ノック50 paymentテーブルを使い、2022年4月6日から12日の利用回数の3日移動平均を計算する

利用回数の移動平均を出すためウィンドウ関数にはAVG(COUNT(*))を使い、順序は日付順、範囲（フレーム）のスタートには2行前（2 PRECEDING）を指定します。こうして2行前から現在行までの計3行の平均が計算できます。結果を見やすくするため、ROUND関数で小数点桁数も指定しておきましょう。実際のクエリは次のようになります。

```
SELECT
  CAST(payment_date AS DATE) AS d,
  COUNT(*),
  ROUND(AVG(COUNT(*)) OVER (
    ORDER BY
      CAST(payment_date AS DATE) ASC
    ROWS BETWEEN
      2 PRECEDING
      AND CURRENT ROW
  ), 2) AS moving_avg
FROM
  payment AS p
WHERE
  CAST(payment_date AS DATE)
    BETWEEN '2022-04-06' AND '2022-04-12'
GROUP BY
  d
ORDER BY
  d ASC
;

     d      | count | moving_avg
------------+-------+------------
 2022-04-06 |    81 |      81.00
 2022-04-07 |    90 |      85.50
 2022-04-08 |    99 |      90.00
 2022-04-09 |    85 |      91.33
 2022-04-10 |    88 |      90.67
 2022-04-11 |    70 |      81.00
 2022-04-12 |   107 |      88.33
(7 rows)
```

結果を検証してみましょう。9日のmoving_avg値を見てみると、前2日の結果との平均値「(90 + 99 + 85) ÷ 3」と等しくなっています。

あとはフレーム句を6 PRECEDINGにして1週間の移動平均を計算したり、1 PRECEDING AND 1 FOLLOWINGにして前後1行を使った移動平均を算出したりもできます。先述の曜日変動に限らず、日々のバラつきが大きいとき、長期的な傾向を把握したいときにも有効な手法です。

おわりに

いかがでしたか？　初級編でSELECTを使ってテーブルの内容を抽出するところからスタートして、応用編の最後には移動平均を使って期間ごとの数値変動を求めるところまで学びました。

本章で取り上げたノックをマスターしたなら、データ・ドリブンな意思決定のために必要なSQL力を確実に身につけたと言えます。

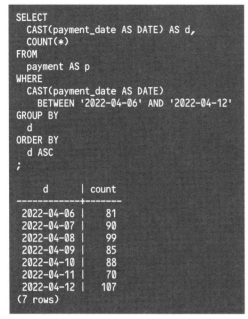

一度では理解しきれない部分もあると思いますが、クエリを書き換えながら実行することで理解が深まっていきます。繰り返しノックを解いて、自分の力にしていってください。SD

column SQL勉強会を開いて、チームのSQL力を高める5つのポイント

本章を読んでくださっている読者の方は、組織内で仕事をしている方が多いかと思います。働いている中で、「営業から数字出しや分析の依頼を急にされて困った」とか、「クライアントから、顧客の購入一覧を出してと急かされた」などの依頼を受けた経験は、誰しもあるものではないでしょうか？

本章をここまで読んだ方ならお気づきかと思いますが、データを必要とした人がクエリを書いて、試行錯誤しながらデータを取得しないと納得のいくデータは取得できません。依頼されてデータ出しを行うと「これじゃない……」と手戻りも起こりがちです。

もし「みんなSQLが書ければもっと円滑にコミュニケーションが取れるのに……」そんな環境にいるのなら、SQL勉強会を開くことは良い解決法になるかもしれません。

筆者らの所属する㈱リブセンスでも前述のような期間がありましたが、SQL勉強会が各部署ごとに開かれてチームの「SQL力」が上がった結果、各々自分自身でデータ取得する文化になりました。SQL勉強会を開催する際のポイントは次の5点です。

①市販の参考書を使うのではなく、実務に即した資料を用意する

参加者が自学自習しやすくなるよう、その場での口頭説明だけではなく繰り返し閲覧できる資料を用意しましょう。

また、参考書では興味を持てなくても、実務データを使うことで俄然(がぜん)興味が湧く参加者は非常に多いです。さらに、実務のデータと実行環境を工夫して用意すれば、仕事をしながら勉強してもらえます（！）。

ただし、資料作りは結構たいへんですので、そこでエネルギーを使い切ってしまっては元も子もありません。最初は実務で使うテーマを用いたノック（問題）だけを用意して、参加者に解いてもらう形でも勉強会は成り立ちます。

②講師のコミュニティを作る

何よりもまず教える側のコミュニティづくりが大切です。もし複数人の講師が確保できない場合は、まず1～2名にノックを解けるように教え、教えた内容の説明を書いてもらうなどして講師のサポートをしてもらいましょう。

講師の負担は大きいので、講師同士で資料をシェアしあい、盗み合いましょう。その過程で、組織内で伝わりやすい教材が育まれていきます。

③長期型ではなく、短期集中型で実施する

「長期間かけてじっくり」というケースですと、徐々に参加者が減りがちです。仕事の繁忙期などとかぶり、継続もたいへんです。

ですから短期集中型で、参加しきれる勉強会設計が大事です。週に1回を数ヵ月やるよりも、毎日開催して2週間で終了とするなど期間を区切ってしまいましょう。

内容は一度ですべてを盛り込んでしまうと講師も参加者もたいへんですし、脱落者も出やすくなりますので、参加者の興味を引くポイントを絞って実施しましょう。弊社では、参加者が増えてきたタイミングで、白帯コース・茶帯コース・黒帯コースのようにレベル分けして開催する方法をとりました。

④講師のサポートは手厚く

質問を投げると返してくれる土壌を用意しておくことは重要です。チャットや口頭で気軽に聞ける人間関係を作ることも、（一見、技術的には見えなくとも）組織の技術レベルを高めるために重要です。

⑤毎回、宿題を出す

反復だけが、「SQL力」を高めます。

以上が、SQL勉強会の開催ノウハウです。講師の技術レベルは、必ずしも高い必要はありません。講師には、知識よりも「参加者に寄り添う気持ち」が重要だからです。

本章をここまで読んだ方なら、十分講師をできるレベルです。ぜひSQL勉強会を開いてチームのSQL力を高めてください。

column クエリの共有方法——社内WikiとRedash

分析クエリは、仮説を検証するためにアドホックに1回だけ使われるものもあれば、KPI（Key Performance Indicator、重要業績評価指標）のチェックなどを目的として繰り返し使われるものもあります。

当社ではそれぞれの目的によって共有のしかたを分けています。

前者のケースは、社内のWikiに仮説とその検証結果をクエリとともに記載して共有しています。現実世界のデータは、しばしば複雑な要件が入り混じっていることがあり、分析者が気づかない条件の考慮もれをしているケースがあったりします。結果だけでなくクエリも共有しているのは、Wikiの記事を見たほかのメンバーがミスを発見できるようにしたり、クエリを再実行してみて再検証できるようにしたりするためです。また、このWikiの記事をもとに、新たな仮説が見つかるかもしれません。

一方、後者のケースは「Redash」注Aなどのツールで共有しています。Redashは、データベースを含む多種多様なデータ・ソースに対して、クエリを実行することができるWebアプリケーションです。クエリを保存して共有できるだけではなく、スケジューラを使って定期的にクエリを実行したり、実行結果をグラフ描画したりすることができます（**図A**）。また、複数のグラフをダッシュボードとして1画面にまとめることもできるので、KPIのチェックにとても便利です。

なお、どちらの共有をする場合でも、クエリの実行結果（数値など）からグラフを描画することをお勧めします。グラフにすることで数値を見るだけでは見えなかった、分布の偏りや傾向が見えることがあります。

クエリの使われ方を意識しながら、より効果的な共有ができるように工夫してみてください。

▼図A　Redash

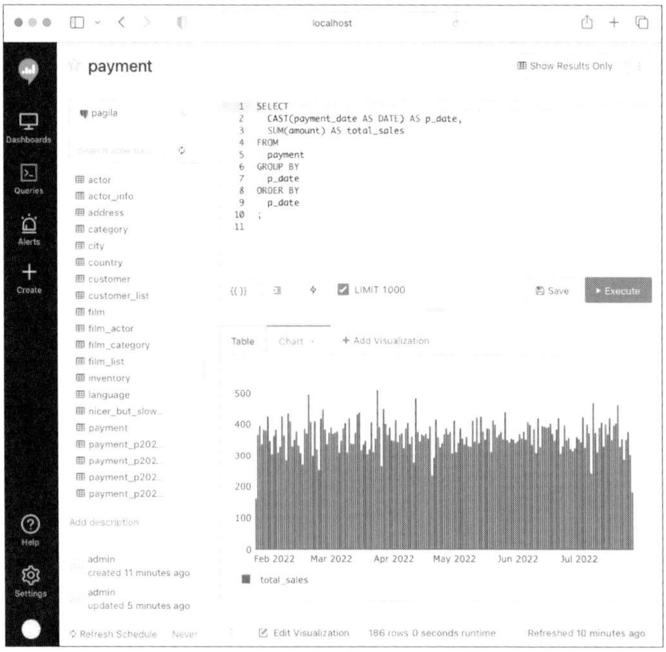

注A）URL https://redash.io/

第4章 MySQL アプリ開発者の必修5科目

不意なトラブルに困らないための RDB基礎知識

MySQLをはじめとするデータベースはアプリケーション開発には欠かせません。本章では、MySQLを題材として開発者が押さえておくべきデータベースの基礎知識を「必修5科目」として解説します。

これらの基礎知識は、通常時に使用するぶんには表面的な理解でも十分かもしれません。しかし、いざトラブルになったときや、もっとパフォーマンスを上げたいときには、きちんとした基礎知識が活きてくる場面も多いでしょう。

すでにMySQLを利用している方も、初心者の方も、本章の5つの基本をしっかり押さえ、確かな知識を身につけましょう。

4-1 データ型

MySQLで格納できるデータの種類を押さえる

Author 村田 太（むらた ふとし） (株)スマートスタイル データベース&クラウド事業部 技術部
URL https://www.s-style.co.jp

MySQLをはじめリレーショナルデータベース（RDB）には、格納できるデータの形式がさまざまあります。本稿では、MySQLで扱える5種類の形式（数値データ型、日時データ型、文字列データ型、空間データ型、JSONデータ型）について、それぞれが対応しているデータ型やその内容を見ていきましょう。

はじめに

リレーショナルデータベースでは、テーブルを作成する際に、それぞれのカラムに格納できるデータ型を次のように指定できます。

```
CREATE TABLE テーブル名 (
  カラム名 データ型 [属性(オプション)],
  カラム名 データ型 ,    ...
);
```

MySQLでは、一般的な数値データ型、日時データ型、文字列データ型、空間データ型のほか、MySQL 5.7以降はJSONデータ型も指定できるようになりました。本稿では、これらのデータ型の詳細や注意事項について説明します。

数値データ型

数値データ型には大きく分けて4つの種類があり、それぞれ次のようなデータ型が対応しています。

- 整数型（真数値）：TINYINT、SMALLINT、MEDIUMINT、INTEGER（INT）、BIGINT
- 固定小数点型（真数値）：DECIMAL（DEC、FIXED）、NUMERIC
- 浮動小数点型（概数値）：FLOAT、DOUBLE
- ビット値型：BIT

なお、INTはINTEGER型の同義語、DECとFIXEDはDECIMAL型の同義語です。

整数型（真数値）

整数型では、扱える値の範囲に応じて**表1**の5つを使用できます。適切なデータ型を選択することで、メモリやディスク領域を効率的に活用できます。通常は「符号がつく範囲」の値を格納しますが、UNSIGNED属性を指定することで「符号がつかない範囲」の値が格納できるため、負の値が必要なければカラムに格納できる上限値を増やせます。

整数型では、このほかにもさまざまな属性を

▼表1 整数型

型	符号がつく範囲	符号がつかない範囲（UNSIGNED）	格納サイズ
TINYINT	-129～127	0～255	1バイト
SMALLINT	-32,768～32,767	0～65,535	2バイト
MEDIUMINT	-8,388,608～8,388,697	0～16,777,215	3バイト
INTGER（INT）	-2,147,483,648～2,147,483,647	0～4,294,967,295	4バイト
BIGINT	-9,223,372,036,854,775,808 ～9,223,372,036,854,775,807	0～18,446,744,073,709,551,615	8バイト

指定できます。詳細については、MySQLの公式マニュアル[注1]を参照してください。

固定小数点型（真数値）

DECIMAL型、NUMERIC型は真数値を格納することができます（表2）。なお、MySQLではNUMERIC型はDECIMAL型として実装されているため、実質的には同じデータ型です。これらのデータ型は、金銭データを扱う場合など、正確な精度を保持することが重要な場合に使用されます。

DECIMAL型では、整数部と小数部を指定できます。値を指定しなかった場合のデフォルト値は、整数部が10、小数部が0です。たとえばDECIMAL(5,2)の場合、小数部が2桁、整数部が3桁の計5桁の値を格納できるため、格納できる値の範囲は「－999.99～999.99」になります。

小数点型の場合、UNSIGNED属性を指定しても格納できる値の範囲は広がらず、単に負の値が格納できなくなります。なお、固定小数点型でUNSIGNED属性を指定することは、MySQL 8.0.17以降非推奨となっているので注意してください。

浮動小数点型（概数値）

FLOAT型、DOUBLE型は概数値を格納できます（表3）。FLOAT(10)のように精度値を指定することもできますが、0から23の場合はFLOAT型、24から53の場合はDOUBLE型として扱われるため、細かい精度指定はできません。

また、DECIMAL型のように、FLOAT(M,D)のような指定をすることも可能です。たとえば、FLOAT(7,4)は「－999.9999～999.9999」の値を格納できます。このとき、999.00009を挿入すると、値が丸められて999.0001として表示されます。ただし、この指定形式はMySQL 8.0.17以降非推奨となっているので注意してください。

概数値データの等価比較

浮動小数点型は近似値であり、正確な値として格納されません。たとえば、DOUBLE型を使用して次のようなテーブルと値を挿入したとします。

```
mysql> CREATE TABLE t1 (d1 DOUBLE, ⏎
d2 DOUBLE);
mysql> INSERT INTO t1 ⏎
VALUES (101.40, 21.40),(-80.00, 0.00);
```

このとき、d1カラムとd2カラムの合計値はどちらも21.40で一致しているように見えますが、実際には次のように「一致していない」と表示されます。

```
mysql> SELECT SUM(d1) AS a, ⏎
SUM(d2) AS b FROM t1 HAVING a<>b;
+--------------------+------+
| a                  | b    |
+--------------------+------+
| 21.400000000000006 | 21.4 |
+--------------------+------+
```

これは、コンピュータのCPUやコンパイラのバージョンなどによって浮動小数点の評価が異なるためであり、正常な仕様です。

注1） https://dev.mysql.com/doc/refman/8.0/ja/numeric-type-attributes.html

▼表2　固定小数点型

型	格納可能な範囲	格納サイズ
DECIMAL[(M [,D])]	最高桁数(M)は65、小数点以下の最高桁数(D)は30	9桁ごとに4バイト[注A]

注A）整数部と小数部を別々に管理するため、それぞれで容量が必要となる。DECIMALはバイナリフォーマットで9桁を4バイトにパックする。それ以外の桁数の場合はCEILING(桁数/2)で必要な容量が求められる。

▼表3　浮動小数点型

型	符号がつく範囲	符号がつかない範囲(UNSIGNED)	格納サイズ
FLOAT	-3.402823466E+38 ～-1.175494351E-38	1.175494351E-38 ～3.402823466E+38	4バイト
DOUBLE	-1.7976931348623157E+308 ～-2.2250738585072014E-308	2.2250738585072014E-308 ～1.7976931348623157E+308	8バイト

こうした比較を行いたい場合は、DECIMAL型のような真数値を使用するか、数値の差異に関して受け入れられる許容度を設定して比較を行います。たとえば、0.0001の誤差は同じ値とみなす場合、次のように比較を行えば、値は一致していると判断できます。

```
mysql> SELECT SUM(d1) AS a, SUM(d2) AS ⏎
b FROM t1 HAVING ABS(a-b) > 0.0001;
Empty set
```

ビット値型

BIT型はビット値の格納に使用されます。BIT(M)のようにビット値を1から64まで指定可能で、指定しなかった場合は1になります(**表4**)。

ビット値を挿入する場合、「b'01'」「B'01'」「0b01」のようなビット値リテラルで指定する必要があります。このとき、表示される値はバイナリ値になっているので、数値として使用する場合は、「+0」(数値コンテキスト)を使用するようにしてください。

ビット値として表示したい場合は、BIN()やHEX()などの変換関数を使用します(**図1**)。

また、BIT(M)でMより短いビット値を割り当てた場合、その左側は0を割り当てたものとして扱われます。たとえば、BIT(8)に「b'111'」というビット値リテラルを挿入した場合、実際には「b'00000111'」という値が挿入されます。

▼表4　ビット値型

型	格納可能な範囲	格納サイズ
BIT[(M)]	M(1から64)ビットぶんのビット値リテラル	約(M+7)/8バイト

日時データ型

日時データ型では、**表5**の5つのデータ型を使用できます。なお、MySQL 5.6から、時刻には6桁の精度で小数部分を格納できるようになっているため、TIME、DATETIME、TIMESTAMP型の格納バイト数の計算方法は、MySQL 5.6の前後で異なっています。

▼表5　日時データ型

型	格納可能な範囲	格納サイズ
YEAR	1901～2155と0000	1バイト
TIME	-838:59:59.000000 ～838:59:59.000000	3バイト ＋小数秒精度注B
DATE	1000-01-01～9999-12-31	3バイト
DATETIME	1000-01-01 00:00:00.000000 ～9999-12-31 23:59:59.000000	5バイト ＋小数秒精度注B
TIMESTAMP	1970-01-01 00:00:01.000000 UTC ～2038-01-09 03:14:07.000000 UTC	4バイト ＋小数秒精度注B

注B) 小数秒精度によって次のバイト数が追加で必要になる。
「0→0バイト」「1、2→1バイト」「3、4→2バイト」「5、6→3バイト」

YEAR型

YEAR型は年の値を4桁で表すために使用されます。YEAR(4)という表記も可能ですが、MySQL 8.0.17以降は非推奨になっているので注意してください。

値を挿入する際は、「2022」のような数値形式でも、「'2022'」のような文字列形式でも格納することが可能です。

また、MySQL 5.7まではYEAR(2)という表記で2桁の表記もサポートされていましたが、MySQL 8.0からは使用することができなくなっています。

▼図1　BIT()やHEX()でビット値として表示

```
mysql> INSERT INTO t2 VALUES (b'000000001'),(b'01010101'),(b'11111111');
mysql> SELECT bit,bit+0,BIN(bit),HEX(bit) FROM t2;
+-----------+-------+----------+----------+
| bit       | bit+0 | BIN(bit) | HEX(bit) |
+-----------+-------+----------+----------+
| 0x01      |     1 | 1        | 1        |
| 0x55      |    85 | 1010101  | 55       |
| 0xFF      |   255 | 11111111 | FF       |
+-----------+-------+----------+----------+
3 rows in set (0.00 sec)
```

なお、YEAR型に対して2桁の値を挿入することは可能です。その場合、入力した値は次のように判断されて格納されます。

・00～69を入力：2000～2069が格納
・70～99を入力：1970～1999が格納

このとき、00を数値形式で挿入すると、「2000」ではなく「0000」として格納される点に注意してください。「2000」として格納したい場合は、文字列形式で「'0'」あるいは「'00'」と指定する必要があります。

TIME型

TIME型は「hh[h]:mm:ss」形式で格納されます。時刻だけでなく、経過時間や時間の間隔などを表すためにも使用されるため、24:00:00以上の値や、負の値を取ることができます。

また、「12:23」のように省略した形式で値を挿入すると、00:12:23ではなく、12:23:00として格納されます。一方、「1223」のようにコロンのない形式で値を挿入すると、12:23:00ではなく、00:12:23として格納されます。これは挿入する値が、時刻としてではなく経過時間として判断されているためです。

DATE、DATETIME、TIMESTAMP型

これらの3つのデータ型は、それぞれ日付を含む値を格納しています。DATE型は「YYYY-MM-DD」形式で格納されて、日付部分のみを表せます。DATETIME型とTIMESTAMP型は、どちらも「YYYY-MM-DD hh:mm:ss」形式で格納されて、日付と時刻の両方の部分を表せます。

なお、TIMESTAMP型は値を格納する際に、現在のタイムゾーンの設定をUTCに変換します。値を取得する際には、UTCから現在のタイムゾーンの設定に戻して表示します。そのため、表示する際のタイムゾーンの設定によって、**図2**のように値が異なることがあります。これにより、異なるタイムゾーンからの接続に対しても、TIMESTAMP型であれば同じ時刻を表示させることが可能になっています。

また、年の入力形式はYEAR型のように2桁の形に省略することが可能です。たとえば「22-09-01」という形式で挿入すると、2022-09-01 00:00:00として格納されます。

時刻の入力形式については、DATE型のように省略はできますが、コロンのない形式では挿入できません。たとえば、「2022-09-01 12:23」は2022-09-01 12:23:00として格納されますが、「2022-09-01 1223」はエラーになります。

▼図2　TIMESTAMP型で値が異なる例

```
mysql> CREATE TABLE t3 ( dt DATETIME, ts TIMESTAMP);
mysql> SET @@time_zone = 'SYSTEM'; ←タイムゾーンがSYSTEM
mysql> INSERT INTO t3 VALUES(NOW(),NOW());
mysql> SELECT * FROM t3;
+---------------------+---------------------+
| dt                  | ts                  |
+---------------------+---------------------+
| 2022-09-01 13:34:41 | 2022-09-01 13:34:41 | ←SYSTEMでの値
+---------------------+---------------------+

mysql> SET @@time_zone = '+00:00'; ←タイムゾーンが+00:00(UTC)
mysql> SELECT * FROM t3;
+---------------------+---------------------+
| dt                  | ts                  |
+---------------------+---------------------+
| 2022-09-01 13:34:41 | 2022-09-01 04:34:41 | ←UTCでの値
+---------------------+---------------------+
```

文字列データ型

文字列データ型には大きく分けて4つの種類があり、それぞれ次のようなデータ型が対応しています。なお、ENUMとSET型については、MySQLで独自に実装されているデータ型です。

・文字列型（非バイナリ文字列型）：CHAR、VARCHAR、TEXT（TINYTEXT、TEXT、MEDIUMTEXT、LONGTEXT）
・バイナリ文字列型：BINARY、VARBINARY、BLOB（TINYBLOB、BLOB、MEDIUMBLOB、LONGBLOB）
・列挙型：ENUM
・セット型：SET

文字列型（非バイナリ文字列型）

文字列型では、格納する文字列に対して、文字セットと必要に応じて照合順序を設定できます（**表6**）。文字セットはCHARACTER SET属性、照合順序はCOLLATE属性で指定します。CHARSETはCHARACTER SETの同義語です。

なお、MySQL 5.7まではデフォルト値の文字セットがlatin1に設定されていましたが、MySQL 8.0では文字セットがutf8mb4、照合順序がutf8mb4_0900_ai_ciになっているため、デフォルトで日本語の文字列が格納できるようになりました。

文字セットと照合順序

MySQLではさまざまな文字セットをサポートしており、その一覧はSHOW CHARACTER SETコマンドで確認できます。どの文字セットにも、少なくとも1つの照合順序が対応しており、デフォルトの照合順序はDefault collationカラムに記載されています。そのため、CHARACTER SET属性のみを指定した場合、そのカラムのCOLLATE属性は文字セットに対応するデフォルトの照合順序が設定されます。一方、COLLATE属性のみを指定した場合は、その照合順序が関連付けられた文字セットが設定されます。

また、MySQLでは文字セットと照合順序をサーバ、データベース、テーブル、カラム単位でそれぞれ指定できます。このとき、明示的に設定した値は、左から順番にオーバーライドされていきます。

そのほか、クライアントから送信される際の文字セットや、結果セットまたはエラーメッセージを返信するときに使用する文字セットを指定することもできます。

これらの文字セットや照合順序を適切に設定しておかないと、データをやり取りする際に何度も変換が行われ、意図したデータの格納や表示ができなくなってしまうおそれがあるので、扱う文字セットや照合順序はできるだけ統一しておくことを推奨します。

CHAR型、VARCHAR型

CHAR型とVARCHAR型では、格納できる

▼表6　文字列型

型	格納形式	最大長	格納サイズ
CHAR	固定長	255文字	固定長×格納文字列のバイト数[注C]
VARCHAR	可変長	65,535バイト	格納文字列のバイト数[注C]＋1[注D]
TINYTEXT	可変長	255バイト	格納文字列のバイト数[注C]＋1
TEXT	可変長	65,535バイト	格納文字列のバイト数[注C]＋2
MEDIUMTEXT	可変長	16,777,215バイト	格納文字列のバイト数[注C]＋3
LONGTEXT	可変長	4,294,967,295バイト	格納文字列のバイト数[注C]＋4

注C）使用している文字セットの1文字の最大バイト数×文字列で算出される。たとえばSJISであれば2バイト、utf8mb4であれば4バイトが最大バイト数。
注D）格納文字数が255以下の場合は1バイト、それ以上の場合は2バイトが必要。

最大文字数の長さを指定できます。たとえば、CHAR(30)には最大30文字を格納できます。

CHAR型は固定長ですので、指定した長さより短い値を格納すると、指定した長さまで文字列の右側がスペースで埋められます。たとえば、CHAR(30)に「'abcd'」を格納すると、31バイト使用されてしまうので注意してください。

VARCHAR型は可変長であるため、格納された文字列に応じて使用されるバイト数も変化します。なお、最大行サイズの65,535バイトを超えるように最大文字数の長さを指定することはできません。たとえば、VARCHAR型が1つしかないテーブルであっても、utf8mb4のように4バイト文字列を使用している場合は、最大でVARCHAR(16383)までしか指定できません。

TEXT型

TEXT型は保持できる値の最大長に応じて4つの種類があります。任意の長さに設定できるVARCHAR型のように扱うことができますが、次のような注意点があります。

- DEFAULT属性を設定できない
- インデックスを作成する場合は、先頭の文字数(インデックスプリフィクス長)を指定して作成する必要がある

バイナリ文字列型

バイナリ文字列型は、文字セットおよび照合順序がbinaryである点を除いて、基本的に文字列型と同じデータ型です(**表7**)。そのため、文字列型にCHARACTER SET binary属性を指定することで、対応するバイナリ文字列として扱われます。たとえば、「CHAR CHARACTER SET binary」はBINARYに、VARCHAR CHARACTER SET binary」はVARBINARYに、「TEXT CHARACTER SET binary」はBLOBになります。

また、BINARY型は指定した長さより短い値を格納すると、0x00で右パディングが行われます。CHAR型では表示するときにスペースが省略されますが、BINARY型の場合は省略されずに表示されるため、値の比較などを行う際には注意してください。

そのほか、値の比較やソートを行う場合は、文字列ではなくバイト文字列の数値として扱われます。

こうした点から、バイナリ文字列型を使用する場合は文字データではなく、画像データなどを格納することが適しています。

列挙型

ENUM型は、テーブル作成時に格納できる値を最大で65,535個まで列挙して、許可されている値のリストから選択された1つの値を持つ文字列オブジェクトです(**表8**)。指定する文字列はすべて異なる値で、各値は最大255文字、1,020バイト以下で記載する必要があります。

▼表8　列挙型

型	最大リスト数	格納サイズ
ENUM	65,535個	項目数255以下の場合は1バイト、それ以上の場合は2バイト

▼表7　バイナリ文字列型

型	格納形式	最大長	格納サイズ
BINARY	固定長	255文字	格納データのバイト数
VARBINARY	可変長	65,535バイト	格納データのバイト数＋1 注E
TINYBLOB	可変長	255バイト	格納データのバイト数＋1
BLOB	可変長	65,535バイト	格納データのバイト数＋2
MEDIUMBLOB	可変長	16,777,215バイト	格納データのバイト数＋3
LONGBLOB	可変長	4,294,967,295バイト	格納データのバイト数＋4

注E)　格納文字列が255以下の場合は1バイト、それ以上の場合は2バイトが必要。

たとえば、次のように記述します。

```
mysql> CREATE TABLE test.t4 (list ⏎
ENUM('a','b','c'));
```

内部では、リスト内に1から始まるインデックス番号を割り当てており、格納する際はこれらの数値に変換しています。このとき、空の文字列は0として扱われます。したがって、ほかの文字列型を使用する場合に比べて、少ないバイト数でデータを格納できるため、格納する値が限られている場合に適しています。

また、データを挿入する際、文字列ではなく数値を指定すると、対応するインデックス番号の値として格納されます。たとえば、ENUM('0','1','2')に対して1を挿入すると「'0'」として格納されてしまうので、リスト内の文字列を指定する場合は、「'1'」のように必ず引用符で囲むようにしてください。

そのほか、ソートする場合もリスト内のインデックス番号が利用されるため、ENUM('b','a')を昇順でソートすると、「'a'」より「'b'」が先に表示されてしまいます。そのため、リスト内の文字列でソートを行いたい場合は、次のように工夫する必要があります。

・リストをアルファベットや五十音順で指定する
・ORDER BY CAST(col AS CHAR)あるいはORDER BY CONCAT(col)のようにリスト内の文字列を対象にソートする

セット型

表9のように、SET型はリストに指定できるメンバ数が最大で64個であり、複数の値を同時に選択できることを除いて、ENUM型に似ています。

内部ではリストの順番にビットが割り当てられており、格納する際はこれらの数字に変換しています。このとき、空の文字列は「0」として扱われます。たとえば、SET('a','b','c','d')は、表10のように表現されます。したがって、「10」を挿入すると、ビット表記では「1010」となるため、格納される値は「'b,d'」となります。

また、文字列で値を挿入する際には、同じ値を何回指定しても問題ありませんが、格納され

▼表9　セット型

型	最大メンバ数	格納サイズ
SET	64個	項目数が8以下の場合は1バイト 9〜16の場合は2バイト 17〜24の場合は3バイト 25〜32の場合は4バイト 32以上の場合は8バイト

▼表10　SET型の例

メンバ	対応するビット	格納値
'a'	0001	1
'b'	0010	2
'c'	0100	4
'd'	1000	8

▼表11　MySQLに実装されている空間データ型

型	格納形式
GEOMETRY	任意の型のジオメトリ値
POINT	座標空間内の単一の位置を表すジオメトリ値
LINESTRING	一連の点を表す1次元のジオメトリ値(Curve) 点の間は直線で補完される
POLYGON	一連の閉じた多辺を表す2次元のジオメトリ値(Surface) 1個の外側の境界と0個以上の内側の境界があり、内側の境界は穴となる
GEOMETRYCOLLECTION	任意の型のジオメトリの集合
MULTIPOINT	複数のPOINTの集合
MULTILINESTRING	複数のLINESTRINGの集合
MULTIPOLYGON	複数のPOLYGONの集合

る際に重複している値は省略されます。たとえば、('b,a,b')を挿入すると、「'a,b'」として格納されます。

空間データ型

MySQLでは、地理情報システム(GIS)の標準化を行っているOpen Geospatial Consortium(OGC)が策定したOpenGISの仕様書にのっとり、空間データ型やジオメトリ値を扱うための各種関数が実装されています。

現在MySQLにおいて実装されている空間データ型は**表11**の8つです。

一般的に、ジオメトリ値を表す際には、次のようなWKT(Well-Known Text)形式が使用されます。

```
POINT(1 1)
```

また、MySQLでジオメトリ値を格納する際には、空間参照ID(SRID)の後に、WKT形式をバイナリに変換したWKB(Well-Known Binary)形式として次のように格納しています。それぞれ、**表12**の内容とバイト数で表現されています。

```
0101000000000000000000F03F000000000000F03F
```

MySQLでは、ここにSRIDとして4バイトが追加で使用されるため、単一の位置情報のジオメトリ値を格納する場合は25バイトが必要です。

なお、複数の位置情報などを持つ複雑なジオメトリ値については、OpenGIS仕様書に基づいて計算が行われます。そのため、現在使用しているバイト数を確認したい場合はLENGTH()関数を使用するようにしてください。

また、SRIDを指定することによって、対応する空間参照システム(SRS)を利用して地球上の地理的位置を特定できるようになります。

▼表12　ジオメトリ値の内容とバイト数

値	サイズ	名前
01	1バイト	バイトオーダー(エンディアン)
01000000	4バイト	空間データ型の種類
000000000000F03F	8バイト	X座標の値
000000000000F03F	8バイト	Y座標の値

POINT型

POINT型では、座標空間内の単一の位置を表すジオメトリ値を格納します。WKT形式では、POINT(10 20)のように表現します。座標間にカンマは必要ないので注意してください。MySQLに格納する場合は、ST_PointFromText()関数などを使用して、次のように挿入します。

```
mysql> CREATE TABLE test.t5(p POINT);
mysql> INSERT INTO test.t5 ⏎
VALUES(ST_PointFromText('POINT(1 1)'));
```

また、MULTIPOINT型をWKT形式で表現する場合は、座標のペアをカンマで区切るか、個々のジオメトリ値を括弧で囲むことができます。たとえば、次のように表現します。

```
MULTIPOINT(0 0,10 10)
MULTIPOINT((0 0),(10 10))
```

LINESTRING型

LINESTRING型では、複数の点を直線で結んだ線を表すジオメトリ値を格納します。WKT形式では、LINESTRING(0 0, 10 10, 20 20)のように表現します。MySQLに格納する場合は、ST_LineStringFromText()などの関数を使用します。

また、MULTILINESTRING型をWKT形式で表現する場合は、それぞれのジオメトリ値を括弧で囲みます。たとえば、次のように表現します。

```
MULTILINESTRING((0 0, 10 10), (5 0, 5 15))
```

POLYGON型

POLYGON型では、複数の点を結んで閉じた面を表すジオメトリ値を格納します。このとき、面の内部にさらに面を表すことで、その面を除いたドーナツ状の面として表現できます。

WKT形式では、POLYGON((0 0,20 0,20 20,0 20,0 0))やPOLYGON((0 0,20 0,20 20,0 20,0 0),(5 5,15 5,15 15,5 15, 5 5))のように表現します。MySQLに格納する場合は、ST_PolygonFromText()などの関数を使用します。

また、MULTIPOLYGON型をWKT形式で表現する場合は、それぞれのジオメトリ値を括弧で囲みます。たとえば、次のように表現します。

```
MULTIPOLYGON(((0 0,10 0,10 10,0 10,0 ↵
0)),((0 0,20 0,20 20,0 20,0 0),(5 5,15 ↵
5,15 15,5 15, 5 5)))
```

GEOMETRY型

GEOMETRY型では、ほかのすべての空間データ型のジオメトリ値を表すことができます。GEOMETRY型用の関数も用意されていますが、ほかの空間データ型用の関数を使用することも可能です。

また、GEOMETRYCOLLECTION型で複数の空間データ型のジオメトリ値を表現する場合は、それぞれのジオメトリ値の前にデータ型を指定します。たとえば、次のように表現します。

```
GEOMETRYCOLLECTION(POINT(0 0), ↵
LINESTRING(0 0, 20 20),↵
POLYGON((0 0,20 0,20 20,0 20,0 0)))
```

▼表13　JSONデータ型

型	最大長	格納サイズ
JSON	4,294,967,295バイト注F	格納データのバイト数＋4注G

注F）max_allowed_packet(デフォルト値：67,108,864バイト)を超過するデータは格納できない。
注G）格納文字列のバイト数は、使用している文字セットの1文字の最大バイト数×文字数で算出される。また、エンコーディング時のオーバーヘッドによって、4～10バイトの追加記憶域が必要となる。

JSONデータ型

データ記述言語であるJSON文字列が、MySQL 5.7からデータ型としてサポートされるようになりました。詳細は**表13**のとおりです。格納される際はLONGTEXTやLONGBLOBと同じ領域が使用されますが、これらのデータ型をそのまま使用する場合と比べて、さまざまな利点があります。代表的なものとして、次のような機能があります。

・JSON文字列の作成
・JSON文字列の検索
・JSON文字列の部分更新

JSON文字列の作成

JSON文字列として格納できるのは、JSON配列かJSONオブジェクトの記法です。値として使用できるのは、数字、文字列、null、真偽値のほか、配列やオブジェクトをネストすることも可能です。

たとえば、JSON配列は次のように角括弧[]で囲まれた値のリストをカンマで区切ります。

```
[1,"あ",null,true,[1,2,3,4]]
```

JSONオブジェクトは、次のように波括弧{}で囲まれた値を「キー(項目名):値」のペアで記述して、リストをカンマで区切ります。このとき、キーは文字列である必要があります。

```
{"key1":"value","2022-09-01 09:00:00": ↵
null,"3":{"k1":1,"k2":2}}
```

JSON型を使用している場合、これらの文字列の値が有効であるかをチェックして、無効な場合はどこが間違っているかをエラーとして返します。

また、JSON文字列を構成するための関数も用意されています。JSON配列を作成する場合は、JSON_ARRAY()を、JSONオブジェクトを作成する場合はJSON_OBJECT()を、それぞれリストをカンマ区切りで記入することで、自動でJSON文字列を構成できます。

なお、JSON_OBJECT()は、値が奇数の場合はキーと値のペアとならないため、エラーになるので注意してください。

JSON文字列の検索

JSON文字列内の各値を検索したい場合は、次の2つの方法を使用できます。

- JSON_EXTRACT(json_doc, path [,path...])
- json_doc -> path

json_docは、JSON文字列あるいはJSONデータ型のカラム名を指定します。pathについては、先頭に対象のJSON文字列を表す「$」を記述した後、次のようにパス名を指定します。

- 配列内の値を選択するときは「[N]」を指定する：
  配列のリストは「0」から始まる整数が割り当てられる。Nを選択しない場合は「[0]」として扱われる
- オブジェクト内の値を選択する場合は、ピリオドの後にキー名を指定する：
  キー名を指定する際は引用符がなくても問題ないが、キー名に空白が含まれている場合などは二重引用符"で囲む必要がある
- 文字列に存在しないパスはNULLと評価される

▼リスト1　JSON文字列の例

```
[1, {"key 1": "aaa", "key2": [10, 20]}, [111, 222, 333],{"key2": 1000}]
```

▼表14　パス指定の例

パス	値
$[0]	1
$[1]."key 1"	"aaa"
$[1].key2[0]	10
$[2][1]	222
$[100]	NULL
$[1].*	[[10, 20], "aaa"]
$**.key2	[[10, 20], 1000]

たとえば、**リスト1**のようなJSON文字列があった場合、**表14**のようにパスを指定できます。ワイルドカードを示す「*」を使用することで、複数の値を取得することもできます。

JSON文字列の部分更新

JSON文字列は、UPDATE文で文字列のすべてを更新することも可能ですが、少々煩雑です。そのため、**表15**のような関数を利用することで、各値のみを更新することができます。SD

▼表15　JSON文字列を更新する関数

関数	説明
JSON_SET(json_doc, path, value[, path, value] …)	パスの値を置き換える。存在しないパスだった場合はその値を追加する
JSON_INSERT(json_doc, path, value[, path, value] …)	パスに値を追加する。すでに値が存在するパスだった場合、その内容は無視される
JSON_REPLCASE(json_doc, path, value[, path, value] …)	パスの値を置き換える。存在しないパスだった場合、その内容は無視される
JSON_REMOVE(json_doc, path[, path] …)	パスに存在する値を削除する

4-2 インデックス

検索効率を上げる「索引」機能の使い方

Author 成田 優隆（なりた まさたか） (株)スマートスタイル データベース&クラウド事業部技術部
URL https://www.s-style.co.jp

本稿では、MySQLにおけるインデックスの概要を基に、押さえておくべきインデックスの内部構造、種類、機能と、実際にクエリを実行する際にインデックスを効果的に利用できる条件について説明します。

インデックスの概要

インデックス[注1]とはどのようなものでしょうか。例として、技術書をイメージしていただくとわかりやすいと思います。あなたは「BIGINT」という語句についての説明を読みたいと考えたとします。本のページ数が10ページ程度であれば、1ページ目から順番にめくっていって見つけることも苦ではないでしょう。しかし、ページ数が1,000ページもある技術書だったらどうでしょうか。6文字の語句の説明を見つけるために、それなりの時間がかかってしまうことが予想されます。

一般的な技術書では、本の巻末に語句索引用のページが用意されています。語句索引では、アルファベット順、もしくは五十音順で、主要な語句とその語句が含まれるページ数が記載されています。ですので、効率的に「BIGINT」の説明を調べたければ、まず巻末の語句索引を見て、その内容からどこのページに説明があるかを確認し、ページ数を確認しながら本を数回開いて説明を見つけることになります（図1）。

この例をデータベースに当てはめると、本はテーブル、個々のページは行、語句索引はインデックスです。つまり、インデックスとは、テーブルに格納されている行を高速に検索するしくみです。実際のデータベースでは「目的のページを探す」という動作はSQLを実行することで実現します。

「bookテーブル」から「BIGINT」という値を含む行を調べるSQLは次のとおりです。

```
mysql> SELECT * FROM book WHERE keyword ⏎
= "BIGINT";
```

keyword列にインデックスが作成されていない場合、MySQLではどのような動作になるかというと、やはり例と同じようにすべての行を

▼図1 本からある語句についてのページを探す

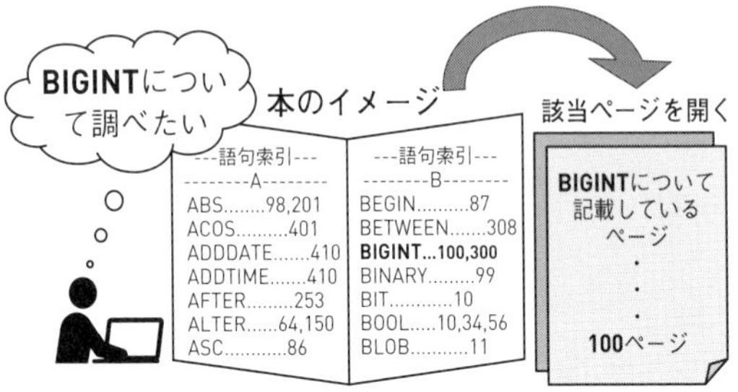

注1） MySQLにはプラガブルストレージエンジンという機能があります。プラガブルストレージエンジンでは、MySQLの動作上においてデータを格納し処理するプログラム（ストレージエンジン）をテーブルごとに選択できます。ストレージエンジンごとにインデックスの構造や機能は異なりますので、本稿でとくに説明がない場合は、MySQLにおけるデファクトスタンダードである「InnoDBストレージエンジン」のインデックスを指します。

探すことになります。たとえば1行目から順に検索していき、4行目に目当ての文字列を持つ行が見つかったとします。人間であれば、行に含まれるそのほかの列の内容を見て、目当ての行はこれだと判断し、検索をやめるかもしれませんが、データベースはそのように判断できません。ですので、最後の行になるまで検索を継続し、条件に一致する行をコレクションし、最終的にはコレクションしたすべての行注2を返します（図2）。データベースのテーブルには、数千万行、数億行が格納されていることも珍しくはありませんので、数行を取得するために毎回全行を検索するのは非効率的です。

それでは、keyword列にインデックスを作成していた場合はどのようになるでしょうか。同様にSQLを実行した場合、まずオプティマイザがkeyword列にインデックスがあることを認識します。オプティマイザとは、SQLを実行する前に実行したSQLが必要とする行を返すためにどのような順序や方法で実行すると最も効率が良くなるかを計画するためのプログラムです。オプティマイザはインデックスが使えるようであれば、さらに効率的な実行方法がない限り、それを利用して検索を行うよう計画します。

インデックスには、本の索引のように列のデー

注2）LIMIT句を使用した場合は指定した数の行までを検索します。

▼図2　インデックスを利用しない検索

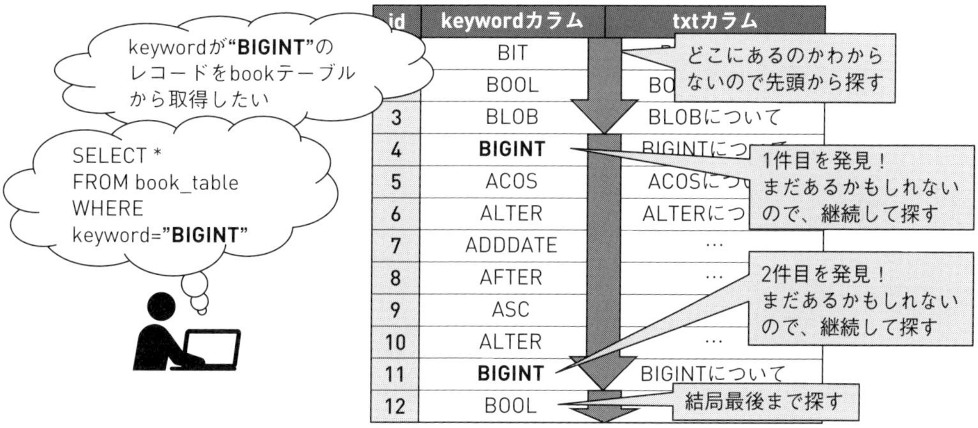

▼図3　インデックスを利用する検索

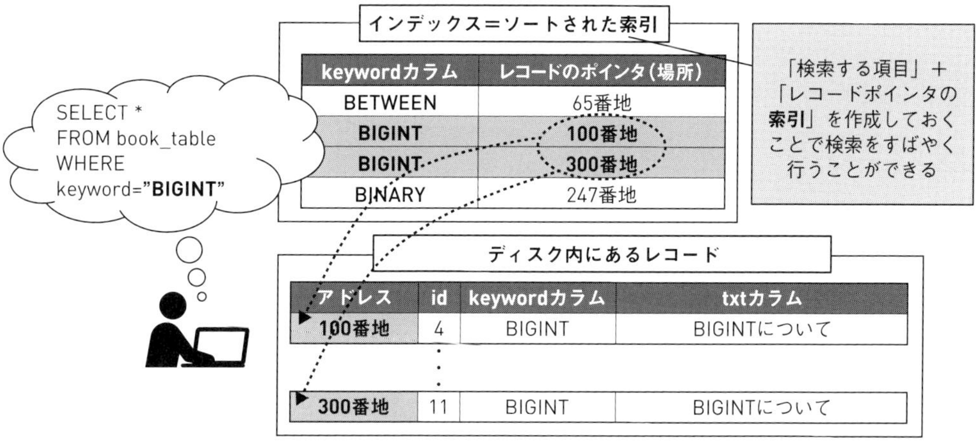

タと、それが含まれる行のポインタがペアになって格納してあります。ですので、「B」から始まるデータを順に検索していき、「BIGINT」という文字列が見つかった場合、ペアとなるポインタからすぐに目的の行を取得できます。また、インデックス内のデータは、順序良く整列してあります。そのため、「BINARY」などほかの語句になった時点でもう目的の行がないということがわかり、無駄な検索を行うことがありません（**図3**）。

まとめると、インデックスとは次の特徴を持つデータベースオブジェクトです。

・テーブルに含まれる行を高速に検索することを目的としたもの
・インデックスには、インデックスを作成した列のデータと、データが含まれる行のポインタが格納されている
・インデックスに含まれるデータは整列（ソート）されている
・インデックスを利用することで、すべての行を検索しなくとも目的の行のみを返すことができる

MySQLのインデックス構造

ここからは、MySQLにおけるインデックスの具体的な構造について説明します。

Bツリーインデックスのしくみ

MySQLで利用可能なインデックスは、一部を除き、すべてBツリー（B-Tree、Balanced Tree）インデックスと呼ばれる構造でできています。インデックスの内部ではデータがツリー構造で格納されており、一方に偏りがないように配置されます。

Bツリーインデックスは次の要素で構成されます。

・ルートノード（ルート）
・ブランチノード（ブランチ）
・リーフノード（リーフ）

ルートは、インデックスの検索を開始する際の起点です。目的のデータを見つけるために、このルートから2分木探索（Binary Search）を行います。実際にインデックスされた列データおよび行ポインタは、木構造の末端であるリーフに格納されます。ブランチは、ルートから検索し、リーフにたどり着くまでの間に存在し、ひとまとまりのリーフを担当します。索引のアルファベットごとの語句のまとまりをイメージするとよいでしょう（**図4**）。

デフォルトでは、ブランチ、リーフは値の昇順に整列してあり、ルートから数ホップで目的のデータにたどり着くことができます。

クラスタインデックス

一般的なデータベースシステムでは、テーブルはテーブル、インデックスはインデックスというように、個別のオブジェクトとして作成されることが多くあります。しかしMySQLでは、テーブル自体もクラスタインデックスとして作成されます。クラスタインデックスとは、リーフに完全な行データが格納されるインデックスです。一般にテーブルは未整列の行データの集合ですので、クラスタインデックスはそれを包括するものです。

クラスタインデックスはBツリーインデックス構造を持ち、プライマリキー、もしくはプライマリキーがない場合最初のNOT NULLであるユニークキーを基準に整列されます。いずれも存在しない場合は、内部キーが作成され利用

▼図4　Bツリーインデックスの構造

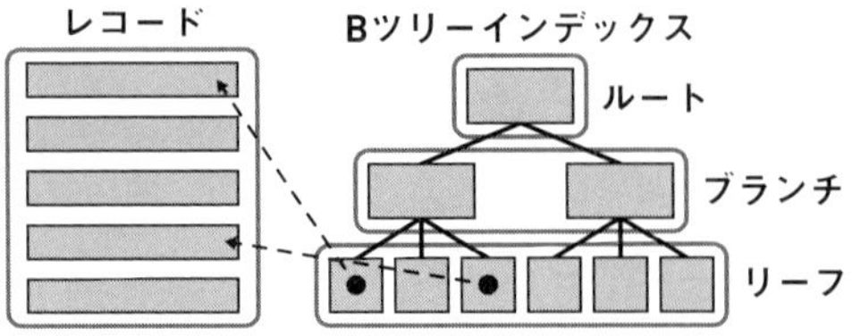

されます。MySQLのインデックスを使用した検索はこのクラスタインデックスをベースに行われます。検索にクラスタインデックスを使用することができれば、それがMySQLで最もホップ数が少なく、高速な検索方法になります。

セカンダリインデックス

クラスタインデックス以外のすべてのインデックスはセカンダリインデックスに分類されます。セカンダリインデックスもBツリーインデックスですので、その点の違いはありません。

では、なぜクラスタインデックスよりも低速な検索方法になるかという理由については、リーフに格納される内容にあります。セカンダリインデックスのリーフには、完全な行データはありません。代わりに、インデックスを作成した列の値と、値が存在するクラスタインデックスのプライマリキーを定義した列の値が格納されています（図5）。つまり、一度セカンダリインデックスの検索を行い、マッチしたリーフのプライマリキー値を基にもう一度クラスタインデックスを検索し行を見つけるという二段構えになっているため、比較すると低速な検索方法ということになります[注3]。

クラスタインデックスのベストプラクティス

ここまでの内容から、クラスタインデックスを有効に使うことでより無駄のない検索が行えることが理解できたかと思います。補足として、クラスタインデックスについてのベストプラクティスを示します。

プライマリキーを明示的に定義する

テーブルにプライマリキーを明示的に作成しない場合、暗黙的に内部キーが生成されますが、このキーはSQLから検索に利用することができません。

プライマリキーを定義する列長（サイズ）を可能な限り小さくする

プライマリキー列の値は、セカンダリインデックスのリーフにも格納されます。つまりサイズの大きな列をプライマリキーに指定すると、セカンダリインデックスのサイズも増加することになります。もし、やむを得ずサイズの大きな列をプライマリキーに指定する場合は、プレフィックスインデックス（後述）の利用も検討するとよいでしょう。

可能な限りプライマリキーの更新を行わない

インデックスは、デフォルトではリーフのキー値を、昇順に整列しています。整列したリーフの間に配置される値としてキー値を更新した場合、再整列が発生することがあり、リーフに行データそのものを格納するプライマリキーの整列はコストの高い動作になります。プライマリキー列は、可能な限り永続的な値とすることが推奨されています。

INSERT系処理はプライマリキー値の順序で実行する

前述の更新と同様に、整列したリーフ値の間

注3）ただし、すべての行を検索するよりはかなり高速です。

▼図5　セカンダリインデックスを使用した検索フロー

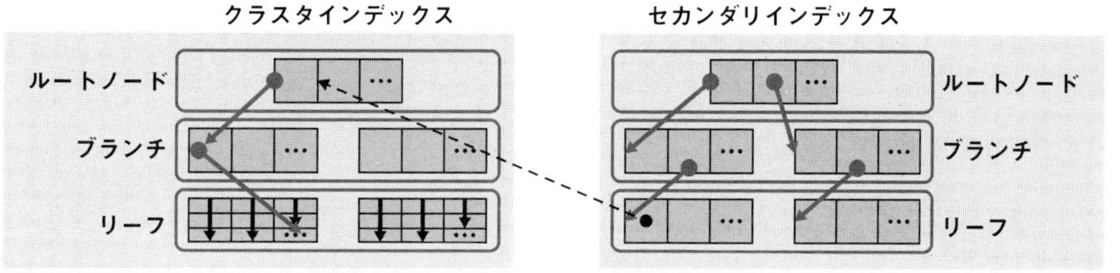

に位置する値を挿入した場合、再整列が発生する場合があります。コスト面では、単調増加する整数型(INT、BIGINT)などを推奨します。

MySQLのインデックスやオプション

MySQLにおいて、最も基本的なインデックスはプライマリインデックスとセカンダリインデックスです。さらに、セカンダリインデックスに値が一意であることの制約をつけたユニークインデックスがあります。これらのインデックスを利用する機会が最も多いでしょう。

各インデックスの比較は**表1**のとおりです。インデックスの作成・追加は**図6**のように行います。

プライマリインデックスの重要性

プライマリインデックスは、最も重要なインデックスです。最速のインデックスであり、パーティショニング、レプリケーション、グループレプリケーションといった機能にも影響します。とくにレプリケーションでは、MySQL間でデータ同期を行う際に利用され、プライマリキーがない場合に著しく同期速度が落ちるケース[注4]があります。

また、パーティショニングやグループレプリケーション機能を使用する場合、機能を利用するためにプライマリインデックスが必須です。よほどの理由がない限りにおいては、MySQLではすべてのテーブルにプライマリキーを作成しましょう。とくにテーブルのデータにプライマリキーに使用できそうな候補がない場合は、サロゲートキー(代理キー)の追加を検討してみてください。サロゲートキーは一般的に、プライマリキーの追加を目的として、通し番号のように一意の値を持つ列のことです。

MySQLでは、AUTO_INCREMENT属性とInvisible Columns(不可視列)の組み合わせを

注4) binlog_format=ROWが設定されている場合。

▼表1　基本的なインデックスの特徴

	値の重複	NULLの格納	1テーブルに複数	インデックス名の指定	AUTO_INCREMENTの指定
プライマリインデックス	×	×	×	常にPRIMARY	○
セカンダリインデックス	○	○	○	○	×
ユニークインデックス	×	○	○	○	○

▼図6　テーブル作成時の指定例

```
mysql> CREATE TABLE user_info (
    -> id INT AUTO_INCREMENT,
    -> name VARCHAR(50),
    -> email VARCHAR(100),
    -> phone_no VARCHAR(50),
    ..(略)..

    -- インデックスの作成
    -> PRIMARY KEY (id), -- プライマリインデックス
    -> KEY idx_name (name), -- セカンダリインデックス
    -> UNIQUE KEY idx_phone_no(phone_no) -- ユニークインデックス
    -> );

-- インデックスの追加
mysql> ALTER TABLE user_info ADD PRIMARY KEY (id); -- プライマリインデックス
mysql> ALTER TABLE user_info ADD KEY idx_name (name); -- セカンダリインデックス
mysql> ALTER TABLE user_info ADD UNIQUE KEY idx_phone_no(phone_no); -- ユニークインデックス
```

利用することで、アプリケーションの動作影響を最小限にサロゲートキーを追加できます。AUTO_INCREMENT属性を持つ列を追加すると、1から始まる一意な連番が格納されます。Invisible Columnsはテーブルの列をSELECTやDML（INSERTやUPDATEなどの更新SQL）の処理から不可視にするという機能です。アプリケーションからは追加したサロゲートキー列を認識しないため、変更の影響がありません。具体的には次のコマンドになります。

```
mysql> ALTER TABLE tab ADD COLUMN id ⏎
bigint PRIMARY KEY AUTO_INCREMENT FIRST;
```

このコマンドの実行中、対象のテーブルへの更新処理はロックにより待機します。実行の際には、あらかじめアプリケーションからの処理を停止するか、サードパーティ製のオンラインDDLツールを利用することを検討してください。オンラインDDLツールには次のようなものがあります。

・pt-online-schema-change[注5]
・gh-ost[注6]

インデックスオプション

用途に合わせ、さまざまな形態でインデックスを作成できます。**表2**は基本的なインデックスのバリエーションです。

中でも、マルチカラムインデックスは多用する機会があると思います。実際のSQLでは、WHEREや、JOIN ON、ORDER BYなどで、1つのテーブルの複数の列を使うことが多いでしょう。これをインデックスで最適化する場合、SQLに含まれるすべての列に個別にインデックスを作成することを考えるかもしれません。しかし、MySQLでは、基本的に1つのステートメント（SELECTブロック）内の1つのテーブルには、1つのインデックスしか利用できません[注7]。このような複数の列にインデックスを使用したい場合のために、マルチカラムインデックスがあります。マルチカラムインデックスは、次のように作成時に複数の列を指定したインデックスのことです。

```
mysql> CREATE INDEX multi_column_idx ON ⏎
tab(job, age, hire_date);
```

マルチカラムインデックスでは、指定した列の順序でブランチ、リーフがソートされます（**図7**）。そのため、SQLの書き方によっては**図8**のようにマルチカラムインデックスが利用できないケースがあります。

ケース1では、先頭列を条件に含めていません。各リーフは先に指定した列から整列される

注5） https://www.percona.com/doc/percona-toolkit/3.0/pt-online-schema-change.html

注6） https://github.com/github/gh-ost

注7） インデックスマージの最適化（https://dev.mysql.com/doc/refman/8.0/ja/index-merge-optimization.html）では複数のインデックスを利用しますが、マルチカラムインデックスの利用に比較してパフォーマンスは劣ります。

▼表2　インデックスのバリエーション

機能	説明
マルチカラムインデックス	1つのインデックスに複数の列を含めることで、複数の検索条件にインデックスを利用する機能
ファンクションインデックス	あらかじめ関数構文をインデックスに指定することで、「列の比較条件に関数を使用した場合にインデックスが利用できない」という制限を回避するための機能
プレフィックスインデックス	インデックスサイズを小さくするために、列の何バイト目までを含めるかを指定する機能
降順インデックス	ORDER BY DESCのように降順ソートにもインデックスを利用するための機能
複数値インデックス	JSONに含まれる配列値にインデックスを利用するための機能

ため、それらの列が条件に含まれていない場合は利用できません。ケース2では、中間の列を条件に含めていません。この場合、job列にはマルチカラムインデックスが部分的に利用されますが、hire_date列には利用されません。

このように、マルチカラムインデックスを有効に利用するためには、実行するSQL条件に適した列、順序とする必要があることを覚えておいてください。

そのほかの特殊なインデックス

特定の機能については特別なインデックスが用意されており、それを利用することで高速化が期待できます。

空間インデックス

空間インデックスは、地理情報をデータベース格納するためのPOINT型とGEOMETRY型が指定された列値に利用します。

Bツリーインデックスを地理情報用に拡張したRツリーインデックス構造を持ち、リーフには緯度、経度といった情報を、ブランチには空間ごとにグループ化するための情報を持つことで、ある空間に含まれる位置情報を返す、ということを高速に実行できます。

全文検索インデックス

データベースでの全文検索機能を実現するための特殊なインデックスです。分割された単語とその単語が存在するドキュメントの場所のリストで構成された「転置インデックス」という構造となっています。これにより、ある検索語句が含まれるテキストを検索するというようなケースで、高速にその単語がどの行の値に含まれているのかを検索できます。

ここで問題となるのが、文章の単語の区切り方法が各国の言語によってさまざまであるという点です。この単語区切りの基準は、全文パーサーというプログラムによって決定されます。MySQL 8.0の時点で、**表3**の全文パーサーを

▼図7　マルチカラムインデックスの構造

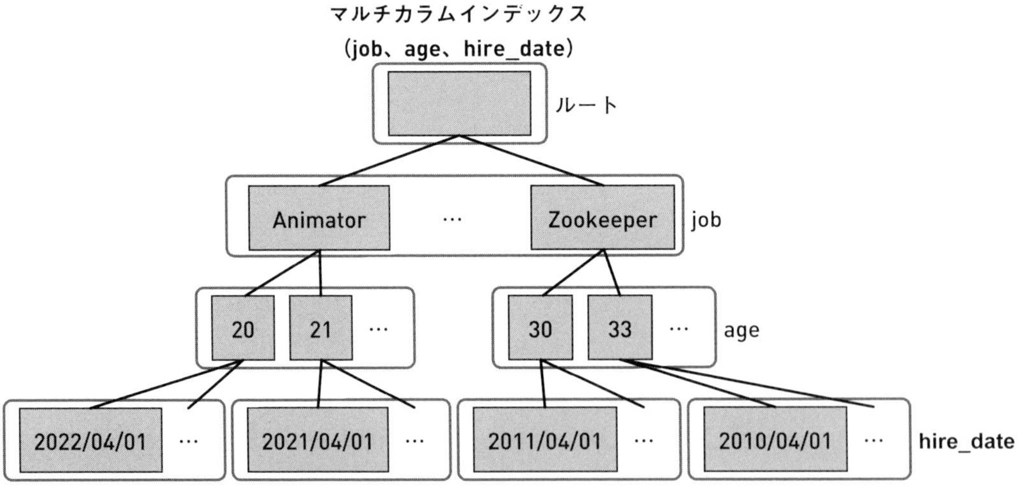

▼図8　マルチカラムインデックスを使用できない書き方

```
-- ケース1
mysql> SELECT id, name FROM tab WHERE age > 30 AND hire_date > '2022-04-01';

-- ケース2
mysql> SELECT id, name FROM tab WHERE job = 'engineer' AND hire_date > '2022-04-01';
```

▼表3　全文パーサーの種類

全文パーサー	説明
default	デフォルトのパーサーであり、スペース、カンマ、ピリオドを基準に単語を区切る
ngram	N個の文字で文章を区切る(デフォルト2)
MeCab	辞書ファイルに基づき、名詞、品詞、助詞など意味のある単語に区切る(形態素解析)

▼図9　インデックスの作成コマンド

```
-- 空間インデックス
mysql> CREATE SPATIAL INDEX spatial_idx_pointdata ON tab (pointdata);

-- 全文検索インデックス
mysql> CREATE FULLTEXT INDEX fulltext_idx_description ON tab (description);
```

選択可能です。MySQL 5.6までのバージョンでは、組み込みの全文パーサーのデフォルトの動作は、日本語のように単語の区切りが明確でない言語には実用的な機能ではありませんでした。MySQL 5.7からInnoDBストレージエンジンでngramとMeCab全文パーサーが同梱されるようになり、より実用的に利用できるようになっています。

全文検索インデックスには次の制限があります。

- 文字列型(CHAR、VARCHARなど)の列にのみ作成可能
- ユニーク制約を付与できない

◆　◆　◆

なお、空間インデックスと全文検索インデックスは図9のSQLで作成します。

インデックスを有効に使う

作成したインデックスは、クエリから利用されなければ意味がありません。残念ながらインデックスはどのような構文のクエリを実行しても利用されるわけではありませんので、「どうすればクエリがインデックスを利用できるか」ということを考えながら、クエリを作成する必要があります。

クエリチューニングのノウハウは、1冊の書籍になるほど複雑かつさまざまなケースが考えられますが、ここでは基本的なインデックスを使用するためのルールについて紹介します。

EXPLAINによる実行計画の確認

インデックスがクエリから利用されているかどうかを確認するためには、EXPLAINコマンドで実行計画を表する方法が一般的です。

```
EXPLAIN SELECT ... FROM ... WHERE ...;
```

EXPLAINの結果には、表4の内容が出力されます。

インデックスの利用の有無に着目するためには「table」「possible_keys」「key」の3つに着目するとよいでしょう。「possible_keys」にあるはずのインデックスが表示されなかったり、

▼表4　EXPLAINコマンドの出力列

カラム	意味
id	SELECT識別子
select_type	SELECT型
table	出力行のテーブル
partitions	一致するパーティション
type	結合型
possible_keys	選択可能なインデックス
key	実際に選択されたインデックス
key_len	選択されたキーの長さ
ref	インデックスと比較されるカラム
rows	調査される行の見積もり
filtered	テーブル条件によってフィルタ処理される行の割合
Extra	追加情報

「possible_keys」にあるインデックスが「key」で利用されていなかったりする場合は、インデックスが利用できない条件に当てはまっている可能性があります。

インデックスの利用が可能なケース

まずルールとして、「インデックスが作成されている列を条件に指定する必要がある」ということを覚えておいてください。そして次に該当することで、インデックスの使用が可能になります。

- 定数値との比較（=、>、>=、<、<=、BETWEEN）
- IS（NOT）NULL条件での比較
- 結合処理（JOIN .. ON）
- 前方一致（LIKE '文字列%'）
- MAX()関数、MIN()関数
- ORDER BY、GROUP BY
- クエリで使用している列がすべて同じインデックス内にある場合（カバリングインデックス）
- マルチカラムインデックスの先頭列からAND条件で使っている場合

インデックスの利用ができないケース

インデックスが利用できない、もしくは利用すると判断されづらい条件は次のとおりです。

- マルチカラムインデックスの先頭列を指定していない場合[注8]
- 前方一致でないLIKE検索
- ORDER BYのソート順に、ASC（昇順）、DESC（降順）を同時に指定している場合[注9]
- ORDER BY、GROUP BYで指定する列が複数のテーブルにまたがっている場合
- マルチカラムインデックスの各列をOR条件で使用する場合
- 比較する列のデータ型が一致しない場合[注10]
- 検索行数がテーブルの全行数の大半になるような場合

不可視のインデックス

検証に役立つ不可視のインデックスについても紹介しておきましょう。これはインデックスの種類ではなく、インデックスを利用しないようにするオプションです。特定のインデックスをオプティマイザに非表示にできます。また、SQLに対するインデックスの有効性をテストすることもできます（図10）。

非表示にしたインデックスはVISIBLEによって再度表示できます。

```
mysql> ALTER TABLE tab ALTER INDEX job_idx VISIBLE;
```

プライマリキー、NOT NULL属性の列に作成したインデックスは非表示にすることができませんのでご注意ください。 SD

注8）一部の条件を満たすことで「Skip Scan Range Access Method（MySQL 8.0.13）」によりインデックスが利用可能です。

注9）降順インデックスを使用している場合は利用可能です。

注10）DATEとVARCHARや、INTとCHARなど。VARCHARとCHAR、INTとBIGINTのようにデータ型の種別が一致する場合はインデックスが利用可能です。

▼図10　不可視のインデックスの利用例

```
-- インデックスが存在する場合のパフォーマンスを確認
mysql> SELECT * FROM tab WHERE JOB = "engineer";
-- インデックスを不可視に変更
mysql> ALTER TABLE tab ALTER INDEX job_idx INVISIBLE;
-- インデックスが存在しない場合のパフォーマンスを確認
mysql> SELECT * FROM tab WHERE JOB = "engineer";
```

4-3 トランザクション

データの整合性を担保するしくみを学ぶ

Author 福本 誠（ふくもと まこと） (株)スマートスタイル データベース&クラウド事業部 技術部
URL https://www.s-style.co.jp

リレーショナルデータベースでデータの整合性を守るのに絶対に欠かせない機能が、トランザクションです。本稿では、そのしくみや重要性、「ACID特性」と呼ばれる性質をあらためて確認しつつ、実装に欠かせない4つ「分離レベル」の考え方と「MVCC」のしくみを学びます。

トランザクションの重要性

MySQLに限らず、リレーショナルデータベースを利用するにあたっては、トランザクションを理解していることが前提条件と言えます。データベースに関わったことがあるアプリケーション開発者であれば多くの方が理解していると思いますが、今一度トランザクションのしくみについて掘り下げて確認してみましょう。

トランザクションとは

データベースにおけるトランザクションとは、依存関係のある処理の一貫性を担保するために、まとめた処理の単位のことです。

図1はよくある例ですが、ある銀行の口座から別の銀行に口座振込をした場合です。このとき次の2つの処理が必要になります。

▼図1　口座振込における処理

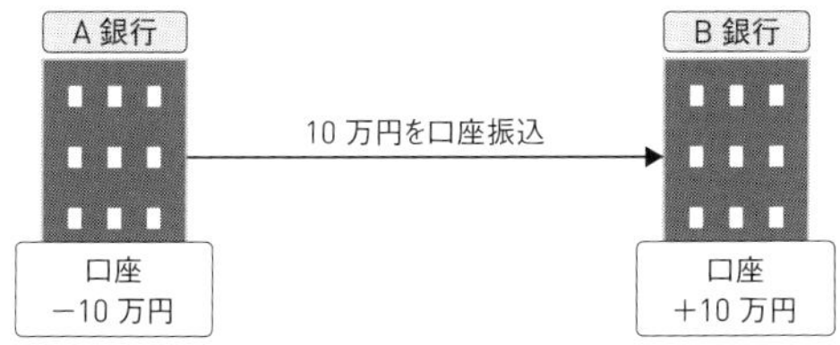

・振込元の口座から振込金額を差し引く
・振込先の口座に振込金額をプラスする

この処理は、どちらか一方の処理が欠けるとデータの整合性が取れなくなるため、「この2つの処理を1つにまとめる」のが、トランザクションの考え方です。もし、トランザクションを使用しなければ、処理エラーが発生するたびにデータの不整合が生じてしまいます。

なおMySQLの場合、トランザクションが使用できるのはInnoDBストレージエンジンのみです。この点もしっかり押さえておきましょう。

ACID特性

トランザクションを語るうえで必ず挙げられるのが、ACID特性です。ITパスポートの試験にも出題されるほど基本的で重要な特性です。

ACID特性は、トランザクションが持つべき次の4つの性質のことで、その頭文字を取って名付けられています。

・Atomicity（原子性）
・Consistency（一貫性）
・Isolation（独立性）
・Durability（永続性）

それぞれどんな性質か見ていきましょう。

Atomicity（原子性）

不可分性とも言われ、「分けることができない」という性質です。トランザクション内の処理は、「すべて実行される」か「まったく実行されない」かのどちらかでなければなりません。

先ほどの口座振込を例に考えてみましょう。たとえば、**図2**のように振込先の銀行で振込金額を加算する処理でエラーが発生したとします。この場合、振込元の口座からは振込金額が差し引かれたものの、振込先の口座には金額がプラスされず、データに矛盾が発生します。

このような状態にならないためには、振込元の口座から差し引いた更新内容を破棄して元に戻す（ロールバック）といった処理が必要となります。

Consistency（一貫性）

トランザクションの実行前と実行後でデータの整合性が保たれ、矛盾のない状態が保証される性質です。

たとえば**図3**のように、2つの銀行に10万円ずつ振込したのに対し、振込元からは10万円しか差し引かれなければ、振込主にとってはラッキーですが許されてはなりません。

このようなことが起きないように、データベースの制約を用いたり、アプリケーションの実装で更新をチェックしたりするなどの対応を行う必要があります。

▼図2　振込先データ更新のエラーが発生した場合

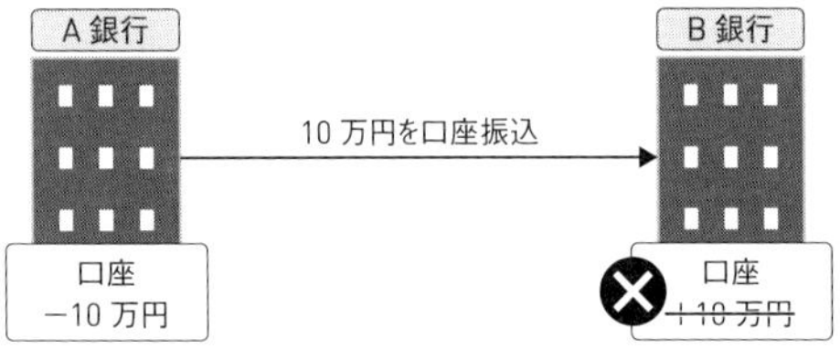

▼図3　振込元と振込先で整合性が取れないデータ更新

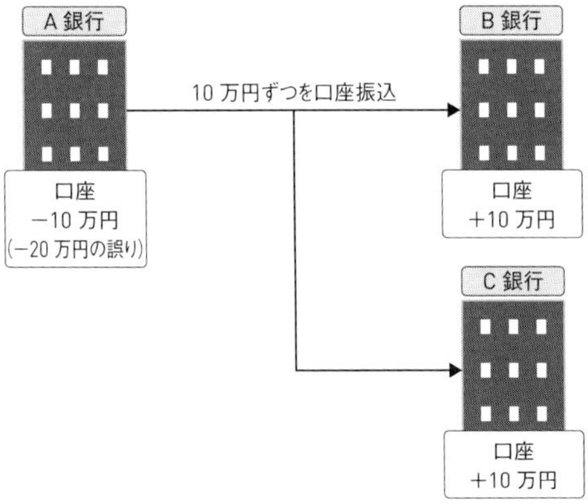

Isolation（独立性）

トランザクションが実行している処理の途中状態はほかの操作から隠ぺいされるという性質です。

たとえば、**図4**のように振込元から金額を差し引いたあと、振込先で加算する前に、別の接続が両方の銀行口座の残高情報を確認したとします。すると、振込元では振込情報が反映されているのに対し、振込先では反映されていない（加算されていない）矛盾した情報を参照することになります。

これは、アプリケーションの仕様によっては問題にならないケースもあるかもしれません。しかし、問題が生じるようであれば、データベースのロック機能を用いて排他制御を行ったり、後述する「トランザクション分離レベル」で制御したりする必要があります。

Durability（永続性）

トランザクションが終了した時点で、その処理で行った変更が失われずに保持されていることを保証する性質です。

基本的にアプリケーションの実装で対処する

▼図4　振込先のデータ更新前の参照

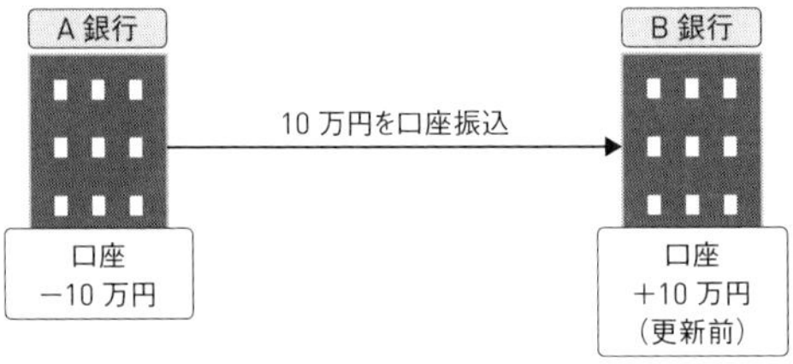

内容ではありませんが、サーバを冗長構成にしたり、バックアップをきちんと取っておいたりといった対処が必要となります。

トランザクション分離レベル

ここからは、ACID特性のうち「Isolation（独立性）」と密接に関連するテーマとして、トランザクション分離レベルについて見ていきましょう。

4つの分離レベル

トランザクション分離レベルとは、簡単に言うと「ほかのトランザクションによる影響をどの程度分離するか」を定義するものです。

MySQLでは、ANSI（米国規格協会）やISO（国際標準化機構）によって1992年に制定されたSQL規格（SQL-92）で定義されている4つの分離レベル（**表1**）すべてに対応しています。

▼表1　MySQLで使用できる4つの分離レベル

分離レベル	説明
READ UNCOMMITTED	互いのトランザクションがまったく独立していない分離レベル。ほかのトランザクションがコミットしていないデータも読めてしまう
READ COMMITTED	ほかのトランザクションがコミットされたデータを読めてしまう。Oracle DatabaseやSQL Serverでは、この分離レベルがデフォルト設定となっている
REPEATABLE READ	MySQLのデフォルト設定となる分離レベル。読み取り対象のデータが、基本的には[注A]ほかのトランザクションにより変更されることはない
SERIALIZABLE	最もトランザクションの独立性が高い分離レベル。並列で実行されるトランザクションが、実行時間が重ならないようにシリアル実行した場合と同じ結果となることを保証する。安全にデータを操作できるという反面、ロックの影響により同時実行性が低下してしまうため、あまり使われることはない

注A）「基本的には」となる理由は後述します。

分離レベルを決定する3つの観点

分離レベルを決定する過程では、一般的に次の3つの問題が許容できるか確認します。

- ダーティリード
- 反復不能読み取り
- ファントムリード

ダーティリード

ダーティリードとは、別のトランザクションが更新中であるコミットされていないデータを読み取ってしまう現象を指します。

今度は**図5**のように、ショッピングサイトにおいて、商品検索機能を持ち、検索結果件数と商品一覧を表示する画面の例を考えてみましょう。更新をコミットしていないデータを別のトランザクションが参照できてしまった場合、どのような問題が発生するでしょうか？

たとえば、Webサイトの管理者が新しく800円の商品Dを追加したとします。この処理がコミットされる前に、Webサイトの訪問者が1,000円以下の商品を検索すると、画面には商品Dの情報が出力されます。

しかし、商品Dの追加処理を行っているトランザクションは、必ずコミットされるとは限りません。トランザクション内の別の処理でエラーが発生し、ロールバックしてしまった場合、サイト訪問者の画面には、実際にはデータベース

▼図5　商品検索画面の例

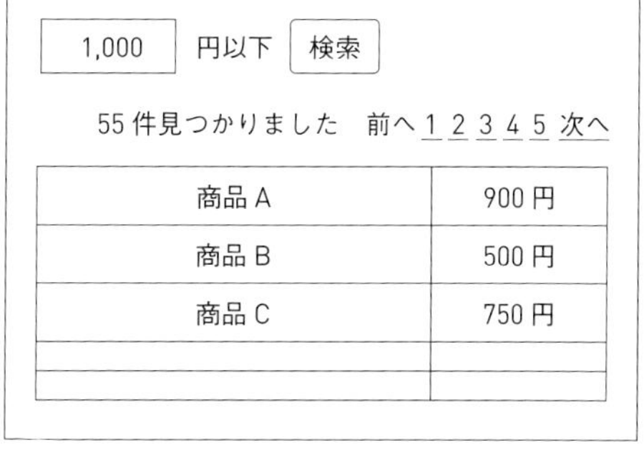

に登録されていない商品Dが表示されてしまい、不整合な状態が発生してしまいます(図6)。

反復不能読み取り

反復不能読み取りは、トランザクション内で同じデータを複数回参照した場合に、1回目に取得した結果とその後再取得した結果が異なってしまう現象です。ノンリピータブルリードやファジーリードと呼ばれたりもします。

たとえば、商品一覧画面に、条件と合致した商品件数と商品情報を表示するため、商品件数と商品情報をそれぞれ取得するものとします。ここで、商品件数を取得してから商品情報を取得する間に、管理者が商品Aの価格を900円から1,200円に値上げしたとします。

すると、1,000円以下の条件で抽出した場合、変更前の900円の情報で商品Aは商品件数にカウントされますが、商品情報の検索の際には、1,200円として検索対象となってしまい、商品一覧には表示されず一貫性のない状態となってしまいます(図7)。

ファントムリード

ファントムリードは、トランザクション内で同じ条件で複数回データを参照した場合に、1回目の参照で存在しなかったデータが、その後の参照で読み込めてしまう現象です。

反復不能読み取りとほぼ同じ例となりますが、今度は、商品件数を取得してから商品情報を取得する間に、新たに800円の商品Dを管理者が登録したとします。

すると、1,000円以下の商品で検索していた場合には、商品件数取得時点では存在しなかった商品Dは商品件数にカウントされませんが、商品一覧には表示されてしまうといった具合です(図8)。

▼図6 ダーティリードの発生イメージ

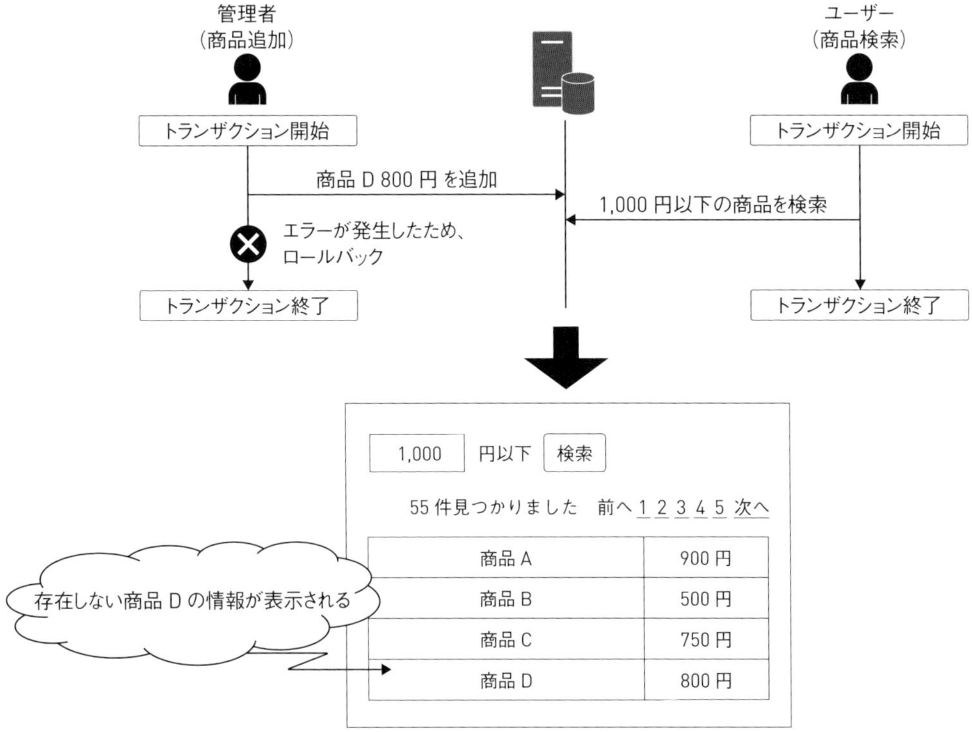

▼図7　反復不能読み取りの発生イメージ

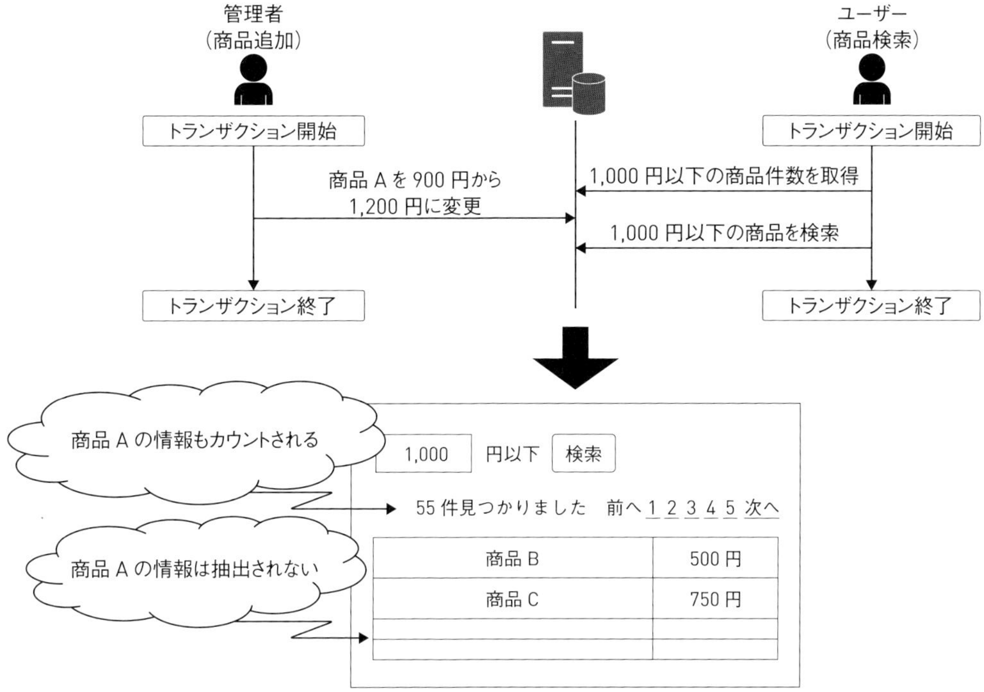

▼図8　ファントムリードの発生イメージ

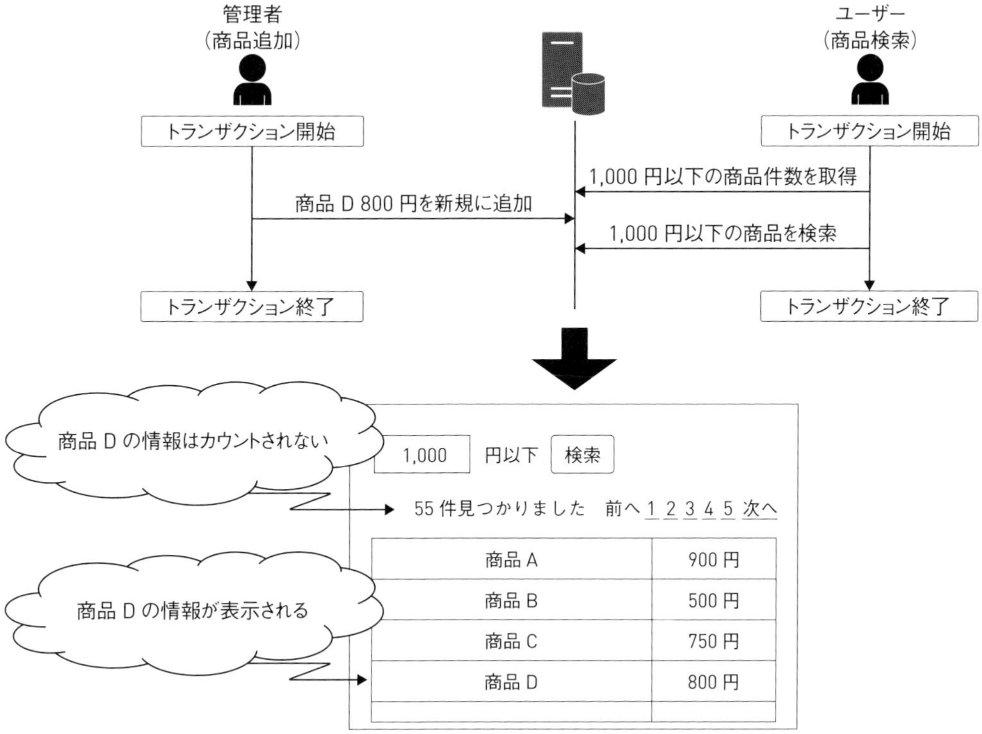

トランザクション分離レベルと発生する問題

ここまでの話をふまえて、MySQLでのトランザクション分離レベルと発生し得る問題は**表2**のとおりです。

ここで補足が必要なのが、分離レベルがREPEATABLE READの場合に、「反復不能読み取り」と「ファントムリード」は「発生し得る」とされている点です。前述した**表1**のREPEATABLE READの説明で「基本的にはほかのトランザクションにより変更されることはありません」としたのも、この点が理由です。

REPEATABLE READでの発生有無に関しては次のとおりです。

- Locking Readの場合：発生する
- それ以外の場合：発生しない

Locking ReadとはSELECT ... FOR SHAREで共有ロックを取得した参照を行う場合、もしくはSELECT ... FOR UPDATEで排他ロックを取得して参照を行う場合です。

図9の例を見てみましょう。右側のトランザクションが、最初にSELECT文で商品の価格を参照します。ここで取得できる価格は900円となります。

その後、別のトランザクションが1,200円に更新してコミットしたとします。コミットされたあとに、今度は右側のトランザクションが商品AをLocking Readした場合は、更新後の1,200円となってしまいます。

これは、REPEATABLE READでもトランザクション内で2回同じレコードを参照して値が異なるという「反復不能読み取り」が発生してしまう例です。ファントムリードも同様に、Locking Readの場合は発生するという点を覚えておきましょう。

また、とくにREPEATABLE READでの挙動はMySQL特有の動作です。MySQL以外のデータベースを使用する場合は、使う製品に応じて分離レベルに応じた挙動の違いを確認してください。

MVCCのしくみを押さえる

一般的なリレーショナルデータベースにはMVCC（Multi Version Concurrency Control）というしくみが備わっていますが、MySQLのInnoDBにも同様に存在します。

図10は、先ほどの**図9**のREPEATABLE

▼表2　トランザクション分離レベルと問題発生の有無

分離レベル	ダーティリード	反復不能読み取り	ファントムリード
READ UNCOMMITTED	発生する	発生する	発生する
READ COMMITTED	発生しない	発生する	発生する
REPEATABLE READ	発生しない	発生し得る	発生し得る
SERIALIZABLE	発生しない	発生しない	発生しない

▼図9　Locking Readに関する問題例

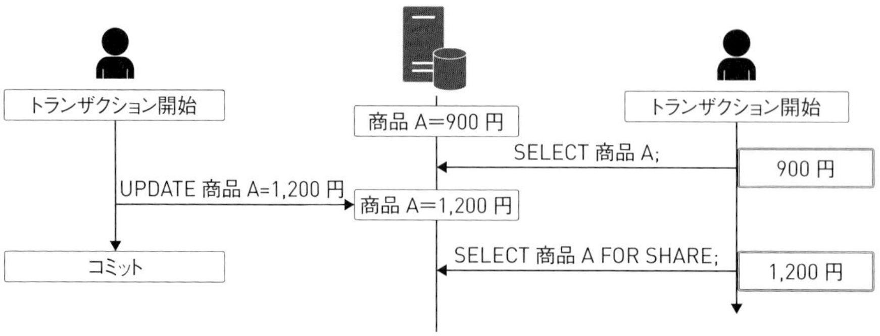

READの例でLocking Readを使用しない場合です。この右側のトランザクションで取得される商品Aの価格は、更新前も更新後も900円です。

実際のデータが更新されているにもかかわらず、なぜロック待ちも発生せずに、価格更新後も更新前のデータを取得できるのでしょうか？

図10のような動作をさせようと思うと、右側のトランザクションが最初に商品Aのデータを参照した時点から、商品Aにロックをかけてほかのトランザクションから更新させないようにする必要がありそうです。しかし、そうすると同時実行性が損なわれるという問題が発生します。

これをうまく処理できるように実装されているのが、MVCCというしくみです。MVCCは、トランザクションの分離性を保持しながらも、多くのトランザクションを同時に実行させ、パフォーマンスを向上させるように実装されています。具体的には、Undoログに更新前の情報を持たせることで実現されています。

図10の左のトランザクションで商品Aが900円から1,200円に更新されたとき、**図11**のように更新前の情報をUndoログレコードとして保持しており、更新前の情報を返すべき処理（**図10**の右のトランザクション）では、このUndoログレコードを参照することで一貫性を持たせられます。

ここで、「DB_ROW_ID」「DB_TRX_ID」「DB_ROLL_PTR」という見慣れない属性が登場しました。これはInnoDB内部で管理されている属性で、次のような意味を持ちます。

- DB_ROW_ID：レコード追加時にInnoDBによって自動生成された行ID
- DB_TRX_ID：最後にそのレコードを追加・更新したトランザクションID
- DB_ROLL_PTR：そのレコードの過去の値を持つUndoログレコードへのポインタ

また、商品Aが同じトランザクション内で1,200円から1,500円に更新された場合は、**図12**のようにUndoログが保持されます。

▼図10　データ更新前と更新後で参照が変化しない例

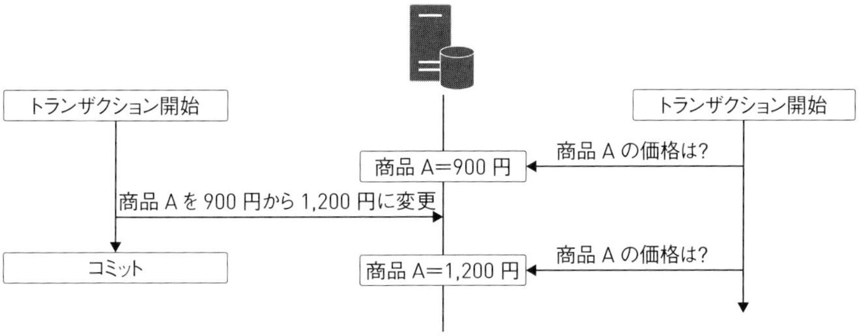

▼図11　更新前の商品Aの情報をUndoログレコードで保持

product_name	price	DB_ROW_ID	DB_TRX_ID	DB_ROLL_PTR
商品A	1,200円	1	10	a

Undoログ

price	DB_ROW_ID	DB_TRX_ID	DB_ROLL_PTR
900円	1	1	NULL

▼図12　同じトランザクション内で更新が複数あった場合のUndoログ

product_name	price	DB_ROW_ID	DB_TRX_ID	DB_ROLL_PTR
商品A	1,500円	1	10	b

Undoログ

price	DB_ROW_ID	DB_TRX_ID	DB_ROLL_PTR
1,200円	1	10	a

price	DB_ROW_ID	DB_TRX_ID	DB_ROLL_PTR
900円	1	1	NULL

トランザクションIDは、トランザクション開始時に発行される数値です。値が大きいほど新しいトランザクションですので、自分のトランザクションIDと「DB_TRX_ID」をチェックすることで、どの時点のデータを参照するか判定しているのです。

▼図13　レコードの作成（地名と人口データ）

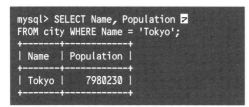

```
mysql> SELECT Name, Population
FROM city WHERE Name = 'Tokyo';
+-------+------------+
| Name  | Population |
+-------+------------+
| Tokyo |    7980230 |
+-------+------------+
```

▼図14　東京の人口を800万人に更新する

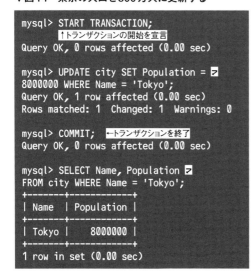

```
mysql> START TRANSACTION;
       ↑トランザクションの開始を宣言
Query OK, 0 rows affected (0.00 sec)

mysql> UPDATE city SET Population =
8000000 WHERE Name = 'Tokyo';
Query OK, 1 row affected (0.00 sec)
Rows matched: 1  Changed: 1  Warnings: 0

mysql> COMMIT;  ←トランザクションを終了
Query OK, 0 rows affected (0.00 sec)

mysql> SELECT Name, Population
FROM city WHERE Name = 'Tokyo';
+-------+------------+
| Name  | Population |
+-------+------------+
| Tokyo |    8000000 |
+-------+------------+
1 row in set (0.00 sec)
```

このようなMVCCのしくみによって、同時に複数のトランザクションを実行しても、一貫性のあるデータを参照できるようになっています。

しかし、MVCCのしくみをもってしても、ロストアップデートは防げません注1。そのため、ロストアップデートに対応する必要がある処理については、排他ロックを用いて制御するのが一般的な対応になるでしょう。

トランザクションを使ってみよう

トランザクションの開始と終了

それでは、実際にトランザクションを使ってみましょう。例として**図13**のようにレコードを作成します。

まずはレコードを変更し、東京の人口を800万人に更新してみましょう（**図14**）。

`START TRANSACTION;`がトランザクションの開始を宣言しています。代わりに`BEGIN;`を実行して宣言することもできますが、前者は一貫性とアクセスレベルに関する修飾子の指定が可能ですので、とくに理由がなければ`START TRANSACTION;`を使用するようにしたほうが良いでしょう。なお、`START TRANSACTION;`で

注1）トランザクション分離レベルがSERIALIZABLEに設定されている場合は、ロストアップデートは発生しません。

指定できる修飾子は**表3**の3つです。

トランザクションの終了については、COMMIT;でトランザクションを確定しています。もし更新内容を破棄したい場合は、ROLLBACK;を実行します。

なお、MySQLにはAUTOCOMMIT(オートコミット)という機能があります。デフォルトは有効化されており、有効化した状態だと、UPDATE文などを実行するたびにトランザクションがコミットされてしまいますので、トランザクションの開始宣言を忘れないようにしましょう。

暗黙的なコミット

トランザクション内で実行した更新を確定したい場合にCOMMIT;、破棄したい場合にROLLBACK;というのが基本的な考え方ですが、そのほかにもCOMMIT;を実行していないのにコミットされてしまうケースがあります。

たとえば、**図15**のように実行したトランザクションを見てください。東京の人口を800万人から810万人に更新したあと、ロールバックしているにもかかわらず、810万人に更新されてしまっています。

これは、トランザクション内でインデックスを追加するDDL(CREATE INDEX)を実行してしまったことにより、暗黙的なコミットが発生し、ロールバックを実行した時点ではすでにコミットされてしまっているためです。

このように、コミットを実行しなくても、トランザクション内で実行すると暗黙的にトランザクションがコミットされてしまうステートメントが存在するので、注意が必要です。

MySQLで暗黙的なコミットを発生させるステートメントは、公式ドキュメントのリファレンス注2にまとめられているので、確認しておきましょう。

セーブポイントの使用方法

トランザクション内の処理の間に名前を付けたセーブポイントを設定しておき、エラーなど

注2) https://dev.mysql.com/doc/refman/8.0/ja/implicit-commit.html

▼表3 START TRANSACTION;で指定できる3つの修飾子

修飾子	説明
WITH CONSISTENT SNAPSHOT	トランザクション分離レベルがREPEATABLE READの場合のみ作用する一貫性に関する修飾子。この指定がない場合、トランザクション内で最初に対象のテーブルにアクセスした時点でのコミット済みのデータを参照するが、指定がある場合はトランザクション開始時点でコミットされているデータを参照する
READ WRITE	デフォルトで適用される修飾子。そのトランザクションがレコードの参照と更新の両方が可能となる
READ ONLY	そのトランザクションはレコードの参照のみが可能となる。更新を行うことはできないが、読み取り専用であるがゆえに最適化が行われるため、更新処理を行わないトランザクションについては、この修飾子の使用を検討する

▼図15 暗黙的なコミットの例

```
mysql> START TRANSACTION;  ←トランザクションを開始
Query OK, 0 rows affected (0.00 sec)

mysql> UPDATE city SET Population = ⏎
8100000 WHERE Name = 'Tokyo';
Query OK, 1 row affected (0.00 sec)
Rows matched: 1  Changed: 1  Warnings: 0

mysql> CREATE INDEX i_population ⏎
ON city (Population);
Query OK, 0 rows affected (0.05 sec)
Records: 0  Duplicates: 0  Warnings: 0
↑ここで暗黙的なコミットが発生

mysql> ROLLBACK;  ←トランザクションを破棄
Query OK, 0 rows affected (0.00 sec)

mysql> SELECT Name, Population ⏎
FROM city WHERE Name = 'Tokyo';
+-------+------------+
| Name  | Population |
+-------+------------+
| Tokyo |    8100000 |
+-------+------------+
                ↑810万に更新されてしまっている
```

が発生した場合にすべての処理をロールバックするのではなく、指定したセーブポイント時点以降の更新のみをロールバックできます。言い換えれば、指定したセーブポイントに戻って、その時点までの更新を反映するということです。

たとえば図16のようなレコードを考えます。東京・大阪・名古屋のレコードを順に人口を0人に更新するとします。

ここで、東京と大阪を更新したあとには、それぞれxxxとyyyというセーブポイントを設定します。最後に名古屋の人口を更新したあとに、東京の人口を更新後に設定したセーブポイントxxxを指定・

▼図16 レコードの作成（東京・大阪・名古屋の人口）

```
mysql> SELECT Name, Population FROM city WHERE Name IN ('Tokyo', 'Nagoya', 'Osaka');
+--------+------------+
| Name   | Population |
+--------+------------+
| Tokyo  |    8100000 |
| Osaka  |    2595674 |
| Nagoya |    2154376 |
+--------+------------+
```

▼図17 東京を0人にしてセーブポイントxxxを、大阪を0人にしてセーブポイントyyyを設定する

```
mysql> START TRANSACTION;  ←トランザクション開始
Query OK, 0 rows affected (0.00 sec)

↓東京の人口を0人に更新
mysql> UPDATE city SET Population = 0 WHERE Name = 'Tokyo';
Query OK, 1 row affected (0.01 sec)
Rows matched: 1  Changed: 1  Warnings: 0

mysql> SAVEPOINT xxx;  ←セーブポイントxxxを設定
Query OK, 0 rows affected (0.00 sec)

↓大阪の人口を0人に更新
mysql> UPDATE city SET Population = 0 WHERE Name = 'Osaka';
Query OK, 1 row affected (0.01 sec)
Rows matched: 1  Changed: 1  Warnings: 0

mysql> SAVEPOINT yyy;  ←セーブポイントyyyを設定
Query OK, 0 rows affected (0.00 sec)

↓名古屋の人口を0人に更新
mysql> UPDATE city SET Population = 0 WHERE Name = 'Nagoya';
Query OK, 1 row affected (0.01 sec)
Rows matched: 1  Changed: 1  Warnings: 0

mysql> ROLLBACK TO SAVEPOINT xxx;  ←セーブポイントxxxにロールバック
Query OK, 0 rows affected (0.00 sec)

mysql> COMMIT;  ←トランザクションを終了
Query OK, 0 rows affected (0.00 sec)

mysql> SELECT Name, Population FROM city WHERE Name IN ('Tokyo', 'Nagoya', 'Osaka');
+--------+------------+
| Name   | Population |
+--------+------------+
| Tokyo  |          0 |  ←東京の人口のみが0人に更新されている
| Osaka  |    2595674 |
| Nagoya |    2154376 |
+--------+------------+
```

実行（ROLLBACK TO SAVEPOINT xxx;）してからコミットすると、東京の更新のみを反映させることができます（図17、図18）。

ACID特性のAtomicity（原子性）に従うと、トランザクション内の処理はすべてが実行されるか、まったく実行されないかのどちらかでなければいけません。しかし、整合性が担保できるようなケースでは、このセーブポイントという機能が、あなたの抱える課題を解決してくれるかもしれません。SD

▼図18　セーブポイントを設定した場合の処理イメージ

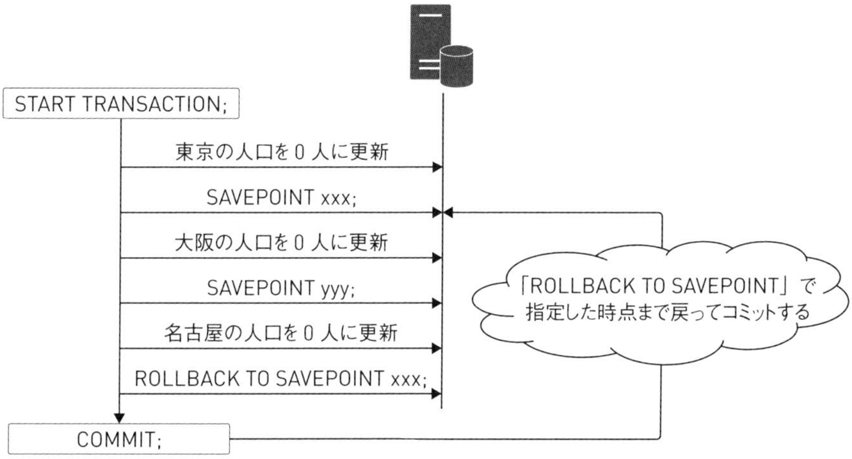
START TRANSACTION;
東京の人口を0人に更新
SAVEPOINT xxx;
大阪の人口を0人に更新
SAVEPOINT yyy;
名古屋の人口を0人に更新
ROLLBACK TO SAVEPOINT xxx;
COMMIT;
「ROLLBACK TO SAVEPOINT」で
指定した時点まで戻ってコミットする

4-4 デッドロック

原因、検出方法からその対策までしっかり押さえる

Author 大津 桜子（おおつ さくらこ） (株)スマートスタイル データベース&クラウド事業部 技術部
URL https://www.s-style.co.jp

前節では、データの整合性を担保するトランザクションについて学びました。本稿では、トランザクション内の処理における「ロック」と、処理が進まなくなってしまう「デッドロック」について見ていきます。実際にデッドロックを発生させつつ、その原因や検出方法、対処法を押さえましょう。

はじめに

本稿ではデッドロックについて、その発生原因や具体例、対処方法などを紹介します。なお、本稿ではSakila Sample Database注1を使用して具体例を紹介します。また、検証ではデータの更新や挿入を行いますが、各検証ごとに元のデータを入れなおしています。

デッドロックの発生原因

デッドロックとは

デッドロックとは、ロックの競合により処理が進まない状態です。

たとえば、テーブルA、テーブルBをロックするトランザクション1を実行します。同時にテーブルB→テーブルAの順番でロックするトランザクション2も実行します（図1）。このとき、トランザクション1はテーブルBのロックが解除されるのを待ちます。同じくトランザクション2は④でテーブルAのロックが解除されるのを待ちます。

このように、お互いがお互いのロックが解除されるのを待っている状態となり、処理が進まなくなったことをデッドロックといいます。

2つのロック範囲

MySQLのロックについて確認しましょう。

まず、ロックの範囲は大きく分けて次の2つです。

- テーブルロック：テーブル全体をロック
- 行ロック：行のみをロック

つまり、あるテーブルの特定の行をロックした場合、同じテーブルのほかの行はロックされていない状態となります。

また、ロックのタイプには「共有」と「排他」の2つがあります。

▼図1　デッドロックのイメージ

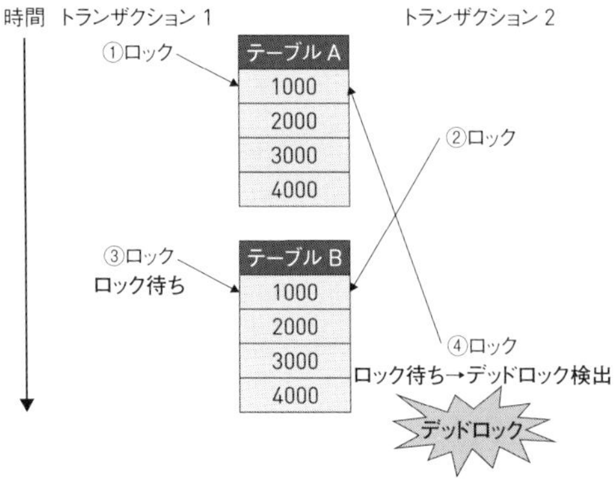

注1） https://dev.mysql.com/doc/sakila/en/

共有ロックが取得されると、ほかのトランザクションからは更新ができず、読み取りのみが可能となります。また、ほかのトランザクションも同じ対象に共有ロックを取得できます。

排他ロックが取得されると、ほかのトランザクションからは更新ができず、読み取りのみが可能となります。また、ほかのトランザクションが同じ対象に共有ロックや排他ロックを取得することはできません。

InnoDBのロック

MySQL8.0のデフォルトストレージエンジンであるInnoDBのロックについて、さらに詳しく説明していきます。

InnoDBでは、データの変更時にデフォルトで行ロックを使用しますが、明示的にテーブルロックを取得することもできます。明示的にテーブルロックを取得する場合は、`LOCK TABLE テーブル名 READ;`や`LOCK TABLE テーブル名 WRITE;`といった構文を使用します。

また、InnoDBの行レベルのロックにはいくつか種類があります。ここでは次の3つについて具体例を示しながら紹介します。

(1) レコードロック
(2) ギャップロック
(3) ネクストキーロック

(1) レコードロック

レコードロックは、インデックスレコードに対するロックです。たとえば、次のコマンドを実行したとき、「rental_id = 1」となる行がロックされます。

```
mysql> UPDATE sakila.rental ⏎
SET return_date = "2022-01-01 00:00:00" ⏎
WHERE rental_id = 1;
```

ここで注意すべきなのは、「インデックスを基にロックが取得される」という点です。sakila.rentalのPRIMARY KEYは、rental_idです。そのため、「rental_id = 1」の行のみロックされました。

一方で、次のような条件で更新をした場合を考えます。

```
mysql> UPDATE sakila.rental ⏎
SET last_update = "2022-01-01 00:00:00" ⏎
WHERE return_date = "2005-05-26 22:04:30";
```

return_dateにインデックスはありません。そのためこのクエリの実行時では、UPDATEの条件に一致する行は1行ですが、すべての行がスキャンされます。よってロックされるのはsakila.rentalのすべての行となります(図2)。ただし、トランザクション分離レベルがREAD COMMITTEDやREAD UNCOMMITTEDの場合は、WHERE句の条件に一致しなかった行のロックは取得されません。

(2) ギャップロック

ギャップロックは各行の隙間(ギャップ)にもロックをします。今回は次のテーブルとデータを用いて確認します。

```
mysql> CREATE TABLE sakila.t1(col1 INT ⏎
PRIMARY KEY, col2 INT);
mysql> INSERT INTO sakila.t1 VALUES ⏎
(1,1) ,(4,1) ,(7,1) ,(9,1), (14,1);
```

ここで、次のようにUPDATEでcol1が1より大きい行をすべて更新します。

▼図2　レコードロックのイメージ

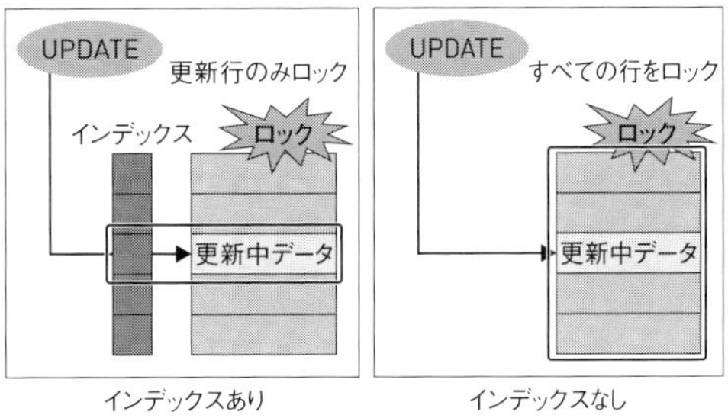

```
mysql> BEGIN;
mysql> UPDATE sakila.t1 SET col2 = 2 ⏎
WHERE col1 > 1;
```

このとき、WHERE句の条件に一致する行にレコードロックが取得されるのは先ほど説明したとおりです。しかし、既存の行でなくても、条件に一致するような行のINSERTはブロックされます（図3）。これは、行と行のギャップにもロックが取得されているからです。

```
mysql> INSERT INTO sakila.t1 ⏎
VALUES (12,1);
```

(3) ネクストキーロック

ネクストキーロックは、条件に一致する行としない行の隙間（ギャップ）にロックを取得します。

ここでも、先ほど作成したsakila.t1を使用します。次のように、UPDATEでcol1が3より大きい行をすべてUPDATEします。

```
mysql> BEGIN;
mysql> UPDATE sakila.t1 SET col2 = 2 ⏎
WHERE col1 > 3;
```

このとき、col1が4、7、9、14の行と、その隙間（ギャップ）にロックが取得されるのは先ほど確認したとおりです。それに加え、ネクストキーロックとしてcol1が1と4の間にもロックが取得されます（図4）。

別のトランザクションから、次のように「col1 = 2」の行を挿入します。この行は、UPDATEの条件「col1 > 3」には当てはまっていません。

```
mysql> INSERT INTO sakila.t1 VALUES (2,1);
```

このとき、INSERTはロック待ちの状態となります。

このロックは、InnoDBでトランザクション分離レベルがREPEATABLE READの場合に、ファントムリードを防ぐのに役立ちます。

◆ ◆ ◆

（1）～（3）のほかにも「インテンションロック」「AUTO-INCロック」「空間インデックスの述語ロック」がありますが、本稿では割愛します。

デッドロックを発生させてみる

デッドロックが発生する具体例として次の3つを紹介します。

・UPDATEにおけるデッドロック
・INSERTにおけるデッドロック
・外部キーにおけるデッドロック

なお、デッドロックが発生すると次のエラーメッセージが出力されます。詳しくは後ほど説明します。

```
ERROR 1213 (40001): Deadlock found when ⏎
trying to get lock; try restarting ⏎
transaction
```

▼図3　ギャップロックのイメージ

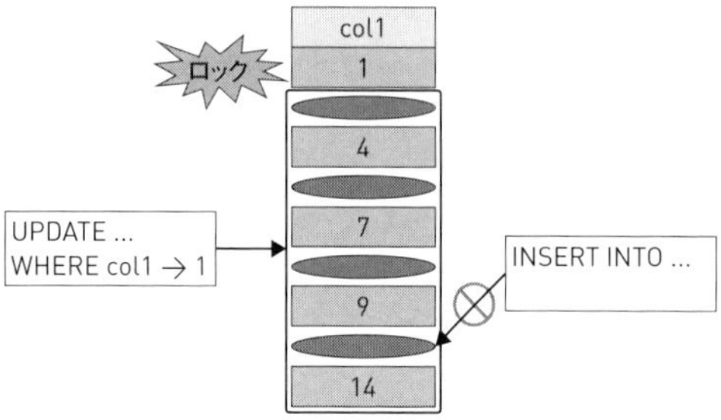

▼図4　ネクストキーロックのイメージ

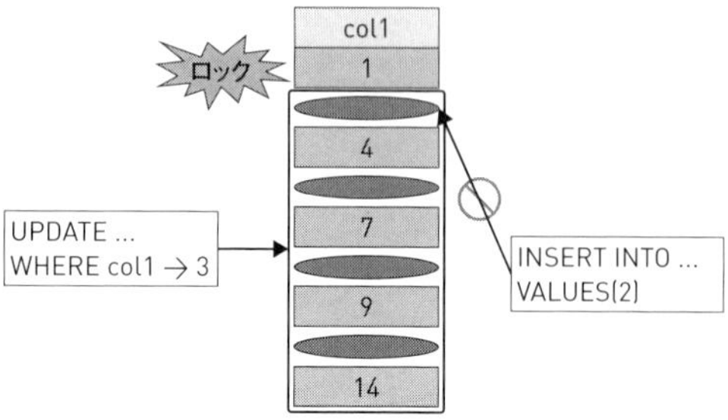

UPDATEにおけるデッドロック

UPDATEで2つのテーブルを相互に更新しようとして、デッドロックが発生したパターンを見てみましょう。

トランザクション1（**図5**）ではsakila.actorの「first_name = "PENELOPE"」の行を更新します。first_nameにはインデックスがないため、ここでは全行ロックされます。トランザクション2（**図6**）では、sakila.rentalの「return_date > "2005-09-01 00:00:00"」の行を更新します。return_dateにインデックスがないため、ここでも全行ロックされます。

次に、トランザクション1でsakila.rentalの「return_date < "2005-05-01 00:00:00"」の行を更新します（**図7**）。しかし、トランザクション2がsakila.rentalのすべての行にロックを取得しているため、トランザクション1は待機状態となります。

一方、トランザクション2はsakila.actorの「first_name = "NICK"」の行を更新します（**図8**）。しかし、トランザクション1がsakila.actorのすべての行のロックを取得しているため、トランザクション2も待機状態となります。

デッドロックが発生したため、トランザクション1はロールバックされます（**図9**）。ここまでの流れは**図10**のとおりです。

▼図5　トランザクション1

```
mysql> BEGIN;
Query OK, 0 rows affected (0.01 sec)

mysql> UPDATE sakila.actor ⏎
SET last_name = "ABC" ⏎
WHERE first_name = "PENELOPE";
Query OK, 4 rows affected (0.00 sec)
Rows matched: 4  Changed: 4  Warnings: 0
```

▼図6　トランザクション2

```
mysql> BEGIN;
Query OK, 0 rows affected (0.01 sec)

mysql> UPDATE sakila.rental ⏎
SET staff_id = 1 ⏎
WHERE return_date > "2005-09-01 00:00:00";
Query OK, 38 rows affected (0.22 sec)
Rows matched: 62  Changed: 38  ⏎
Warnings: 0
```

▼図7　トランザクション1（図5）から行を更新

```
mysql> UPDATE sakila.rental ⏎
SET staff_id = 1 ⏎
WHERE return_date < "2005-05-01 00:00:00";
```

▼図8　トランザクション2（図6）から行を更新

```
mysql> UPDATE sakila.actor ⏎
SET last_name = "DEF" ⏎
WHERE first_name = "NICK";
```

INSERTにおけるデッドロック

INSERTは、挿入した行に対してロックが取得されます（**図11**）。**図12**のINSERTした行も含む条件でUPDATEを実行すると、ロックが競合しUPDATEは待機状態となります。

INSERTした行以外に対してUPDATEを行った場合は、ロックは競合しません。ただし、インデックスを使用せずにUPDATEを行った場合は全行ロックされるため、ロックは競合します。

INSERTとUPDATEでデッドロックが発生するパターンを見てみましょう。トランザクション3（**図13**）では sakila.actorに「actor_id =

▼図9　デッドロック発生によりトランザクション1がロールバック

```
mysql> UPDATE sakila.rental ⏎
SET staff_id = 1 ⏎
WHERE return_date < "2005-05-01 00:00:00";
ERROR 1213 (40001): Deadlock found when ⏎
trying to get lock; try restarting ⏎
transaction
```

▼図10　UPDATEによるデッドロックのイメージ

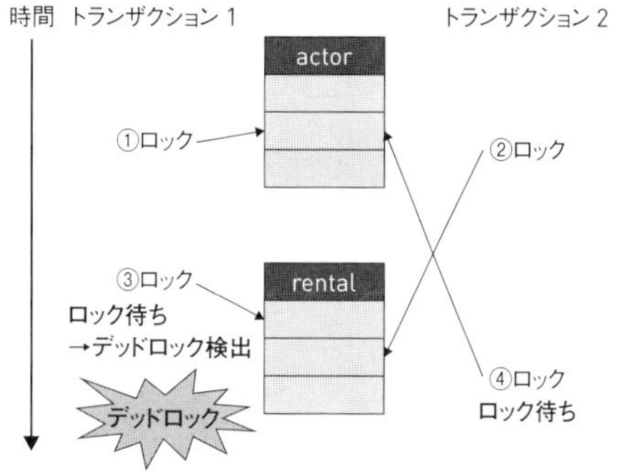

301」の行を挿入します。トランザクション4（図14）ではsakila.rentalの「rental_id = 16050」の行を挿入します。

次に、トランザクション3でsakila.rentalの「rental_id >= 16040」の行を更新します（図15）。しかし、トランザクション4が「rental_id = 16050」の行にロックを取得しているため、トランザクション3は待機状態となります。

一方、トランザクション4はsakila.actorの「actor_id >= 290」の行を更新します。しかし、トランザクション3が「actor_id = 301」の行にロックを取得しているため、トランザクション4も待機状態となります。デッドロックが発生したため、トランザクション4はロールバックされます（図16）。ここまでの流れは図17のとおりです。

▼図11　INSERTで挿入した「actor_id = 301」の行にロックが取得される

```
mysql> BEGIN;
Query OK, 0 rows affected (0.00 sec)
mysql> INSERT INTO sakila.actor ⏎
VALUES(301, "AAA", "BBB" ,"2022-01-01 ⏎
00:00:00");
Query OK, 1 row affected (0.03 sec)
```

▼図12　図11のINSERTで挿入した行を含むUPDATEが待機状態になる

```
mysql> UPDATE sakila.actor SET ⏎
last_name = "AAA" WHERE actor_id > 100;
```

▼図13　トランザクション3

```
mysql> BEGIN;
Query OK, 0 rows affected (0.00 sec)

mysql> INSERT INTO sakila.actor⏎
(actor_id,first_name,last_name) ⏎
VALUES(301, "AAA", "BBB");
Query OK, 1 row affected (0.08 sec)
```

▼図14　トランザクション4

```
mysql> BEGIN;
Query OK, 0 rows affected (0.00 sec)

mysql> INSERT INTO sakila.rental⏎
(rental_id,rental_date,inventory_id,⏎
customer_id,staff_id) ⏎
VALUES(16050,"2022-01-01 00:00:00", ⏎
2666,393,1);
Query OK, 1 row affected (0.04 sec)
```

外部キーにおけるデッドロック

外部キー制約をチェックする必要がある変更が行われるとき、参照されるデータに共有行ロックを設定します。

トランザクション5（図18）でsakila.cityを更新します。外部キー制約によりsakila.cityのcountry_idはsakila.countryのcountry_idを参照します。よって、sakila.countryの「country_id = 1」の行には共有ロックが設定されます。

次に、トランザクション6（図19）でsakila.filmを更新します。外部キー制約により、sakila.filmのlanguage_idはsakila.languageのlanguage_idを参照します。よって、sakila.languageの「language_id = 2」の行には共有ロックが設定されます。

▼図15　トランザクション3（図13）から行を更新

```
mysql>  UPDATE sakila.rental ⏎
SET staff_id = 1 WHERE rental_id >= 16040;
```

▼図16　トランザクション4（図14）から行を更新してデッドロック発生

```
mysql> UPDATE sakila.actor SET ⏎
first_name = "CCC" WHERE actor_id >= 290;
ERROR 1213 (40001): Deadlock found ⏎
when trying to get lock; try restarting ⏎
transaction
```

▼図17　INSERT、UPDATEによるデッドロックのイメージ

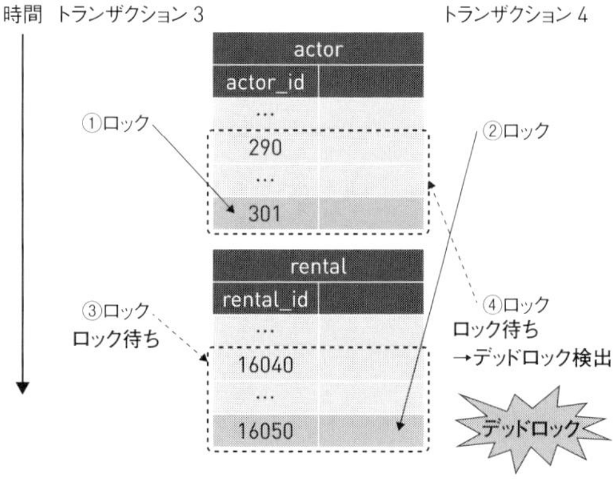

続いて、図20のようにトランザクション5でsakila.languageの「language_id = 2」の行を更新します。しかし、トランザクション6がこの行に共有ロックを取得しているため、トランザクション5は待機状態となります。

最後に、図21のようにトランザクション6でsakila.countryの「country_id = 1」の行を更新します。しかし、トランザクション5がこの行に共有ロックを取得しているため、トランザクション6は待機状態となります。

デッドロックが発生したため、InnoDBは即座に片方のトランザクションをロールバックします。今回はトランザクション6がロールバックされました（図22）。ここまでの流れは図23のとおりです。

このように、トランザクションが別々のテーブルを更新する場合でもデッドロックが発生する可能性があります。

デッドロックを検出する

自動検出・ロールバックの設定

innodb_deadlock_detectが有効（デフォルトで有効）な場合、デッドロックの発生は自動で検出され、関係するトランザクションはロール

▼図18　トランザクション5

```
mysql> BEGIN;
Query OK, 0 rows affected (0.00 sec)

mysql> UPDATE sakila.city ↩
SET country_id = 1 WHERE city_id = 1;
Query OK, 1 row affected (0.10 sec)
Rows matched: 1  Changed: 1  Warnings: 0
```

▼図19　トランザクション6

```
mysql> BEGIN;
Query OK, 0 rows affected (0.00 sec)

mysql> UPDATE sakila.film ↩
SET language_id = 2 WHERE film_id = 1;
Query OK, 1 row affected (0.11 sec)
Rows matched: 1  Changed: 1  Warnings: 0
```

▼図20　トランザクション5（図18）から行を更新

```
mysql> UPDATE sakila.language ↩
SET name = 'ABC' WHERE language_id = 2;
```

▼図21　トランザクション6（図19）から行を更新

```
mysql> UPDATE sakila.country ↩
SET country = 'ABC' WHERE country_id = 1;
```

▼図22　デッドロック発生によりトランザクション6がロールバック

```
mysql> UPDATE sakila.country ↩
SET country = 'ABC' WHERE country_id = 1;
ERROR 1213 (40001): Deadlock found ↩
when trying to get lock; try restarting ↩
transaction
```

▼図23　外部キーにおけるデッドロックのイメージ

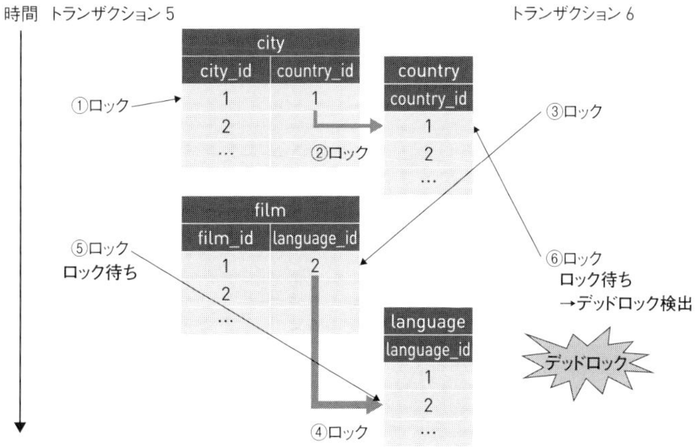

バックされます。このときInnoDBは、挿入・更新・削除の行数が少ないほうのトランザクションをロールバックしようとします。

ロールバック時には**図24**のエラーメッセージが出力されます。

innodb_deadlock_detectを無効にするとデッドロックは検出されません。その場合、ロック待機状態となったトランザクションは、innodb_lock_wait_timeout秒待機したあと、タイムアウトします。

例として、innodb_deadlock_detectを無効にしてから、先ほどのINSERTの例（**図13〜図16**）を実行します。2つのトランザクションでUPDATEを実行した際にデッドロックが発生しますが、検出はされません。UPDATEを実行してからinnodb_lock_wait_timeout秒待機すると、**図25**のエラーメッセージが出力されます。

このとき、トランザクションはロールバックはされていないため、INSERTを実行した際に取得したロックは保持したままとなります。そのため、もう一度UPDATEを実行すると、再度ロックの待機状態となります。

処理を進めるには、どちらかのトランザクションを手動でロールバックし、ロックを解除する必要があります。

直近のデッドロック情報を確認する

検出された直近のデッドロックの情報は、SHOW ENGINE INNODB STATUSのLATEST DETECTED DEADLOCKから確認できます。どのような出力がされるのか、実際にデッドロックを発生させて確認してみます。

図26、**図27**のトランザクションでデッドロックを発生させます。数字の順番で実行します。このとき、LATEST DETECTED DEADLOCKは**図28**のような出力になります。各項目の先頭についている(1)と(2)が、各トランザクションのナンバリングです。

TRANSACTIONには、トランザクションの情報が記載されています。実行したクエリや取得したロックの情報が確認できます。たとえば、トランザクション(1)は(A)の部分から、sakila.rentalへのUPDATEでデッドロックが発生したとわかります。

HOLDS THE LOCK(S)には、保持しているロックの情報が記載されています。たとえば、トランザクション(1)は(B)の部分から、sakila.actorのロックを保持していたことがわかります。

WAITING FOR THIS LOCK TO BE GRANTEDには、取得するために待機していたロックの情報が記載されています。トランザクション(1)では(C)の部分から、sakila.rentalのロックを取得するために待機していた

▼図24　デッドロック発生でロールバックした時のエラーメッセージ

```
mysql> UPDATE sakila.country ⏎
SET country = 'ABC' WHERE country_id = 1;
ERROR 1213 (40001): Deadlock found ⏎
when trying to get lock; try restarting ⏎
transaction
```

▼図25　待機後に出るエラーメッセージ

```
mysql> UPDATE sakila.rental ⏎
SET staff_id = 1 WHERE rental_id > 16040;
ERROR 1205 (HY000): Lock wait timeout ⏎
exceeded; try restarting transaction
```

▼図26　トランザクション(1)

```
mysql> BEGIN; ←①
      ↓②
mysql> UPDATE sakila.actor ⏎
SET first_name = "ABC" WHERE actor_id = 1;
      ↓⑤
mysql> UPDATE sakila.rental ⏎
SET staff_id = 1 WHERE rental_id = 1;
```

▼図27　トランザクション(2)

```
mysql> BEGIN; ←③
      ↓④
mysql> UPDATE sakila.rental ⏎
SET staff_id = 2 WHERE rental_id = 1;
      ↓⑥
mysql> UPDATE sakila.actor ⏎
SET first_name = "DEF" WHERE actor_id = 1;
```

ことがわかります。

最後の(D)の部分で、どのトランザクションがロールバックされたのかが記載されています。今回はトランザクション(1)がロールバックされたとわかります。

すべてのデッドロック情報を出力する

SHOW ENGINE INNODB STATUSは、直近に発生したデッドロックの情報しか表示されません。デッドロックが頻発して問題が発生した場合など、詳しい調査を行いたいときは、「innodb_print_all_deadlocks」を有効にするとエラーログにすべてのデッドロックに関する情報が出力されます。出力内容はSHOW ENGINE INNODB STATUSと同じですので、出力内容の説明は割愛します。

▼図28　LATAST DETECTED DEADLOCKの出力

```
------------------------
LATEST DETECTED DEADLOCK
------------------------
2022-07-08 11:47:11 140621244430080
*** (1) TRANSACTION: ←トランザクション情報
TRANSACTION 42759, ACTIVE 24 sec starting index read
mysql tables in use 1, locked 1
LOCK WAIT 4 lock struct(s), heap size 1128, 2 row lock(s), undo log entries 1
MySQL thread id 22, OS thread handle 140621531543296, query id 10109 localhost root updating
UPDATE sakila.rental SET staff_id = 1 WHERE rental_id = 1 ←(A)

*** (1) HOLDS THE LOCK(S): ←保持しているロック情報
RECORD LOCKS space id 234 page no 4 n bits 272 index PRIMARY of table `sakila`.`actor` trx ⏎
id 42759 lock_mode X locks rec but not gap ←(B)
Record lock, heap no 206 PHYSICAL RECORD: n_fields 6; compact format; info bits 0
 0: len 2; hex 0001; asc   ;;
(..略..)

*** (1) WAITING FOR THIS LOCK TO BE GRANTED: ←取得のために待機していたロック情報
RECORD LOCKS space id 258 page no 9 n bits 424 index PRIMARY of table `sakila`.`rental` ⏎
trx id 42759 lock_mode X locks rec but not gap waiting ←(C)
Record lock, heap no 2 PHYSICAL RECORD: n_fields 9; compact format; info bits 0
 0: len 4; hex 80000001; asc     ;;
(..略..)

*** (2) TRANSACTION: ←トランザクション情報
TRANSACTION 42761, ACTIVE 11 sec starting index read
mysql tables in use 1, locked 1
LOCK WAIT 6 lock struct(s), heap size 1128, 3 row lock(s), undo log entries 1
MySQL thread id 23, OS thread handle 140621190911744, query id 10138 localhost root updating
UPDATE sakila.actor SET first_name = "DEF" WHERE actor_id = 1

*** (2) HOLDS THE LOCK(S): ←保持しているロック情報
RECORD LOCKS space id 258 page no 9 n bits 424 index PRIMARY of table `sakila`.`rental` ⏎
trx id 42761 lock_mode X locks rec but not gap
Record lock, heap no 2 PHYSICAL RECORD: n_fields 9; compact format; info bits 0
 0: len 4; hex 80000001; asc     ;;
(..略..)

*** (2) WAITING FOR THIS LOCK TO BE GRANTED: ←取得のために待機していたロック情報
RECORD LOCKS space id 234 page no 4 n bits 272 index PRIMARY of table `sakila`.`actor` ⏎
trx id 42761 lock_mode X locks rec but not gap waiting
Record lock, heap no 206 PHYSICAL RECORD: n_fields 6; compact format; info bits 0
 0: len 2; hex 0001; asc   ;;
(..略..)

*** WE ROLL BACK TRANSACTION (1) ←(D)トランザクション(1)がロールバック
```

デッドロックに対処する

デッドロックが発生すると、片方のトランザクションはロールバックされます。そのため、アプリケーション側でデッドロックが発生した場合にリトライを行うしくみを作成しておく必要があります。

デッドロックは2つの処理がロックを取得したタイミングによって発生するため、ロールバックされた処理もリトライすれば問題なく実行されます。

デッドロックの発生率を下げる方法

最後に、デッドロックの発生を減らすための次の3つの方法を紹介します。

- ロックの範囲を小さくする
- ロックの取得時間を短くする
- 同じ順序でロックを取得する

ロックの範囲を小さくする

ロックの範囲が広ければ広いほど、ほかのトランザクションがその行のロック待ちとなる可能性が高くなります。トランザクションで取得するロックの範囲はなるべく狭くするようにしましょう。

トランザクションサイズを小さくする

たとえば、トランザクションサイズを小さくなるようにします。1つのトランザクションでテーブル1、テーブル2、テーブル3の更新をすると、それぞれのテーブルの行にロックを取得することになります。可能であれば、1つのトランザクションでテーブル1を更新し、別のトランザクションでテーブル2を、さらに別のトランザクションでテーブル3を更新するようにします。

適切なインデックスを使用する

適切なインデックスを使用することもロックの範囲を狭めることになります。「デッドロックを発生させてみる」で確認したとおり、UPDATEやDELETEで行をロックする際には、インデックスを基にロックが取得されます。変更する行が1行だけでも、テーブルに使用できるインデックスが存在しない場合は、テーブルのすべての行をロックすることになります。

WHERE句の条件にはPRIMARY KEYを指定したり、よくWHERE句で使用するカラムにはインデックスを追加したりします。

たとえば、前述のUPDATEの例（図5～図9）で発生したデッドロックをSHOW ENGINE INNODB STATUSで確認すると、「16093 row lock(s)」となっています（図29）。デッドロックを起こしたトランザクションで、多くの行にロックを取得していたことがわかります。

ここでは、sakila.actorのfirst_nameカラムやsakila.rentalのreturn_dateカラムにインデックスが貼られていなかったため、すべての行に対して行ロックが取得されていました。

▼図29 SHOW ENGINE INNODB STATUSで確認したUPDATEのデッドロックの情報

```
*** (2) TRANSACTION:
TRANSACTION 40115, ACTIVE 8 sec ⏎
starting index read
mysql tables in use 1, locked 1
LOCK WAIT 52 lock struct(s), heap ⏎
size 8312, 16093 row lock(s), undo log ⏎
entries 38
(..略..)
```

▼図30 インデックスを作成

```
mysql> ALTER TABLE sakila.rental ⏎
ADD INDEX index1(return_date);
Query OK, 0 rows affected (0.41 sec)
Records: 0  Duplicates: 0  Warnings: 0

mysql> ALTER TABLE sakila.actor ⏎
ADD INDEX index1(first_name);
Query OK, 0 rows affected (0.37 sec)
Records: 0  Duplicates: 0  Warnings: 0
```

では試しに、テーブルにインデックスを作成し、同じ処理をしてみましょう。まずは**図30**のようにインデックスを作成します。

次に、先ほどと同様に前述のトランザクション1(**図5**、**図7**)とトランザクション2(**図6**、**図8**)でUPDATEを実行します。**図31**、**図32**のようにトランザクション1、2でUPDATEを実行しても、ロック待ちにはなりません。今回は、デッドロックは発生しませんでした。

ロックの取得時間を短くする

ロックの取得範囲が狭い場合も、そのロックの取得時間が長い場合は、デッドロックの原因となる可能性が高くなります。長時間トランザクションを実行することはなるべく避けましょう。

たとえば、次のSHOW ENGINE INNODB STATUSの出力では、ACTIVEが「608 sec」となっています。デッドロックを起こしたトランザクションが長時間ロックを保持していたことが予想されます。

```
*** (1) TRANSACTION:
TRANSACTION 32678, ACTIVE 608 sec ⏎
starting index read
```

同じ順序でロックを取得する

デッドロックは、お互いがお互いのロックを解放するのを待機することで発生します。もし同じ順序でロックを取得していれば、デッドロックは発生しません。

たとえば、本稿冒頭で紹介したデッドロックの例(**図1**)について、トランザクション1と2で同じ順序でロックを取得した場合を考えます。**図33**のように同じ順序でロックを取得すると、まずトランザクション1がロック待ちにならずにトランザクションを終了できます。トランザクション終了時に取得されていたロックは解放されるため、続いてトランザクション2がロックを取得し処理を行うことができます。

また、「外部キーにおけるデッドロック」で確認したとおり、外部キー制約をチェックする必要がある変更が行われるときには、参照されるデータに共有行ロックを設定します。

データ変更を行う際には、同じ順番でロックを取得しているつもりでも、実は関連する別のテーブルにもロックを取得していたというパターンもあるかもしれません。前述の**図18**〜**図22**の手順でデッドロックを発生させ、SHOW ENGINE INNNODB STATUSの出力を確認すると、sakila.countryに対するlock modeがS(共有)となっていることがわかります(**図34**)。

この場合も、**図35**の流れのように同じ順番でロックを取得することで、デッドロックの発生を防ぐことができます。SD

▼図31　トランザクション1(図7)でUPDATEを実行

```
mysql> UPDATE sakila.rental ⏎
SET staff_id = 1 ⏎
WHERE return_date < "2005-05-01 00:00:00";
Query OK, 0 rows affected (0.00 sec)
Rows matched: 0  Changed: 0  Warnings: 0
```

▼図32　トランザクション2(図8)でUPDATEを実行

```
mysql> UPDATE sakila.actor ⏎
SET last_name = "DEF" ⏎
WHERE first_name ="NICK";
Query OK, 3 rows affected (0.01 sec)
Rows matched: 3  Changed: 3  Warnings: 0
```

▼図33　同じ順序でロックを取得した処理イメージ

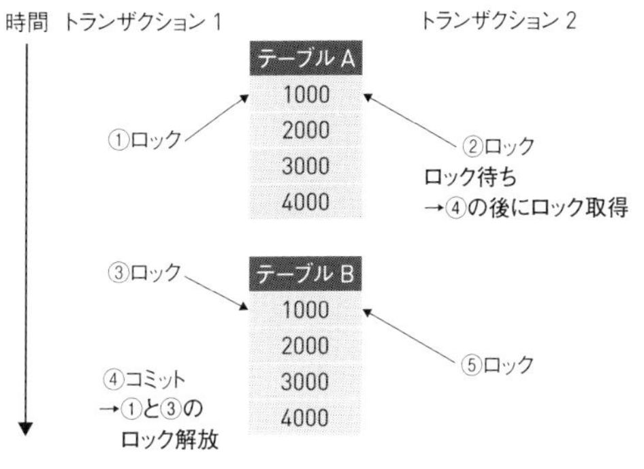

▼図34　外部キーにおけるデッドロックの情報

```
*** (1) HOLDS THE LOCK(S):
RECORD LOCKS space id 97 page no 4 n bits 176 index PRIMARY of table `sakila`.`country` ⏎
trx id 32278 lock mode S locks rec but not gap
```

▼図35　外部キーにおいて同じ順番でロックを取得する

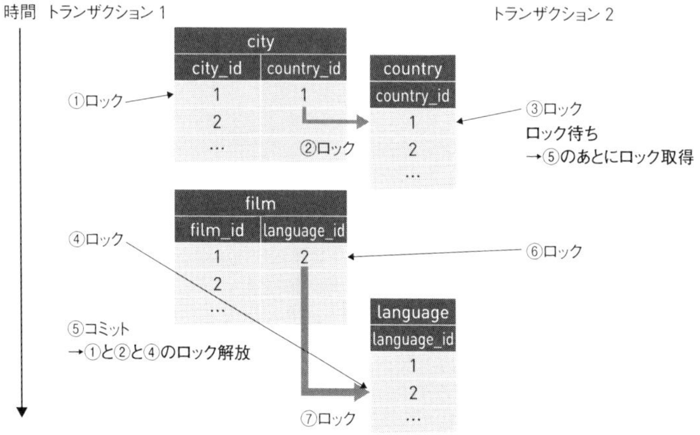

4-5 レプリケーション

データ冗長化の目的と実現方法を理解する

Author 藤本 正比古(ふじもと まさひこ) (株)スマートスタイル データベース&クラウド事業部 技術部
URL https://www.s-style.co.jp

本稿では、MySQLのレプリケーション機能について説明します。本稿を通じてレプリケーションのしくみを理解し、利用目的に応じて使用することでさまざまなメリットやスタンドアロンのMySQLで発生する問題の解決策が得られることでしょう。後半ではレプリケーション環境の構築方法や代表的なトラブルの例も紹介します。

概要と利用目的

レプリケーションとは、異なるデータベースサーバ間でデータを同期することによりデータの複製を作成するしくみです。簡単に説明すると、ソース(サーバ)で実行された更新内容をレプリカ(サーバ)に伝播・反映させることでデータを同期させています注1。

レプリケーション開始時点のデータが同一であれば、その後ソースで実行された同じ更新を同じ順序ですべてレプリカに伝播して適用し続けるため、データは常に同一であるというコンセプトに基づいています。代表的なレプリケーションの利用目的としては、次のものが挙げられます。

- データの冗長化(バックアップ)
- 負荷分散
- 可用性の向上
- ディザスタリカバリ
- 各種検証用途

注1) 従来レプリケーション用語として使われていた「マスター(master)」「スレーブ(slave)」という表現は近年不適切であるとされ、公式ドキュメントやソースコード、コマンドやパラメータに至るまでそれぞれ「ソース(source)」「レプリカ(replica)」に徐々に置き換えられています。本記事ではこれに倣った表記としています。

データの冗長化(バックアップ)

レプリカをバックアップ取得サーバとして利用することで、ソースに影響を与えずに取得することが可能となります。たとえば、コールドバックアップを行う際、ソース1台のみの場合はプロセス停止(=サービス停止)が必要となりますが、レプリカであれば、レプリケーションを停止することでバックアップを取得できます。

また、mysqldumpなどによるホットバックアップの際も、ソースに対する更新のブロックやバックアップ取得時の負荷をレプリカで肩代わりできます。

ただし、レプリカ自体をバックアップそのものとして扱うことは推奨できません。なぜかというと、ソースの更新内容がそのままレプリカに反映されてしまうがゆえ、たとえばオペレーションミスで実行してしまったデータ削除処理がレプリカ側でも即座に同期されてしまい、リカバリに使用できないデータとなってしまうからです。

負荷分散

レプリカを参照専用として使用することで、検索処理の負荷分散になります。通常の検索処理だけでなく、データ分析処理のような重いクエリの実行もレプリカの用途としてよく挙げられます。

可用性の向上

ソースに障害が発生した場合、レプリカを新しいソースとして切り替え（昇格）させ、サービスを継続させます。

注意点としては、MySQL自体にはレプリケーションの自動的な切り替えのしくみはないため、ユーザー側で手動対応するか、何らかのしくみを追加実装する必要があります。かつ、障害発生時に更新データのロストが発生していないかを確認し、必要に応じてリカバリを行う可能性があるなど、切り替えの難易度はやや高めです。

ディザスタリカバリ

ソースとレプリカを異なるデータセンターに配置し、災害に備えて遠隔地にデータを複製することができます。

各種検証用途

データ同期されたレプリカを用いて、たとえばMySQLのアップグレード検証であったり、インデックス追加などデータ変更を伴わないメンテナンス方法の確認であったりといった作業を行える環境とすることができます[注2]。

レプリケーションのしくみ

レプリケーションのタイプ

MySQLのレプリケーションは、同期方式で大別するとおもに「非同期」「準同期」「グループレプリケーション」の3つのタイプがあります。

非同期レプリケーション

レプリケーションは**表1**のスレッド、ファイルで構成されます。まずは各要素の目的を把握しましょう。

注2） ソースとテーブル構成や定義、データの不整合が生じるとレプリケーションエラーや停止の原因となるため、検証作業時にはレプリケーションを停止させておきます。

図1はデフォルトの方式である非同期レプリケーションの処理の流れを表したイメージです。処理①～③が完了した時点でクライアントに応答を返します。

非同期タイミングのため、クライアントへの応答はレプリケーション方式の中でも高速ですが、ソースの更新内容がレプリカにいつ反映されるか保証はされません。障害発生時の状況によっては、更新データが消失する可能性もある点がデメリットとなりますが、システム要件によっては多少のデータ消失が許容範囲であれば選択肢としては問題ありません。

準同期レプリケーション

非同期方式の問題点であるデータの保全性を向上するためにMySQL 5.6で準同期レプリケーションが導入されました。5.7では大幅に改善が行われています。

非同期との違いは、更新内容をレプリカのリレーログに反映する処理までを同期方式で行い、レプリカ側のDBは非同期で更新を適用するというしくみであることです。**図2**の処理①～⑤が完了した時点でクライアントに応答を返します。言い換えると、クライアント（アプリケーション）から見て、コミットが成功したトランザクションはレプリカに転送されていることが保証されるということになり、レプリケーションする更新データのロストが極力発生しないしくみとなっています。

グループレプリケーション

MySQL 5.7から導入された高可用性レプリケーショントポロジー（プラグイン）です。MySQLサーバ3台以上（最大9台）で構成され、データベースとしての基本機能は普通のMySQLと同じです。レプリケーション時、グループ内のノードに対して発行されたトランザクションは、他ノードにコミット可能か確認（これを認証と呼びます）を行い、問題なければ発行元のクライアントに対して応答を返し、ロー

▼表1　レプリケーションで利用されるスレッドとファイル

サーバ	スレッド／ファイル	説明
ソース	バイナリログ	データの更新内容を格納したログファイル
	Binlogダンプスレッド	バイナリログの更新内容をレプリカへ送信するスレッド
レプリカ	I/Oスレッド	Binlogダンプスレッドから受け取った更新内容をリレーログに書き込むスレッド
	リレーログ	I/OスレッドがBinlogダンプスレッドから受け取った更新内容を書き込むログファイル(中間ファイル)
	SQLスレッド	リレーログから更新内容を読み込み、レプリカのデータを更新するスレッド

▼図1　非同期レプリケーションの処理の流れ

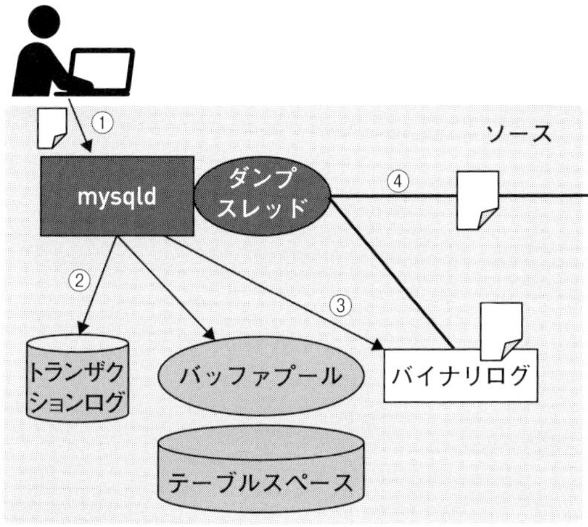

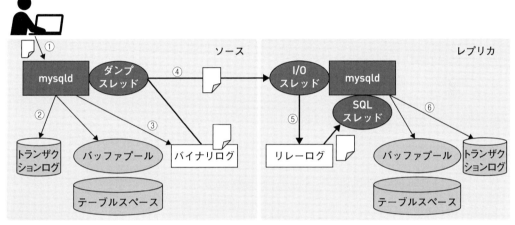

①更新SQL文を実行
②バッファプールとトランザクションログにデータを書き込み
③更新内容をバイナリログへ追加
④Binlogダンプスレッドがバイナリログから更新内容を取得してレプリカへ送信
⑤I/Oスレッドが受け取ったバイナリログをリレーログに追加
⑥SQLスレッドがリレーログから更新SQL文を取得・実行

▼図2　準同期レプリケーションの処理の流れ

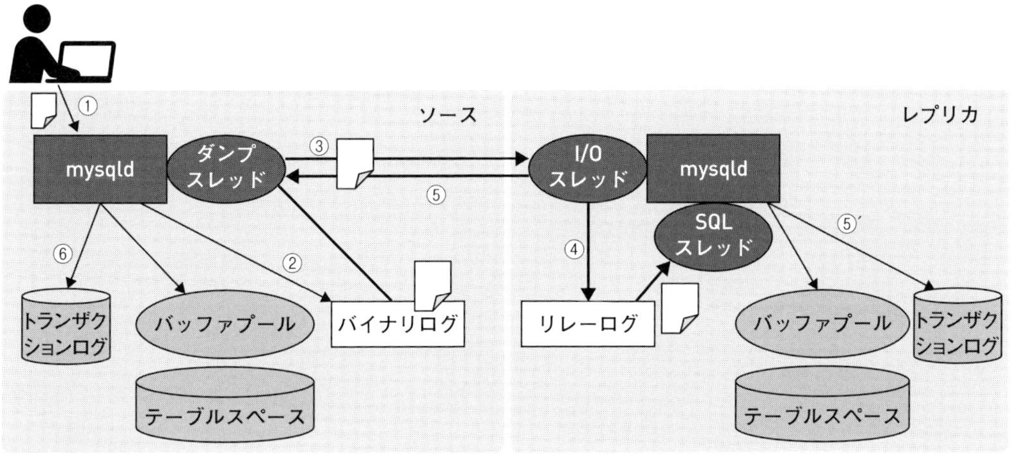

① 更新SQL文を実行
② 更新内容をバイナリログへ追加
③ Binlogダンプスレッドがバイナリログから更新内容を取得してレプリカへ送信
④ I/Oスレッドが受け取ったバイナリログをリレーログに追加
⑤ バイナリログ受領の応答
⑤' SQLスレッドがリレーログから更新SQL文を取得・実行
⑥ バッファプールとトランザクションログにデータを書き込み

カルノード内で順番に更新適用されるという、従来のレプリケーションとは異なったしくみを持ちます（**図3**）注3。

このような処理によって、グループ内のノードがほとんど同じデータの状態であることが担保される、言わば「仮想同期レプリケーション」を実現しています。

また、障害が発生したサーバが自動的にグループから切り離され、再開すると自動で復帰するという動作が行われるのが特徴です。

単一のノードでのみ更新が可能なシングルプライマリモードと、すべてのノードで更新が可能なマルチプライマリモードが選択可能です（**図4**）。

注3）バイナリログを用いる点は非同期／準同期レプリケーションと同様です。

レプリケーションとバイナリログ

バイナリログのフォーマットによっても、3種類の方式があります（**表2**）。どの方式でもレプリケーションの流れは変わりませんが、バイナリログに書き出される内容が異なり、レプリケーション処理に与える影響が変わってくるため、各フォーマットの特徴について押さえておきましょう。

なお、MySQL 5.7.7以降のデフォルトは行ベースレプリケーション（ROW）です。レプリケーションを行ううえでは現在の最も安全な選

▼図3　グループレプリケーションの処理の流れ

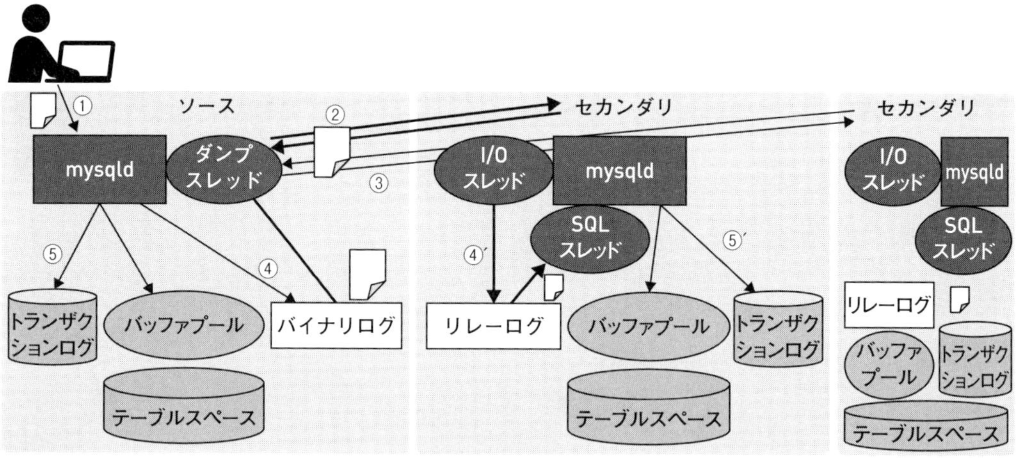

① 更新SQL文を実行
② トランザクションの内容をアトミックブロードキャスト
③ トランザクションを認証
④ 更新内容をバイナリログへ追加
④' I/Oスレッドが受け取ったバイナリログをリレーログに追加
⑤ バッファプールとトランザクションログにデータを書き込み
⑤' SQLスレッドがリレーログから更新SQL文を取得・実行

▼図4　グループレプリケーションの処理の流れ

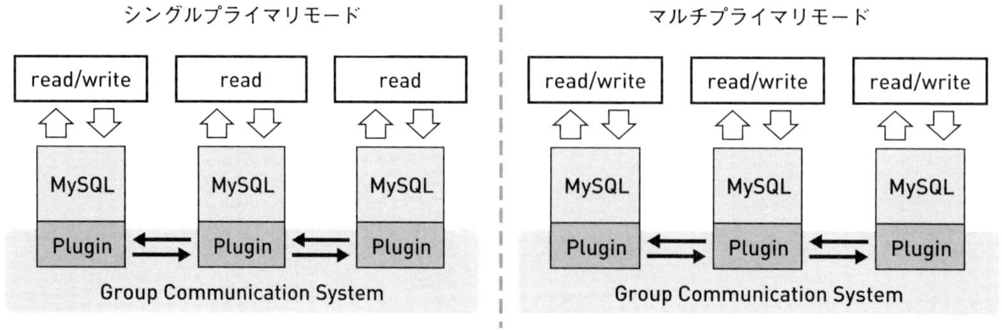

択肢と言えます。

最後にバイナリログの書き込み制御について説明します。バイナリログはInnoDBのトランザクションログとは別で管理されます。具体的にはInnoDBはinnodb_flush_log_at_trx_commitオプションでトランザクションログの書き込みタイミングを調整しますが、バイナリログの書き込みタイミングはsync_binlogオプションで制御されます（**表3**、**図5**）。

sync_binlog=1以外の場合、MySQLやOSのクラッシュのタイミングしだいで実データとバイナリログでデータ不整合が発生する可能性があります。設定には気をつけましょう。

ポジションベースとGTIDベース

レプリケーションを開始したり更新内容を特定したりするには、バイナリログのファイル名とファイル内に書き出された位置情報（ポジション番号）を知る必要があります。バイナリログはMySQLごとに出力されるため、複数のインスタンスでレプリケーションを構成する場合、バイナリログファイル名とポジションの管理が手間になります。

MySQL 5.6からGTID（グローバルトランザクションID）という機能が追加され、これを用いたレプリケーションが可能となりました。これは、コミットされたトランザクションを一意に識別できるIDを付与する機能です。GTIDはMySQLの内部で管理され、バイナリログにも記録されます。これにより、レプリケーションを構成したり動作させたりするうえで、バイナリログファイル名やポジションを明示的に参照

▼表2　バイナリログのフォーマットの違いによるレプリケーション方式

方式	説明
ステートメントベースレプリケーション（STATEMENT）	バイナリログには更新クエリが書き込まれる ・バイナリログの容量は最も小さい ・サポートしていないクエリや値が非決定的な関数などを使用した場合、データ不整合を引き起こす可能性がある
行ベースレプリケーション（ROW）	バイナリログには更新された行データが書き込まれる ・バイナリログの容量が大きくなる ・グループレプリケーションを使用する場合は必須
混合ベースレプリケーション（MIXED）	バイナリログには更新クエリ、または行データが書き込まれる ・バイナリログの容量は中程度 ・基本的にはステートメント形式だが、非決定的な関数などを使用した場合、ログの出力形式を行ベースに切り替える

▼表3　バイナリログの書き込み制御

パラメータ	説明
sync_binlog=0	バイナリログをディスクに書き込むタイミングをOS側に任せる
sync_binlog=N	N回コミットするごとにバイナリログをディスクに同期書き込みする

▼図5　sync_binlogオプションの設定値とバイナリログの書き込みタイミング

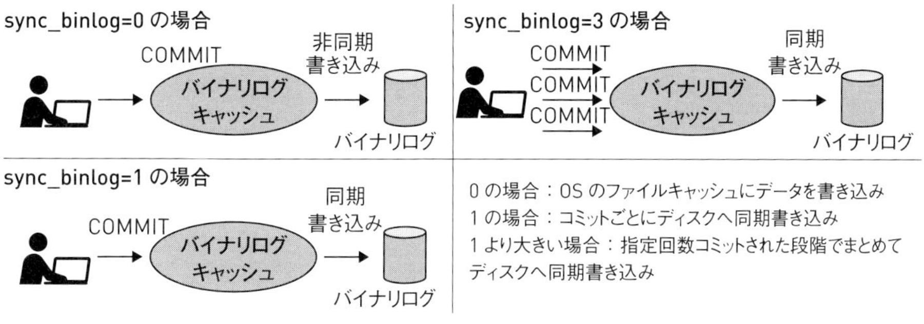

する必要がなくなりました。

GTIDは図6のように「**トランザクション発行元サーバのUUID:発行トランザクションのシーケンス番号**」という形式で表現されます。

GTIDを使用すると、ソースとレプリカのトランザクション一貫性を確認したり、フェイルオーバー時にソースの切り替えが容易になったりといった多くのメリットがあります。現在のリリースバージョンでは、GTIDベースのレプリケーションを使用することが推奨されています（ただし、デフォルトは無効化されているので使用時は明示的に有効にする必要があります）。

GTIDを使用するにあたっては、いくつかの注意点がありますので公式マニュアル注4を確認しておきましょう。代表的なものを次に挙げます。

- 従来のレプリケーションと仕様が異なる点が多い（とくにバイナリログ）
- GTIDモードがオンの環境とオフの環境を混在することはできない
- トランザクションに対応していないMyISAMテーブルは使用不可
- グループレプリケーションを使用する際には必須
- 行ベースレプリケーションを使用する場合、テーブルに主キーまたはユニークキーを定義する（ない場合、レプリケーション適用の動作不正が生じる可能性大）

注4） https://dev.mysql.com/doc/refman/8.0/ja/replication-gtids-restrictions.html

▼図6　GTIDの番号体系

```
              サーバのUUID                 トランザクションの
                                            シーケンス番号
←――――――――――――――――――――――――――――――――――→ ←―――――――――→
c06b3fc4-b811-11ec-987f-3cecef1da6d4:2147483702
```

レプリケーションを構築する

では、実際にレプリケーション環境の構築手順を紹介します。今回はGTIDベースレプリケーション（バイナリログ形式は行ベース）を構築します。MySQL Server 8.0.31をソースとレプリカの各サーバにインストールした状態からスタートします。

ソース側の設定

まずはバイナリログ、サーバID、GTIDの有効化の設定を行います。MySQL 8.0ではバイナリログ出力がデフォルトで有効になっていて、かつ前述のとおりバイナリログフォーマットも行形式がデフォルトです。バイナリログを任意のファイル名に変更したい場合は、**リスト1**のように設定します。

サーバIDはレプリケーションを構成するサーバ内で一意の番号である必要があります。GTIDを有効化するには、gtid_modeとenforce_gtid_consistencyの2つのパラメータをONにする必要があります。設定が完了したら、MySQLを再起動しましょう。

次にレプリケーション用ユーザーを作成します（図7）。このユーザーは、レプリカがソースに接続してバイナリログを受け取るために使用されます。REPLICATION SLAVE権限を持ち、レプリカから接続できるユーザーであればよく、任意のユーザー名を設定できます。

その後、図8のようにmysqldump

▼リスト1　ソース用パラメータの設定内容（/etc/my.cnf）

```
log_bin                  = mysql-bin ←ここに任意のファイル名を設定する
binlog_format            = row
server_id                = 101
gtid_mode                = ON
enforce_gtid_consistency = ON
```

▼図7　レプリケーション用ユーザーを作成する

```
mysql> CREATE USER ユーザー名 IDENTIFIED BY 'パスワード';
mysql> GRANT REPLICATION SLAVE ON *.* TO ユーザー名;
```

などを利用してレプリケーション開始時点のソース側のデータをバックアップします（もしまだソース側にデータが入っていない場合は、この手順および次のレプリカへデータをインポートする手順はスキップしてかまいません）。

--set-gtid-purged=ON（またはGTID有効化にしている場合はAUTO）を設定することで、レプリカ側にデータをインポートするときにmysqldumpを取得した時点のソース側のGTID情報がセットされ、正常にレプリケーションを開始することができます。

レプリカ側の設定

レプリカ側はリレーログ、サーバID、GTIDの有効化の設定を行い、MySQLを再起動して反映します。

バイナリログ同様、リレーログを任意のファイル名に変更したい場合は、**リスト2**のように設定します。

ソース側でデータをバックアップしていた場合、初期データとしてレプリカ側にインポートします。

```
# mysql -u root -p < all_data.sql
```

そして、**図9**のCHANGE REPLICATION SOURCE TOコマンドを使用して、レプリケーション情報の設定を行います。具体的には、ソースへの接続情報やレプリケーション接続時のオプションを設定します。

設定したレプリケーション情報を確認し、問題なければレプリケーションを開始しましょう。

```
mysql> SHOW REPLICA STATUS\G
mysql> START REPLICA;
```

開始コマンド実行後、レプリケーション情報を確認してエラーが発生していないことを確認します。

```
mysql> SHOW REPLICA STATUS\G
     (..略..)
         Replica_IO_Running: Yes
        Replica_SQL_Running: Yes
```

▼リスト2　レプリカ用パラメータの設定内容（/etc/my.cnf）

```
relay_log                 = mysql-relay-bin
binlog_format             = row   ↑ここに任意の
server_id                 = 102     ファイル名を
gtid_mode                 = ON      設定する
enforce_gtid_consistency  = ON
```

▼図8　レプリケーション開始時点のソース側のデータをバックアップする（GTIDベース）

```
# mysqldump -uroot -p --set-gtid-purged=ON --all-databases > all_data.sql
```

▼図9　レプリケーション情報を設定する（GTIDベース）

```
mysql> CHANGE REPLICATION SOURCE TO
         SOURCE_HOST='ソースIPアドレス', SOURCE_PORT='MySQLリスンポート番号',
         SOURCE_USER='ユーザー名', SOURCE_PASSWORD='パスワード',    …①
         SOURCE_AUTO_POSITION=1,                                      …②
         SOURCE_SSL=1またはGET_SOURCE_PUBLIC_KEY=1                     …③
    ;
```

①事前にソース側で作成したレプリケーション用ユーザーとパスワードを設定する。
②GTIDベースのレプリケーションを行うためのオプション。レプリカがソースへ初期接続時にGTIDの情報をソースとやりとりすることで、自動的にレプリケーションを開始すべきトランザクションを決定する。
③MySQL 8.0からデフォルトとなったcaching_sha2_password認証プラグインの制約上、SSL接続またはRSA公開鍵交換の設定が必要。ただし、レプリケーションユーザー作成時に以下のコマンドで以前のmysql_native_password認証プラグインを指定しておけば非暗号化接続となるため、これらの設定は不要となる。

```
mysql> CREATE USER ユーザー名 IDENTIFIED WITH mysql_native_password BY 'パスワード';
```

ポジションベースで構築する場合は、ここまで説明した手順のうち、次の点を変更するようにしてください。

- ソース、レプリカともにGTIDモードのパラメータは不要
- ソースからバックアップを取得する際のmysqldumpのコマンドは図10を用いる。これにより、バックアップファイル内にバックアップ取得時のバイナリログのファイル名とポジションが記録される
- レプリケーション情報の設定コマンドにて、レプリケーションを開始するバイナリログファイル名とポジションを指定する（図11）

レプリケーションで起こりがちなトラブルの例と対策

最後に、レプリケーション環境でよくあるトラブルについて、代表的な発生原因や対応方法をまとめてみました。

レプリケーションの状態確認方法

真っ先に覚えておきたいのがレプリケーション状態を確認するコマンドSHOW REPLICA STATUSとその出力内容です。図12をレプリカ側で実行します。

出力内容が多いため、とくに運用上監視すべき次（表4）の2点を押さえておきましょう[注5]。

- Replica_IO_Running / Replica_SQL_RunningがNo（停止状態）になっている場合、レプリケーションエラー発生などの理由によりレプリケーションが停止している[注6]
- Seconds_Behind_Sourceが0秒より大きくなっていてその状態が一定時間継続している場合、レプリケーション同期遅延が発生している

レプリケーションエラー発生

冒頭の概要で説明したとおり、「ソースで実

注5）その他の出力項目の説明については、公式ドキュメントを参照してください。 https://dev.mysql.com/doc/refman/8.0/ja/show-replica-status.html

注6）エラーの詳細はLast_Errno/Last_Errorという項目で確認可能です。

▼表4　SHOW REPLICA STATUSコマンドの結果でとくに監視すべき項目

変数名	説明
Replica_IO_Running Replica_SQL_Running	I/Oスレッドが稼動中かどうか SQLスレッドが稼働中かどうか
Seconds_Behind_Source	レプリカがソースからどの程度遅延しているか（単位：秒）

▼図10　レプリケーション開始時点のソース側のデータをバックアップする（ポジションベース）

```
# mysqldump -uroot -p --master-data=2 --all-databases > all_data.sql
```

▼図11　レプリケーション情報を設定する（ポジションベース）

```
mysql> CHANGE REPLICATION SOURCE TO
         (..略..)
         SOURCE_LOG_FILE='バイナリログファイル名', SOURCE_LOG_POS=バイナリログの位置, ※
         (..略..)
                                    ※ 図9のSOURCE_AUTO_POSITION=1の部分を置き換え
```

▼図12　レプリケーションの状態を確認する

```
mysql> SHOW REPLICA STATUS\G
********************** 1. row ***********************
   Replica_IO_State: Waiting for source to send event
        Source_Host: 192.168.1.67
                 (..略..)
```

行された更新内容をレプリカに伝播・反映させる」というシンプルなしくみであるため、誤った操作などでソースとレプリカのデータ不整合が生じるとレプリケーションエラーを引き起こし、同期を停止させてしまうという事態に陥りやすいのが、MySQLレプリケーションの特徴でもあります。ここでは、いくつかの代表的なレプリケーションエラー(停止)となる要因を取り上げてみます。

①レプリカ側でデータ更新やテーブル定義の変更を実行した

最も起こりやすい誤操作の1つです。MySQLのデフォルトでは読み書き可能なモード(read_only=OFF)で起動するため、うっかりレプリカ側で更新処理やDDLを実行してしまい、容易にソースと不整合状態となってしまいます。「レプリカ側で更新対象のデータやテーブルが存在しない状態にしてしまった」もしくは「誤ってレプリカ側に先にデータを挿入してしまい、あとからソース側で挿入したあと、レプリケーションされたトランザクションはユニークキーの重複でエラーとなった」というケースが考えられます。

もし更新したデータをソース側と同じにすることができれば、レプリカ側でエラーになったトランザクションをスキップさせることでレプリケーションを再開させることができますが、その特定が難しい場合、リカバリの難易度は非常に高くなります。

通常運用においては、可能な限りレプリカ側はread_only=ONを設定しておくことが望ましいです(rootユーザーも更新不可とするsuper_read_only=ONも適宜併用するとなおよしです)。

②ソース側でバイナリログ出力をオフにして更新処理を実行した

バイナリログ出力をセッションレベルで制御できるsql_log_binという変数があります。ソース側で以下のようにバイナリログ出力を無効にした状態で実行された更新処理やDDLはレプリケーションされません。

```
mysql> SET sql_log_bin=0;
```

この機能で、容易にソースとレプリカのデータ不整合が生じます。

③ソースのバイナリログを削除した

バイナリログはMySQLの機能で自動ローテーションさせることはできますが、ローテーション閾値内で急激に更新処理が増加し、大量のバイナリログが生成される場合もあります。PURGE BINARY LOGSコマンドでソースのバイナリログをパージしてしまう前に、以下の手順でレプリカ側でそのログがI/Oスレッドによって読み取り済みなのかを確認しておかないと、レプリケーションエラーとなってしまいます。

(1) SHOW REPLICA STATUSコマンドのSource_Log_Fileを確認する
(2) ソース側でSHOW BINARY LOGSコマンドを実行してバイナリログの一覧を確認する
(3) (1)で確認したファイルより古いバイナリログをPURGE BINARY LOGSコマンドで削除する

④安全でないステートメント(非決定的な関数)を実行した

これはバイナリログフォーマットがステートメント形式の場合に起こり得る現象です。安全とは、正しくレプリケーションできるという意味ととらえてください。一般的には**リスト3**のような関数の実行は、ソースとレプリカで異なる結果を返す可能性があり(非決定的)、安全でないステートメントとなります。ほかにも多数の該当操作がありますので詳細は公式マニュアル[注7]を確認してください。

注7) https://dev.mysql.com/doc/refman/8.0/ja/replication-rbr-safe-unsafe.html

バイナリログフォーマットが行ベース(ROW)または混合ベース(MIXED)の場合は問題になりません。

◆ ◆ ◆

いずれかのケースでレプリケーションサーバ間の不整合が生じてしまい、リカバリが困難な場合は、素直にソースから取得した最新のバックアップデータを用いてレプリカを再構築することが最も簡単なリカバリ方法となります。

ただし、レプリカの再構築が難しい状況もあるかもしれません。その場合、不整合の起こっているトランザクションをスキップすることでレプリケーションを再開したのち、Percona Toolkitのpt-table-checksumとpt-table-syncというツールを使って同期をとり不整合データを修復する方法もあります。

レプリケーション同期遅延

前述のとおり、レプリケーションの同期遅延が生じると、SHOW REPLICA STATUSのSeconds_Behind_Sourceが0秒より大きい値を示します。とくにレプリケーションエラーが発生しておらず、更新適用が(遅いながらも)進んでいるのであれば、とくに問題視する必要はないかもしれませんが、レプリカのデータに対して参照処理のアクセスがある場合、データ鮮度に起因する問題に発展する可能性があります。

遅延の状況を確認するうえで、まずどこで遅延が発生しているのかを把握する必要があります。Seconds_Behind_Sourceのみでは判断がつきませんが、以下の情報を比較して乖離(かいり)が生じている場合はソースからレプリカへのバイナリログの転送が遅れている可能性があります。この場合は、レプリケーションサーバ間のネットワークに問題がないか確認してみましょう。

- ソース側のSHOW MASTER STATUSで確認したFile、Position
- レプリカ側のSHOW REPLICA STATUSで確認したSource_Log_File、Read_Source_Log_Pos

一般的にはレプリカ側で同期処理(SQLスレッド)が遅延しているというケースが多いでしょう。ソースで長時間実行されたクエリは、レプリカでも同程度の時間を要してしまいます。その原因の多くは、大量の更新を一度に行うようなバッチ処理などの巨大トランザクション実行が挙げられます。対策としては、長時間実行のクエリをチューニングまたはトランザクションを小さく分割するようにします。

ソースでは更新処理は並列で処理されますが、SQLスレッドがシングルスレッドの場合、コミット時のディスク同期に乖離が生じ、レプリケーション遅延につながります。この問題の対処には、MySQL 5.6から実装されたレプリカのSQLスレッドを並列化する「マルチスレッドレプリケーション」を用いてレプリカ側も並列実行するようにします。

ほかの同期遅延の要因としては、ソースよりもレプリカのサーバ性能(スペック)が低いなどの理由により、リソース不足でSQLスレッドの処理性能が低下することも考えられます。レプリカだからといって、コスト削減でソースよりもスペックを落として環境を準備していた場合にありがちな例です。レプリケーション構成においては、ソースとレプリカは同等のコンピュートリソースを用意してください。SD

▼リスト3　非決定的な関数の例

```
FOUND_ROWS()     GET_LOCK()           IS_FREE_LOCK()    IS_USED_LOCK()
LOAD_FILE()      MASTER_POS_WAIT()    RAND()            RELEASE_LOCK()
ROW_COUNT()      SESSION_USER()       SLEEP()           SYSDATE()
SYSTEM_USER()    USER()               UUID()            UUID_SHORT()
```

第5章

あなたの要件に合うのはどっち？

後悔しないAWSデータベースの選び方

RDSとDynamoDB、使い分けのポイントを徹底解説

AWSのデータベースサービスの中でもとくに人気のある、RDBMSの「Amazon RDS」とキーバリュー型NoSQLの「Amazon DynamoDB」は、データベースとしての特性や設計思想が異なることから、それぞれ違った目的で使われます。では、要件に応じてどのように使い分ければよいでしょうか？　ひとまずRDBを使っておくのが無難なのか、実はNoSQLのほうがパフォーマンスを出せるのか……プロダクト開発で使うなら何としても事前に理解しておきたいところです。本章では「そもそもRDBとは何か、NoSQLとは何か」という前提知識に始まり、RDB／NoSQLの特性をもとにした得意・不得意な分野や、具体的なユースケースなどを解説します。

第5章 後悔しない あなたの要件に合うのはどっち？
AWSデータベースの選び方
RDSとDynamoDB、使い分けのポイントを徹底解説

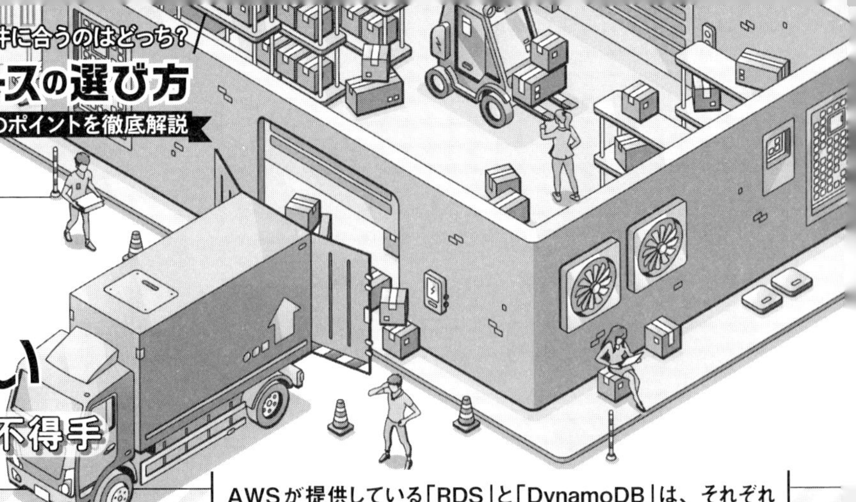

5-1

RDBMSとNoSQLの違い
しくみ・特徴・得手不得手

Author 廣山 豊（ひろやま ゆたか）
アイレット株式会社　クラウドインテグレーション事業部／内部統制推進室
Author 吉村 守（よしむら まもる）
アイレット株式会社　クラウドインテグレーション事業部

AWSが提供している「RDS」と「DynamoDB」は、それぞれ「RDBMS」と「NoSQL」というデータベースを利用するためのサービスです。まずはこの2つのデータベースの違いをしっかり押さえていきましょう。

はじめに

IT産業（情報技術産業）において、データは最重要項目です。その中で、データの置き場所になるデータベースはシステムの設計や性能に大きな影響を与えます。データベースにはさまざまな種類がありますが、一般的に旧来から使われてきたRDBMS（Relational DataBase Management System）と、RDBMSでは実現が難しかった要件に対応するために設計されたNoSQL（Not only SQL）の2種類に分類されます。

RDBMSはSQL（Structured Query Language）という言語で操作します。一方、NoSQLはその名の示すとおり、SQL以外の言語でも操作可能なものです。後発ではあるものの、RDBMSの上位互換ではありません。なお、NoSQLは多様な用途を実現するために、後述するいくつかの種類に分けられます。

両者は操作方法だけでなく、その目的や用途が異なっています。要件に応じて、RDBMSまたは各種NoSQLの中から適切なものを選択する必要があります。本章では、5-1節でそれら2種類の特徴を紹介したうえで、5-2節、5-3節にて、それぞれについてもう少し掘り下げた紹介を行います。

ACID RDBMSとBASE NoSQL

ACID特性とは

リレーショナルデータベースを操作する際のSQLは、トランザクションという処理単位で実行されます。トランザクションとは、一度に行う必要のある一連の処理をまとめたものです。RDBMSにおけるトランザクション処理はACID特性に基づいて実装されています。

ACID特性とは、「Atomicity」「Consistency」「Isolation」「Durability」それぞれの頭文字をとったものとなります。

Atomicity

Atomicity（原子性）は、1つのトランザクションにまとめられた処理群を、すべて実行するのか、または1つも実行しないのか、いずれかの結果しか出力しない性質のことです。途中まで成功したというような状態を許容しません。

たとえば、銀行のATMシステムにおいて振込みを行う際に、振込み元の口座から振込金額をマイナスすることと、振込み先の口座に振込金額をプラスすること、これら2つの処理がどちらも成功している必要があります。片方が失敗してしまう場合は、成功した片方の処理をロールバックし、トランザクション実行前の状態に戻します（**図1**）。

Consistency

Consistency(一貫性/整合性)とは、トランザクション処理結果のデータに矛盾がない性質のことです。たとえば、先ほどのATMシステムにおいて、トランザクション後に資金に負の値が入らないことを保証します。

▼図1　原子性

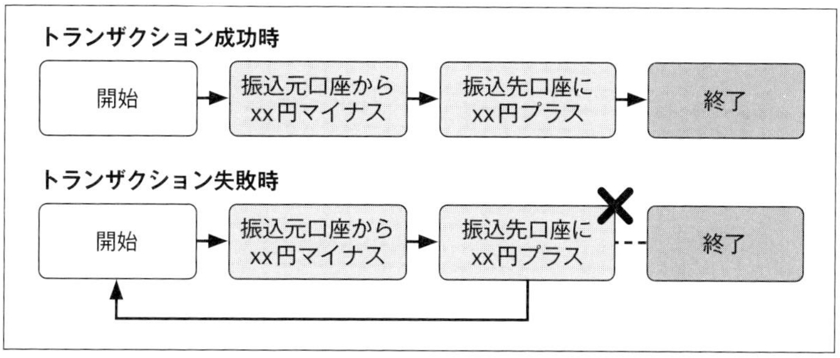

Isolation

Isolation(独立性)とは、トランザクション処理において、そのトランザクション処理の外からは干渉できない性質のことです。ほかのトランザクションを同時に実行しても、双方の結果に影響することはありません。

このことを、さきほど例に出したATMシステムで考えてみます。トランザクション内の処理としては、振込み元のマイナス処理または振込み先のプラス処理のどちらかを先に行ったあとに、もう一方を実施することになります。その過程で処理中のデータを参照されてしまうと不整合が発生してしまいます。そこで独立性は、処理中のデータがトランザクションの外から参照されないことを保証します。

Durability

Durability(永続性)とは、トランザクション処理が完了した時点での結果を永続的に保存する性質です。処理の結果(ログ)をメモリのような揮発領域でなく、ハードディスクのような不揮発領域に結果を保存することで実現します。

データベースに障害が発生した場合は、あらかじめ同じく不揮発領域に保存しておいたスナップショットと、このログを使用して復元対応を行うことができます。

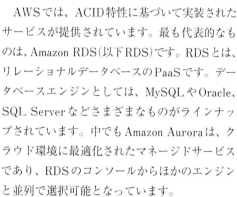

ACID特性に基づいたAWSサービス

AWSでは、ACID特性に基づいて実装されたサービスが提供されています。最も代表的なものは、Amazon RDS(以下RDS)です。RDSとは、リレーショナルデータベースのPaaSです。データベースエンジンとしては、MySQLやOracle、SQL Serverなどさまざまなものがラインナップされています。中でもAmazon Auroraは、クラウド環境に最適化されたマネージドサービスであり、RDSのコンソールからほかのエンジンと並列で選択可能となっています。

なお、同じくRDBMSのデータウェアハウスサービスであるAmazon RedshiftもACID特性を満たします。

BASE特性とは

BASE特性の解説をする前にCAP定理を紹介します。CAPは、Consistency(一貫性/整合性)、Availability(可用性)およびPartition-tolerance(分断耐性)の頭文字で、これら3点すべてを満たすことは不可能という定理です。

ここでの一貫性/整合性とは、ACID特性のものとは異なり、データの更新後、必ず更新後の値が取得できる性質です。整合性を保つために、冗長化されたデータベースシステムにおいては、すべてのレプリカに値が反映されるまで排他制御をかける必要があります。可用性は、必要なときにいつでも利用可能な状態を保つ性質です。可用性対策として冗長化があります。

分断耐性とは、分散されたデータベースシステム間でネットワーク障害などが発生しても継続して利用できる性質です。

RDSはCAP定理において、一貫性と可用性に対応していますが、データベースの用途によっては、一貫性よりも可用性と分断耐性が重要になることもあります。そこでBASE(Basically Available, Soft-state, Eventual consistency)特性です。多くのNoSQLは、BASE特性に基づいて実装されています。

- Basically Available：基本的に利用可能
  高い可用性を提供する
- Soft-state：厳密でない状態
  一貫性や整合性が厳密でなくなる
- Eventual consistency：結果整合性
  ACID特性のように厳密な整合性の担保ではなく、最終的な整合性を担保する。一時的な不整合性は許容する

これらの特性を持つデータベースは、データの変更を行った際に、取得したデータが変更前の値であったり、変更後の値であったりと、一時的に一貫性のない状態になることがあり得ます。これは、可用性を重視するために複数のサーバで冗長的にデータを保存する際に、すべての冗長環境に反映されるまではロックが行われないためです。

BASE特性に基づいたAWSサービス

ACID特性をクラウド上で実現したRDSに対し、クラウドの性質と相性の良いBASE特性に基づいたNoSQLデータベースサービスは、より多くの種類が提供されています。代表的なものとしては、5-3節で解説するAmazon DynamoDBが挙げられます。また、ファイルストレージサービスに分類されるAmazon S3も、実体はキーバリュー型のNoSQLのサービスです。ほかにも、Amazon ElastiCacheや、Amazon MemoryDB、Amazon DocumentDBもNoSQLデータベースサービスです。これらのNoSQLサービスについては後の節にて解説します。

AWSは日々進化をし続けています。かつては結果整合性であることがアーキテクチャ設計時の注意点として有名だったAmazon S3は、今や強整合性となり、書き込み直後のオブジェクトに対しても最新のデータが保証されるようになりました。また、Amazon DynamoDBの強整合性オプションや、S3のデータをSQLを用いて分析するAmazon AthenaのACIDトランザクション機能など、NoSQLサービスの信頼性を上げる拡張もあります。サービス利用時は、これらの特性を鑑みて選定する必要があります。

RDBMSのしくみを復習

RDBMSの歴史と成り立ち

RDBMSは今日、オンラインショッピング、旅行の予約、銀行口座の取引、会社の人事給与・財務会計システムなど、日常を支えるさまざまなシステムで利用されています。RDBMSの歴史は、当時IBMの研究員であったEdgar F. Codd(エドガー・F・コッド)博士が1970年に発表した“A Relational Model of Data for Large Shared Data Banks”(大規模共有データバンクのデータ関係モデル)の論文が起源となっています注1。そこからMySQLのリリースまでの流れを**表1**にまとめました。このように振り返ると、RDBMSは発売から43年もの歴史があるソフトウェアであることがわかります。

RDBMSの考え方

RDBMS以前の階層型データベースでは、データとは別にリンクを指定したり、階層を持たせたりすることで各データ間の関係・関連を実現していました。コッド博士が提唱したデータ関係モデルをもとに作られたRDBMSは、データが持つ項目値そのものに関係・関連を基づかせ

注1） URL https://www.ibm.com/ibm/history/ibm100/us/en/icons/reldb/

▼表1　主要なRDBMSの歴史

年	出来事
1970年	コッド博士が論文「大規模共有データバンクのデータ関係モデル」を発表
1979年	コッド博士の論文を参考にした世界初のSQLベースのRDBMSであるOracle V2がRSI社[注2]から発売
1981年	IBM社から後にDB2と命名されるSQL/DSがリリース[注3]
1987年	PostgreSQLの初期バージョンであるPOSTGRESが運用を開始[注4]
1987年	Sybase社から現在のSAP Adaptive Server Enterpriseの祖先であるSybase SQL Serverが発売
1989年	Microsoft社がOS/2用のSybase SQL ServerをMicrosoft SQL Serverとして販売を開始[注5]
1998年	Microsoft社からデータベースエンジンが完全に書き直されたSQL Server 7.0が発売
1995年	MySQL AB社でMySQLプロジェクトが発足[注6]
2000年	MySQLがGPLライセンスでオープンソース化[注6]

▼図2　各データに関係・関連を持たせた例

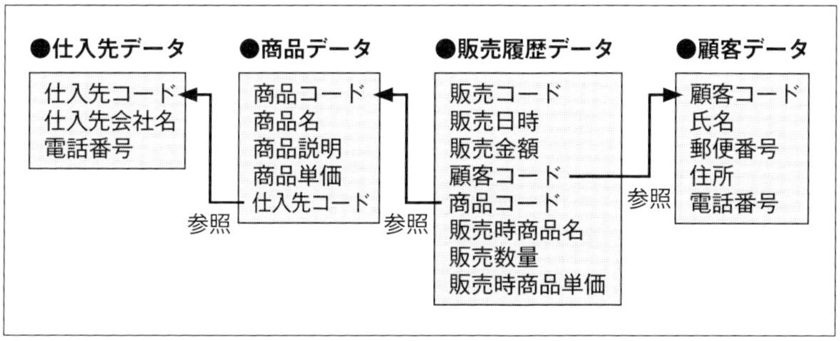

るというものでした。オンラインショップを例にすると、販売する商品のデータ、商品を購入する顧客のデータ、商品の仕入先データ、商品の販売履歴データなどの情報が必要になります。それぞれのデータは独立したものとし、各データに関係・関連を持たせたいデータの項目を持たせることにより定義します(**図2**)。

RDBMSでは、前述のように独立したデータ同士を関係・関連を持たせることにより、さまざまなデータを格納・管理することができます。**図2**では一対多の関係・関連を持たせた例となっていますが、一対一、多対多の関係とすることもできます。なお、これらの独立した各種データを格納するデータの集合をテーブルもしくは表と表現します。

RDBMSの利用に際しては、項目、関係・関連を適切に持たせるようにテーブルを定義することで、データの一貫性を損なわず効率的にアクセスできるようにします。この設計手法として、正規化という方法があります。ちなみに、コッド博士は正規化においても功績を残しており、ボイス・コッド正規形と呼ばれている正規形を発案しています[注7]。

なぜRDBMSにACID特性が必要なのか

次に、利用の観点から、RDBMSを見ていきましょう。再度オンラインショップの例で考えてみると、同じショップを利用するユーザーは複数人であり、それら複数人のユーザーが同時にアクセスすることが一般的です。それにより、顧客データや商品データが同時に複数参照され、販売履歴データに同時に複数の書き込みがなされるということが想定されます。ショップのそ

注2)　1977年にLarry Ellison(ラリー・エリソン)氏が興した、現在のOracle社の前身の会社。
URL https://docs.oracle.com/cd/E11882_01/server.112/e40540/intro.htm#CNCPT88784

注3)　コッド博士の論文発表当時、IBM社はIBM IMS(当時主流であった階層型DB)の推進を継続することを選択したことから、コッド博士の論文発表から11年の歳月が経過していました(注1参照)。
URL https://dl.acm.org/doi/abs/10.1109/MAHC.2013.28

注4)　URL https://www.postgresql.org/docs/current/history.html

注5)　Microsoft社は当初Sybase社とSybaseのディストリビュータ契約を締結していました。1993年にSybaseとのライセンス契約が切れたあとは、Sybase社からソースコードを買い取り、独自に改修を加えながら1996年リリースのSQL Server 6.5までSybaseのコードをベースとしたSQL Serverを販売していました。

注6)　URL https://planet.mysql.com/entry/?id=23788

注7)　ただし、多くの場合は第三正規形まで正規化を行えばよいと言われています。なお、販売履歴データなどのテーブルでは正規化を崩し、販売時の情報が書き換わってしまわないようにする必要もあります。

の日の売上金額をリアルタイムに集計する場合には、販売されたものが後に数量が変更になったり、キャンセル・返品されたりした際に同時に売上金額を更新されても、不整合が起きないようになっていなくてはなりません。

また、将来にわたってこれらのデータを保持し続けることが期待されます。つまり、同時に多数の参照、書き込みを許容し、かつデータの不整合を排除し、データを永続的に保持し続けるしくみを有している必要があります。このしくみを実現するための考え方が前述したACID特性です。

さらに、オンラインショップでの処理を考えるとRDBMSに許容される時間は長くてもミリ秒単位であり、RDBMSには処理性能も求められます。まず、RDBMSが動作するサーバのCPU処理能力やメモリ容量などの上限を超えることによる性能劣化を防ぐ必要があります。そのため、プログラムからのデータベース接続(コネクション)を管理するしくみが実装されています。また、読み込みを高速化するため、素早くデータ(ここでのデータはレコードもしくはタプルを指します)を見つけるためのデータに索引をつけておくインデックスというしくみが実装されています。一度ディスクから読み込んだデータをより高速なメモリ上にキャッシュするしくみ、ディスクへの書き込み速度を高速化するための遅延書き込みというしくみ[注8]も実装されています。

しかしながら、多数接続、キャッシュや遅延書き込みは、ACID特性と相性がよくありません。コネクション間でキャッシュのデータ整合性を保つためにサーバOSが持つ共有メモリやセマフォ[注9]といった機能を活用したり、Write-Ahead-Log(ログ先行書き込み)というしくみ[注10]により遅延書き込みに伴うデータ消失リスクを軽減したりと涙ぐましい努力によりACID特性を実現しています。

注8) 実際にはディスクには書き込まれていないものの書き込みをしたことにして応答を早めるという機構。

注9) OS上で同時に実行されているプロセス間で共有する資源(メモリ、ファイルなど)の排他制御や同期を行うための機構。

注10) 整合性を保ってデータをディスクに書き込むには時間がかかるため、更新要求の内容をそのままログとして先行して書き込むことでデータ消失を最小限に留める機構。

RDBMSのアーキテクチャ

では、RDBMSの内部構成について考えてみます。先に言及したとおりRDBMSではSQLという言語でデータの操作を行います。SQLはたとえば、`SELECT * FROM ITEM_DATA;`といった人間が理解できる文法で定められたテキスト情報です。RDBMSはこのSQLを処理するため、

- パーサ:テキストで書かれたSQLを解析する
- プランナ/オプティマイザ:解析したSQLを最適化し、高速に動作させるための実行計画を立てる
- エグゼキュータ:実際にSQLを実行する

という処理ブロックを有し、また、

- メモリ管理ブロック:ACID特性を守りながらも高速化を実現するためにキャッシュを保持する
- ディスクI/O管理ブロック:可能な限り処理性能を落とさずデータの永続性を保証する

の管理ブロックを持っています(**図3**)。

コッド博士が提唱したデータ関係モデルを実現するために、前述したような機能を実装する必要があったことから、RDBにManagement System(管理システム)という表現が付加され、RDBMSと呼ばれるようになったと言われています。RDBMSはOSであると言っても過言ではないという言葉も当時は聞かれました。

RDBMSの課題

ここまでで見てきたとおりRDBMSではコッド博士が提唱したデータ関係モデルを実現するためにACID特性を考案し、また多数の接続を受け付けかつ処理性能を向上させるため、キャッシュや遅延書き込みのしくみを導入しています。そのため、RDBMSではプライマリサーバのメ

▼図3 RDBMSの内部構成

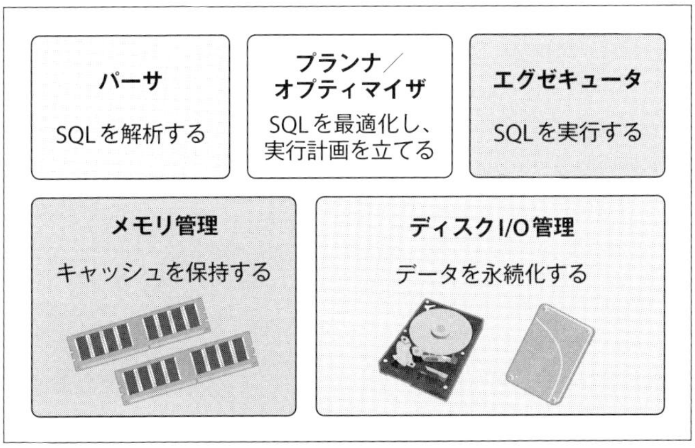
パーサ
SQLを解析する
プランナ／オプティマイザ
SQLを最適化し、実行計画を立てる
エグゼキュータ
SQLを実行する
メモリ管理
キャッシュを保持する
ディスクI/O管理
データを永続化する

モリ上に最新のデータが格納されています。このようなしくみを理由に、プライマリサーバのクラッシュ時には、スタンバイ(リードレプリカ)サーバへの切り替え(フェイルオーバ)のため、数十秒から数分のRDBMSの通信切断が発生します。また複雑なしくみであるがゆえ、水平スケールを苦手とし、十分な性能を満たすことが困難なことからリージョンをまたいでのマルチマスタ構成を実現できていません(マルチマスタ構成のRDBとしては、Oracle RACやMySQL Clusterがあります)。

NoSQLの種別と、それぞれのしくみ

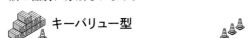

長らくデータベースの一強を誇ってきたRDBMSですが、分散コンピューティングやクラウドの台頭、ストレージコストの低下によって、新たな概念のNoSQLデータベースが登場しました。

NoSQLデータベースはその特徴により、複数の種別に分類されます。

キーバリュー型

キーバリュー型は、NoSQLの代表格とも言えます。一意のキーに対してバリュー(値)を返すシンプルなもので、キーとバリューはペアでデータベース上に保存されます。そのため、RDBMSのように複数の領域を横断的にアクセスせずに結果を返したり、ほかのテーブルを意識することなく格納したりできるため、高速にデータの読み書きを行えます。また、そのシンプルな構成上からも拡張性が高く、水平スケーリングも容易です。

Amazon DynamoDBはキーバリュー型のデータベースです。Amazon S3も、オブジェクトの場所(キー)を指定することで、オブジェクト(バリュー)を返すことから、キーバリュー型と言えます。

ドキュメント型

ドキュメント型は、JSONやXMLのような自由なフォーマットでデータを保存し、検索することが可能なNoSQLデータベースの一種です。ドキュメント指向データベースと言われます。

RDBMSではスキーマ設計を事前に固めておく必要がありますが、ドキュメント指向データベースでは柔軟に構造化データに対応できます。そのため、アプリケーションの仕様変更などへの対応にも強みを持ちます。

有名なところではCouchDBやMongoDBがあります。AWSではドキュメント型データベースとして、Amazon DocumentDBを提供しています。Amazon DocumentDBはMongoDBと互換性を持っています。

グラフ型

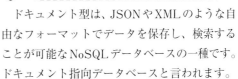

グラフ型という形式もあります。こちらは複雑な関係性があるデータベースに向いています。RDBMSでは、複数の表結合が発生し処理に時間がかかるようなものも、グラフデータベースは比較的高速に処理することができます。

ここでのグラフとは、折れ線グラフや円グラフといった図の種類ではなく、データ構造を指し示します。グラフデータベースは、ノード、

エッジ、プロパティの要素を持ちます。多数のノードを指向性を持ったエッジで関連付けます。ノードとエッジはプロパティというキーバリュー型で保存される属性情報を持つことができます。関係性によって円(ノード)を矢印(エッジ)でつないでいく形態です。駅と駅を結ぶ路線図や、人物相関図のようなイメージです。

RDBMSも関連データベースの名が示すとおり、複数のテーブルにまたがったデータ処理を行うこともできますが、グラフデータベースはこの点においてより強力です。この強みを活かし、検索エンジンなどで利用されています。

グラフデータベースで有名なものとしては、Neo4jがあります。AWSではグラフ型データベースとして、Amazon Neptuneを提供しています。

インメモリ型

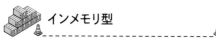

AWSでは、より高速なレスポンスが求められる場合に向けて、インメモリ型のNoSQLサービスも提供されています。インメモリ型のNoSQLは揮発性領域で動くため、永続的なデータ保存には向きませんが、非常に高速に処理します。

AWSが提供しているインメモリ型データベースとしては、Amazon ElastiCacheやAmazon MemoryDB for Redis、Amazon DynamoDB Accelerator(DAX)が挙げられます。ElastiCacheは、RedisおよびMemcachedと互換性があります。ElastiCache for RedisとMemoryDB for Redisは、前者が読み書き双方に非常に高速な性能を誇る一方、後者は書き込み性能が劣るものの耐久性を持つという特徴があります。

RDBMS、NoSQLそれぞれの得意・不得意

本稿の最後に、RDBMSと「SQLベースのRDBMS」以外のデータベースという意味合いでのNoSQLそれぞれについて、得意・不得意なところを**表2**にまとめました。RDBMSとNoSQLを比較すると、NoSQLのそれぞれのデータベースはRDBMSが苦手とするところを補うために発明、実装されてきたことがわかります。

◆ ◆ ◆

5-2節、5-3節ではさらにRDBMS、NoSQLを掘り下げて説明します。SD

▼表2　RDBMS、NoSQLの得意・不得意

分類	データベースの種類	得意なところ	不得意なところ	ユースケースの例
RDBMS	RDBMS	テーブル同士がさまざまな関係・関連を持つシステム	高速な読み込み、書き込みや大規模アクセス、水平スケールが求められるシステム	前述したオンラインショッピング、旅行の予約、銀行口座の取引、会社の人事給与・財務会計などのシステム
NoSQL	キーバリュー型	大規模な同時アクセス性能が求められるシステムや単純なデータへのアクセスで完結するシステム	RDBMSのようにテーブル同士に複雑な関係・関連が必要なシステム	大規模Webシステム(ログインユーザー情報の保持)、IoTデバイスを管理するシステム(IoTデバイスの動作ログの格納)など
	ドキュメント型	あらかじめデータ型や定義を決める必要がないJSONやXMLで定義されたデータを扱うシステム		迅速なサービス追加や仕様変更が発生したりするシステム、データ構造にネストを持たせたい場合など
	グラフ型	ユーザーとユーザーのつながりや駅と駅を結ぶ路線情報などのつながりを扱うシステム	RDBMSのように表形式でのデータ保持を求められるシステム	SNSや乗り換え案内のサービスを提供するシステムなど
	インメモリ型	セッション情報などの高速なアクセスを必要とするシステム	永続的なデータの保存が求められるシステム	ログインを伴ったオンラインショッピング、旅行予約などのシステム

5-2

Amazon RDS導入ガイド

堅牢性と性能を両立した定番のRDBMSサービス

Author 杉江 伸祐(すぎえ しんすけ)
Author 杉山 ジョージ(すぎやま じょーじ)
フューチャー株式会社

Amazon RDSは、AWSでRDBを使うのなら第一の選択肢となるマネージドRDBMSサービスです。本稿ではAmazon RDSの導入に先駆け、具体的なDBサーバ構成を考えるうえで必要な「マルチAZ」「リードレプリカ」などの機能を確認し、多岐にわたる設定項目をひとつひとつ解説していきます。

Amazon RDSとは

「Amazon RDSとは何ですか？」という質問に対し、AWSの公式サイトにあるFAQページ注1では次のようにまとめられています。

Amazon Relational Database Service(Amazon RDS)は、クラウド内でリレーショナルデータベースのセットアップ、運用、およびスケーリングを簡単に行うことのできるマネージド型サービスです。

一言で表すなら、AWSがRDBの管理を行ってくれるサービスです。

Amazon RDS(以下RDS)ではAmazon Aurora(以下Aurora)、MySQL、MariaDB、Oracle、SQL Server、PostgreSQLの6つのデータベースエンジンを提供しています(図1)。

このうち、Amazon AuroraはMySQLとPostgreSQLに対してAWS独自の機能を加え、より高いレベルのパフォーマンスと可用性を実現するものです。「MySQL互換」「PostgreSQL互換」という位置付けですが、アプリケーションを利用するうえでの違いはありません。

注1) URL https://aws.amazon.com/jp/rds/faqs/

▼図1 Amazon RDSで利用できるデータベースエンジン

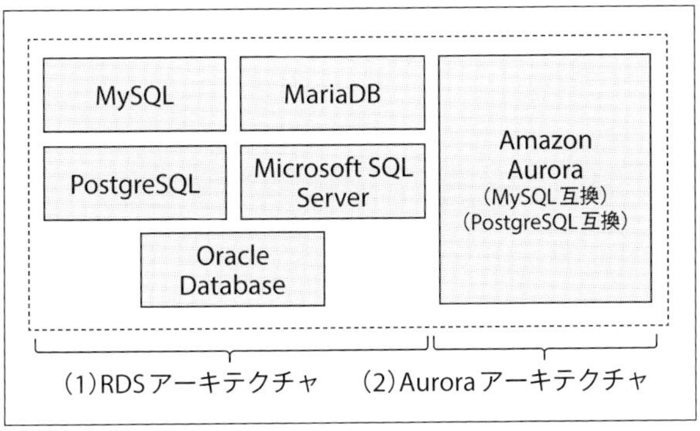

マネージド型データベースの利点

システム構築においてデータベースを利用するためには、データベースをセットアップする以外に「非機能要件」に対応するよう準備を進める必要があります。セットアップそのものは簡単注2ですが、非機能要件に対応するようデータベースを作り込むのは大変なことです。

データベースシステムに求められる非機能要件とはおもに次の項目となります。

- 可用性：システムを継続的に利用する
- 性能／拡張性：性能を満たし、将来の拡張に備える
- 運用／保守性：システム運用、保守を行う
- 安全性：十分なセキュリティ対策を行う

これらの要件をデータベースの管理者

注2) EC2を利用した構築の場合、AMI(Amazon Machine Image)を利用することで簡単に対応可能です。

に代わり、RDSが管理してくれます。

どのようなデータベースでも必ず非機能要件を定義するはずですが、その厳密さのレベルには差があります。RDSでは、エンタープライズ用途のデータベースにおいて一般的に求められる非機能要件レベルを満たしており、一定レベルの品質が担保されています。

RDS/Auroraのレプリケーション技術

RDSとAuroraの具体的な実装について解説する前に、データベースシステム全般におけるデータ更新処理の原則について補足します。

データベース上のデータは更新情報を記録する更新ログと、データベース上に格納されるデータ本体の2つの要素からなり、ディスク上に永続化されたデータとして存在しています(**図2**)。

アプリケーションがデータベースの更新を行う際の動作としては、まずアプリケーションがデータを書き込みます。そのデータはデータキャッシュ上である程度まとめられた後、別のプロセスが書き込みを行います(非同期書き込み)。そして、アプリケーションがそのトランザクションをcommit(処理の確定)すると、そのログが即座に書き込まれます(同期書き込み)。このように非同期書き込みと同期書き込みが混在した動作のため、データベースエンジンがクラッシュした際はキャッシュ情報が喪失し、ディスク上のデータは不完全なものになります。そのため、更新ログを利用してデータのリカバリが行われます。

▼図2　データベースにおける更新処理の原則

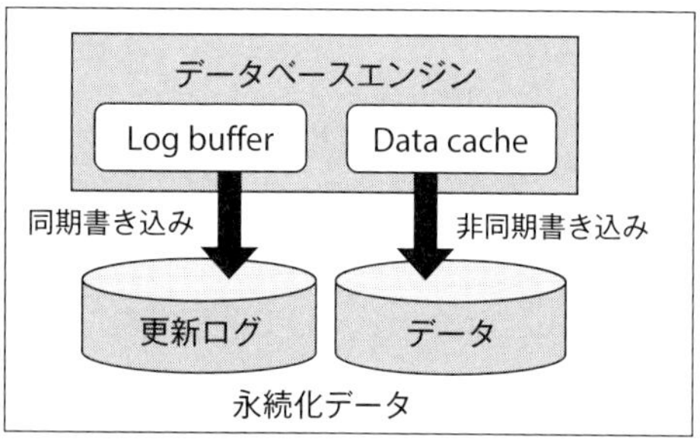

この原則に従い、RDSのレプリケーション機能は実装されています(**表1**)。これらはRDSを使ううえで最も重要かつ考慮すべき点が多い機能といえます。レプリケーションの形態は、次の(1)と(2)の2種類があります。

(1)プライマリサーバとスタンバイサーバ

データベースをレプリケーションするということは別々のサーバでデータが同期されていることを意味します。このとき、データの更新を行えるのは1つのサーバのみです。別々のサーバからデータを更新するとデータの整合性を担保できないためです。このときに、データ更新ができるサーバをプライマリサーバと呼び、そのコピーデータを持つサーバをスタンバイサーバと呼びます。**図3**のPとSの関係となります。

(2)マスタとリードレプリカ

プライマリサーバとスタンバイサーバの関係と同じですが、スタンバイサーバを読み取り専用のデータベースとして利用できます。RDSではこのようなサーバをリードレプリカと呼んで区別しています。マスタとなるプライマリサーバが障害を起こした際は、リードレプリカをマ

▼表1　データベースのレプリケーション技術の種類

	マルチAZ	リードレプリカ	リージョンレプリカ
構成	異なるAZに配置	同一AZ／異なるAZに配置	異なるリージョンに配置
目的	可用性(サーバ・AZ障害対応)	性能拡張(スケーラビリティ)	可用性(災害対応)
同期レベル	同期	非同期でも可	非同期
利用方法	別AZにデータを同期することでサーバ障害時などの可用性を向上させる	読み込み可能なリードレプリカインスタンスを利用して性能を拡張する	遠隔リージョン転送にてリージョン障害時(大規模災害)の可用性を向上させる

スタとすることができます。**図4**のMとRの関係となります。

◆ ◆ ◆

図1で触れたとおり、RDSのアーキテクチャはAmazon Auroraとそれ以外で2つに分類されます。本節では、それぞれのアーキテクチャで、レプリケーションの機能がどのように実装されているかを見ていきます。

RDSのアーキテクチャ

マルチAZ

複数のAZ(アベイラビリティーゾーン)をまたぐマルチAZの機能は、実はデータベース技術ではなく、OSレベルでのディスクレプリケーション技術がおもに用いられています(**図5**)。

- プライマリサーバにマウントしているミラーリング設定したEBS(Elastic Block Storage)に書き込みを行う
- スタンバイサーバとブロックデバイスの同期を行う
- スタンバイサーバにマウントしているミラーリング設定したEBSに書き込みを行う

この3つの動作がすべて実行されることで、プライマリサーバとスタンバイサーバそれぞれのディスクに書き込みが行われることになります。よって、有事の際はプライマリサーバからスタンバイサーバに切り替えることでデータベース利用を継続できます。

注意点として、スタンバイサーバではディスクのみが同期されているため、前述した「データベースがクラッシュし、キャッシュ情報が喪失している」と同じ状態になります。この状態を解消するには、更新ログを利用したデータリカバリを実施しないと整合性のあるデータとして利用できません。そのため、スタンバイサーバのデータは参照目的でも利用できません。プライマリサーバの障害が発生してスタンバイサーバをプライマリに切り替えてデータベースをオープンするには、データリカバリのため、一定の時間が必要となります。

また、OracleとSQL Serverについてはプライマリサーバとスタンバイサーバの2台分の製品ライセンスが必要となります。

リードレプリカ/リージョンレプリカ

この2つは、各データベースエンジンの機能を利用してRDSの機能として提供されています。非同期レプリケーションとなりますが、プライマリサーバの負荷をオフロードするために参照用途で利用されます。OracleとSQL Serverについては、リードレプリカなどの機能を使う際はライセンス上の制約があります[注3]。

Auroraのアーキテクチャ

RDSでは、データベースサーバにマウントされたストレージをデータベースサーバがI/O制御するような、従来からある普通のサーバ構成が用いられています。

対してAuroraではデータベースサーバとストレージを分離し、ストレージのI/O制御はストレージサーバで行うような設計になっています。

注3) Oracle は Enterprise Edition + Active Dataguard、SQL ServerはEnterprise Editionが必要です。

▼図3 プライマリとスタンバイ

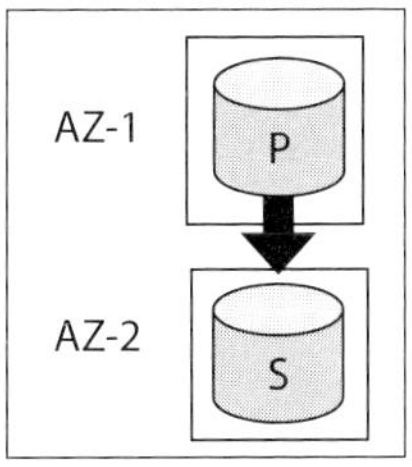

▼図4 マスタとリードレプリカ

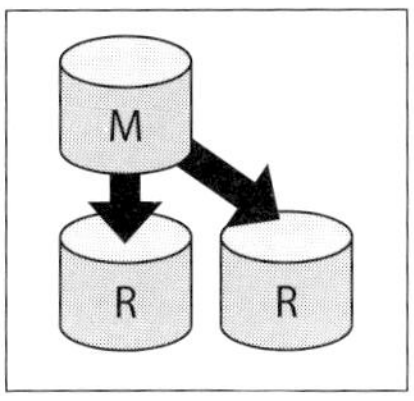

▼図5 RDSアーキテクチャでのマルチAZ構成

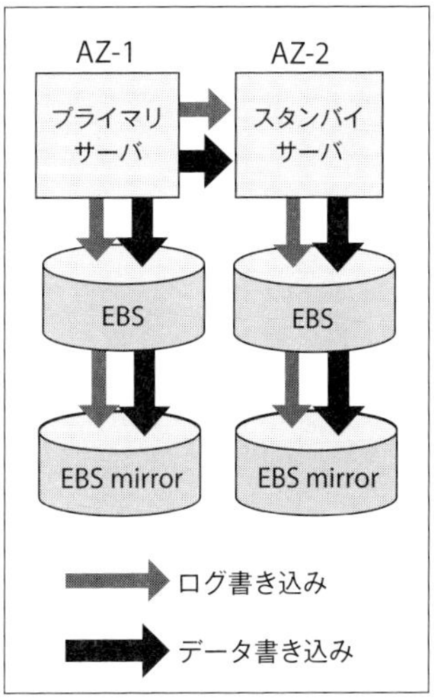

▼図6　Auroraアーキテクチャでのデータベース更新

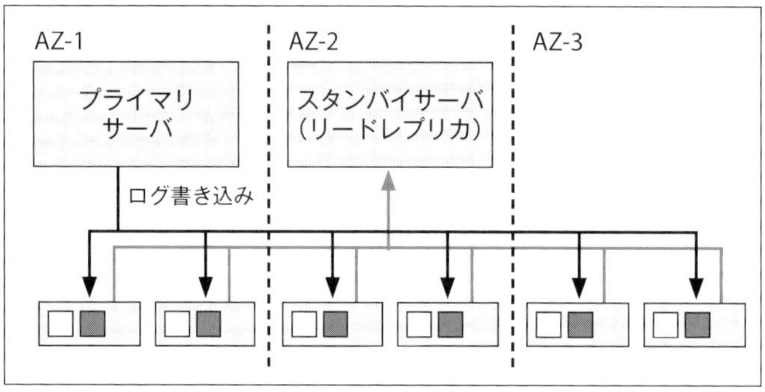

ストレージサーバは3つのAZに配置されており、3つのAZでデータを常に同期することを可能としました。これを利用して、マルチAZ対応とリードレプリカ対応が自由に行えます(図6)。

データベースへの書き込みは次のように行われます。この書き込み処理は可用性のために3つのAZでそれぞれ2ヵ所ずつ、つまり6ヵ所で実施されます。

- データベースの書き込みが行われた際の更新ログをストレージサーバに転送する。この転送処理は同期的に行われ、6ヵ所のうち4ヵ所で成功すると完了とみなされる
- ストレージサーバは受信した更新ログを利用してデータを作成もしくは変更する。この変更処理はバックエンドで非同期に行われる

これにより、次のことが可能となります。

- データが3つのAZに冗長化されているので、どのAZでもリードレプリカを作成可能
- リードレプリカをプライマリに切り替えることで可用性を上げることが可能

Auroraのストレージ機能はデータベースの「可用性」「性能拡張性」を大きく向上させることができます。また、「保守運用性」も向上します。たとえば、データベースのクローン機能により本番環境のストレージボリュームをテスト環境にすべてコピーすることなく、高速に別のデータベースを作成できます。コピーしたデータベースをテスト環境で利用することで、高い品質のアプリケーションテストを実施できます。そのほかにもクラッシュリカバリの高速化、再起動時にもキャッシュ情報の保持など、オープンソースのデータベースエンジンにはない機能が多く実装されています。

このようにAuroraはオープンソースのMySQL/PostgreSQLと表面上の互換性は保ちつつも、AWS独自のアーキテクチャを持つデータベースとなっています。

データベース構築のハンズオン

この項では、RDSのデータベースサーバを実際に構築してみます。

RDSの構築

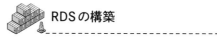

まず、RDSのAWSコンソールから[データベースの作成]を選択して、RDSを構築します。ここではデータベースエンジンにPostgreSQLを想定して、手順を確認してみます(図7)。基本的には最新バージョンを選べば問題ありませんが、RDSの機能に最新バージョンが対応していないこともあるので、AWSコンソールの操作を進めるうえで選べないオプションなどがあれば、バージョンの選択を変えてみるとよいでしょう。

「可用性と耐久性」の欄で[マルチ AZ DB イン

▼図7　データベースエンジンの選択

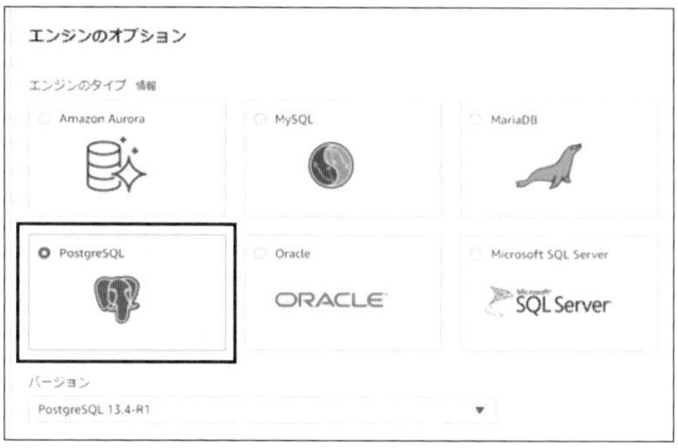

スタンス」を選択するだけで簡単にマルチAZ構成で構築できます(図8)。続いてデータベースの名前、マスタユーザーのパスワード設定を行ったあと、「DBインスタンスクラス」の欄で、インスタンスクラスを適宜選択します。図9では、db.t3.microを選択しました。「ストレージ」の欄では、汎用SSD(gp2)で割り当てサイズを適宜設定します(図10)。「接続」の欄ではVPC、サブネットグループ、セキュリティグループを適宜設定します。

「追加設定」の欄(図11)で、「最初のデータベース名」の入力欄に任意のデータベース名を指定すると、その場でデータベースを作成できますが、ここでは何も入力せず、RDS構築後にデータベースを手動で作成します。「DBパラメータグループ」(図11枠内)では、デフォルトのパラメータグループ注4をcustom-postgres13に変更しています。デフォルトのパラメータグループのままではパラメータの設定値を変更できないので、デフォルトからコピーしてパラメータグループを作成しておくことをお勧めします。そのほかの設定内容は、目的に合わせて適宜選択していきますが、迷ったらデフォルトの設定でとりあえず作成を進めるのがよいでしょう。誌面の都合上スクリーンショットは省略しますが、「マイナーバージョン自動アップグレード」の項目については、予期しないタイミングで再起動が実施されることがありますので、オフにしておくのがよいでしょう。

続いて、作成されたRDSのエンドポイントにアクセスして、データベース、ユーザー、スキーマを作成していきます。なお、以降のコマンドは、エンジンのタイプとしてPostgreSQL、バージョンはPostgreSQL 13系を前提とします。

コンソールに表示されるプロンプト「postgres@postgres=>」はユーザー名@データベース名=>という書式になっています。また、SQL文を例示している場合、大文字は予約語を意味するものとします。

データベースの作成

データベースについては、RDS作成時に任意のデータベース名を指定することで、RDSの構築と同時にAWSがデータベースを作成してくれますが、その際に作成されるデータベースはAWS上でのデフォルト設定が適用されます。

図12は、最初のデータベース名を指定していない状態の、作成初期のデータベースの状態を

注4) パラメータグループには、データベースに割り当てるメモリなど、さまざまなデータベースの設定が含まれます。

▼図8　マルチAZ構成の選択

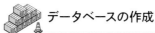

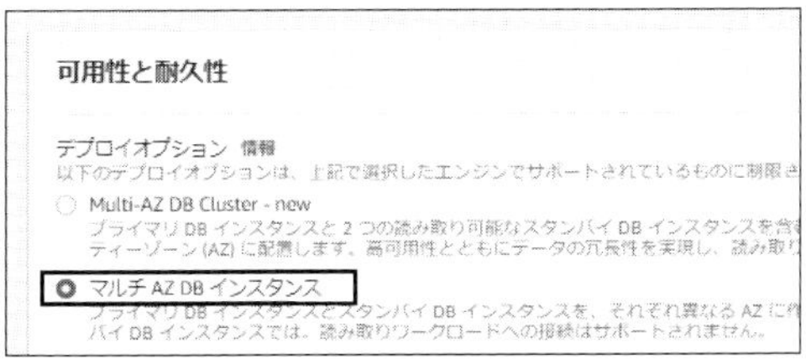

▼図9　インスタンスクラスの選択

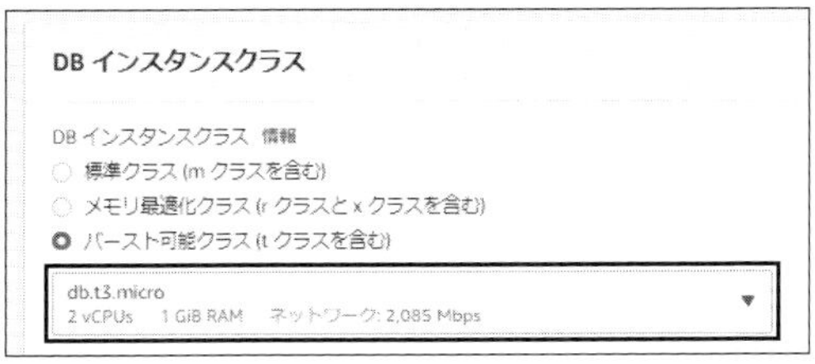

▼図10　ストレージの選択

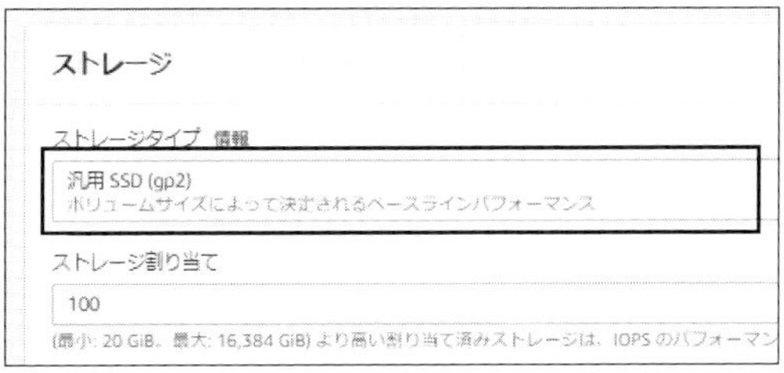

▼図11　追加設定

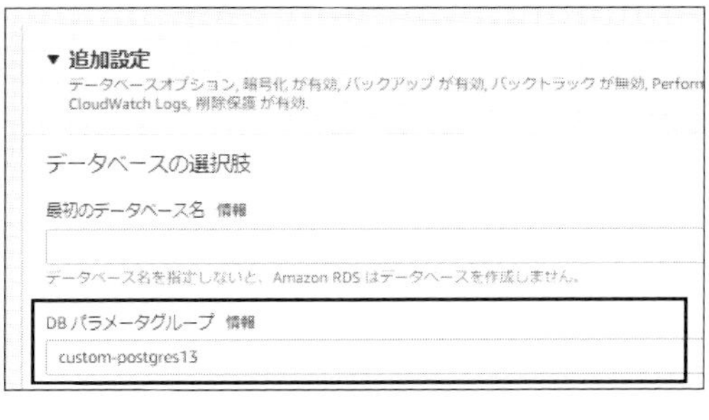

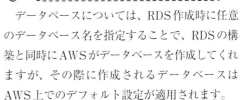

表示したものですが、たとえば照合順序の設定(lc_collate)がen_US.UTF-8となっています。照合順序の設定は、文字列のソート順に関わる設定で、アプリケーションの動作に影響するため注意が必要です。PostgreSQLを利用する場合のセオリーとして、この設定はデフォルトで「C」(ソート順としてはバイトオーダー順)とするべきで、ロケールをC以外に設定する場合の注意点はPostgreSQLのドキュメント注5に明記されています。

多くのプロジェクトでは、RDS構築後にCREATE DATABASEを実行します。図13では管理者権限を持つpostgresユーザーでデフォルトで作成されるpostgresデータベースに接続して、「mydb」という名称のデータベースをロケールCの設定で作成しています注6。

注5) URL https://www.postgresql.jp/document/13/html/locale.html

注6) なお、あとからソート順をロケールに沿ったものにしたいなどの必要が出てきた場合は、SQL文で個別にORDER BY sortkey COLLATE "en_US.UTF-8などと記述すれば問題ありませんが、実際にそこまで行う例は稀です。

ユーザーの作成

ユーザーはCREATE USERで作成します。図14では管理者権限を持つpostgresユーザーでデフォルト作成されるpostgresデータベースに接続して、my_user1というユーザーを作成しています。実行後にCREATE ROLEと返ってきていますが、PostgreSQLではログイン権限を持つロールをユーザーと扱っているためですので、想定どおりです。

スキーマの作成

スキーマを作成していきます。スキーマとは、テーブルなどのオブジェクトを定義する名前空間に相当します。まずはデフォルトのsearch_pathの設定(図15)を活かしてスキーマ名を決めることとします。search_pathは、スキーマを参照する優先順位を表しています。search_pathのデフォルト値は"$user",publicとなっていて、$userはユーザー名と同名のスキーマを意

▼図12　初期作成されるデータベースの一覧

```
postgres@postgres=> \l
                                   データベース一覧
   名前     | 所有者   | エンコーディング | 照合順序    | Ctype(変換演算子) |       アクセス権限
-----------+----------+------------------+-------------+-------------------+-----------------------
 postgres  | postgres | UTF8             | en_US.UTF-8 | en_US.UTF-8       |
 rdsadmin  | rdsadmin | UTF8             | en_US.UTF-8 | en_US.UTF-8       | rdsadmin=CTc/rdsadmin
 template0 | rdsadmin | UTF8             | en_US.UTF-8 | en_US.UTF-8       | =c/rdsadmin          +
           |          |                  |             |                   | rdsadmin=CTc/rdsadmin
 template1 | postgres | UTF8             | en_US.UTF-8 | en_US.UTF-8       | postgres=CTc/postgres+
           |          |                  |             |                   | =c/postgres
```

▼図13　特定のロケールを指定しないデータベースの作成

```
postgres@postgres=> CREATE DATABASE mydb WITH TEMPLATE template0 ENCODING 'utf8' LC_COLLATE↵
'C' LC_CTYPE 'C';
CREATE DATABASE
postgres@postgres=> \l mydb
                              データベース一覧
 名前 | 所有者   | エンコーディング | 照合順序 | Ctype(変換演算子) | アクセス権限
------+----------+------------------+----------+-------------------+-------------
 mydb | postgres | UTF8             | C        | C                 |
```

▼図14　ユーザー作成

```
postgres@postgres=> CREATE USER my_user1↵
ENCRYPTED PASSWORD 'my_user1_password';
CREATE ROLE
```

▼図15　search_pathの初期設定

```
postgres@mydb=> SHOW search_path;
        search_path
-----------------------------
 "$user",public
```

味します。たとえば、テーブルAを参照すると、まずはユーザー名と同名のスキーマにテーブルAがあるかを見て、あればそれを参照し、なければpublicスキーマにテーブルAがあるかを見にいくという動作をします。

まずは、作成したmydbに管理者権限を持つpostgresユーザーでログインします。スキーマはデータベースの中に作成する名前空間ですので、対象データベースにログインして作成する必要があります。ちなみにユーザーの作成はデータベースとは独立しているので、どのデータベースにログインして作成しても問題ありません。

ここでは**図16**のようにスキーマを作成します。2つめのクエリでmy_user1の名称でスキーマを作成しており、AUTHORIZATION(スキーマ所有・利用の権限)の指定ではmy_user1というスキーマのユーザーをmy_user1としています。AUTHORIZATIONの指定を行うユーザーはmy_user1ユーザーのメンバである必要があり、スキーマ作成の権限を設定するためにロール[注7]を一時的に設定、または剥奪することを前後のGRANTとREVOKEのクエリで行っています。

my_user1ユーザーでmydbにログインして**図17**のように実行すると、search_pathの設定に従ってmy_user1スキーマにテーブルが作成されます。仮にmy_user1スキーマがない場合は、publicスキーマにテーブルが作成されます。

RDSのオプション

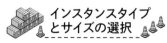

本項では、RDSを導入するにあたり知っておきたいオプションをいくつか解説します。

インスタンスタイプとサイズの選択

インスタンスタイプを決める際の基準は4つあります。

注7) PostgreSQL上では、ログイン権限をもつロールをユーザーと扱うため、my_user1は厳密にはロールといえます。

・インスタンスタイプ
・CPUコア(vCPU)数
・メモリサイズ
・ストレージ帯域幅(I/Oスループット)

これらを考慮する際は、次の手順で検討するのが良いでしょう。

①利用するデータベースエンジンを決める
②そのエンジンをサポートしているインスタンスタイプを確認し、用途に応じてインスタンスタイプを決定
③要件に応じてvCPU、メモリサイズ、ストレージ帯域幅でインスタンスサイズを決定

vCPUとメモリサイズについては理解しやすいと思いますが、ストレージ帯域幅について補足しておきます。ストレージ帯域幅はデータベースサーバとストレージの間のデータ転送帯域の上限を示しています。たとえばdb.r5d.4xlargeというストレージのスペックは4,750Mbpsです[注8]。バッチ処理が多いシステムではストレージ帯域幅がインスタンスタイプ決定の要素となる場合もあります。OracleやSQL Serverの場合はvCPUでライセンス費用が決まることになるため、その制約からインスタンスタイプがおのずと決定されることも考えられます。

注8) URL https://docs.aws.amazon.com/ja_jp/AmazonRDS/latest/UserGuide/Concepts.DBInstanceClass.html

▼図16　スキーマ作成

```
postgres@mydb=> GRANT my_user1 TO postgres;
GRANT ROLE
postgres@mydb=> CREATE SCHEMA my_user1 AUTHORIZATION my_user1;
CREATE SCHEMA
postgres@mydb=> REVOKE my_user1 FROM postgres;
REVOKE ROLE
```

▼図17　テーブル作成

```
my_user1@mydb=> CREATE TABLE table_a(key INTEGER, data VARCHAR);
CREATE TABLE
my_user1@mydb=> select schemaname,tablename,tableowner from pg_⏎
tables where tablename = 'table_a';
 schemaname  | tablename | tableowner
-------------+-----------+------------
 my_user1    | table_a   | my_user1
```

インスタンスサイズは、厳密に決定するのであればPoCの実施などによる事前確認が必要かもしれませんが、予算策定の段階ではやや余裕を持ったサイズにしておくことをお勧めします。インスタンスサイズを自由に変更できるというのがRDSのメリットですので、システムの稼働状況に合わせてジャストフィットなサイズを選択するような運用をしましょう。

ストレージの選択(Aurora以外の場合)

Auroraアーキテクチャの場合、すでに説明したように独自のストレージ管理をしており、ストレージの選択肢はありません。ここではRDSアーキテクチャの場合について解説します。ストレージの選択肢は2つあります注9。

汎用SSD

サイズに応じてIOPS(I/O性能)が向上します。2022年11月に新しいストレージgp3(従来はgp2)が日本リージョンで利用できるようになりました。ベースライン性能はストレージサイズに応じて3,000～12,000IOPSが保証されており、追加料金によっては64,000IOPSまで利用可能です。gp2ではベースライン性能を超えた場合、バーストI/Oとして一時的な性能向上が可能でした。しかしgp3では追加料金こそ必要ですが、常に高い性能を確保できます。

プロビジョンドIOPS

一貫して高いIOPSを必要とする場合に選択します。データベース製品によって異なりますが、64,000～256,000IOPSと非常に高い性能を出すことが可能です。指定したIOPS単位で費用が加算されます。

◆ ◆ ◆

一般的に、データベースはデータサイズと処理量(必要IOPS)が比例する関係にあります。そのため通常は汎用SSDを選択すれば十分です。

RDSを利用したシステムの例

これまで見てきたようにマルチAZとリードレプリカが、RDSの構成を決めるうえでの要素となります。そのため構成はさまざまなパターンが考えられますが、本項ではその具体的な例を見ていきます。エンタープライズ利用ではDBの停止はビジネスに直結するため、前述のマルチAZ構成で構成するのが基本です。

Oracle RDSのマルチAZ構成

エンタープライズで利用されることの多いOracle RDSを使った構成です。MySQL/PostgreSQL/SQL Serverでも構成は同じです。

マルチAZによりAZ間のデータ同期が行われていますので、特別な設定は不要です(**図18**)。この構成はOracle SE2ライセンスでも利用可能なため多くの構成例があります。DBの接続名(エンドポイント)はRoute 53(DNSサービス)により名前解決が行われます。障害時は自動でスタンバイサーバがプライマリサーバとなります。DNSレコードの更新によりアプリケーションは新しいプライマリサーバに切り替わります。この構成の場合、RDSの行うバックアップは自動でスタンバイサーバから取得されるため、アプリケーションのデータベース利用をあまり意識する必要がありません。そのため、運用面でもメリットがあります。

リードレプリカは専用のライセンスが必要注10ということもあり、Oracle RDSの場合はあまり採用されることはありません。

MySQL、PostgreSQLでの構成(Auroraアーキテクチャ)

MySQL、PostgreSQLの場合の多くはAuroraでの利用が可能なため、Auroraアーキテクチャ

注9) 下記ドキュメントでは3つめの選択肢として「マグネティックディスク」がありますが、これは下位互換のための提供とされていますので新規で選択しないほうが良いでしょう。
URL https://docs.aws.amazon.com/ja_jp/AmazonRDS/latest/UserGuide/CHAP_Storage.html

注10) Oracle RDSではEnterprise Edition + Active Dataguardのライセンスが必要です。

を採用する例が多くあります(図18)。この場合、マルチAZ構成とした場合にスタンバイサーバはリードレプリカとしても利用できますので、参照のみ行うアプリケーション(BIツールなど)をリードレプリカに接続しています。マスタサーバのフェイルオーバー発生時は業務アプリケーションがBIツールと同じサーバで稼働するため、BIツールの利用を制限するという運用を組み込むなどの対応をとる場合もあります。

さらに、AuroraのDBクローン機能を利用したステージングDBを必要なタイミングで作成します。このステージングDBは書き込みもできますので、データをマスキングしたうえで本番環境と同等のデータで動作検証が可能です。

Oracle RDSのマルチAZ構成

RDSはスケーラビリティを実現するための機能として、インスタンスサイズの変更やリードレプリカを備えていますが、それだけでは限界があります。データベースの原則である「データベースログを常に同期的に保存する」という点から、更新ログの書き込みがボトルネックとなるためです。

そのような場合はデータベースを複数に分割する、つまりRDSを複数台で利用することで対応します。これはRDSの機能では対応できないため、アプリケーション側でそれを前提として実装する必要があります。

大量のトランザクションを扱う要件により、スケーラビリティが必要なシステムの構成例を紹介します(図20)。この例では、事業所ごとにデータベースをB1～B3に分割した構成としました。この構成は、それぞれの拠点で処理が完結できるという要件に基づいています。とはいえ、例外として横断的な処理を行うアプリケーションもありますので、そういった場合のためにデータベースAも構成しています。将来拠点が増えることが想定されるため、データベースをB4、B5と増やしていくことで対応可能としています(この対応については、ほぼ自動化できるように準備しておきます)。

このようなデータベースの分割はビジネス要

▼図18　OracleのマルチAZ構成(RDSアーキテクチャ)

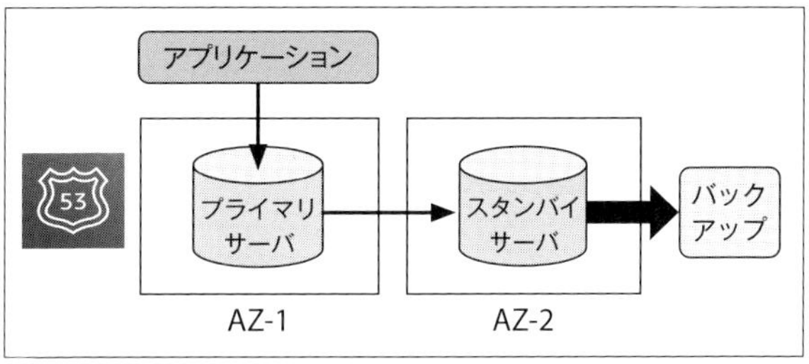

▼図19　MySQL、PostgreSQLでの構成(Auroraアーキテクチャ)

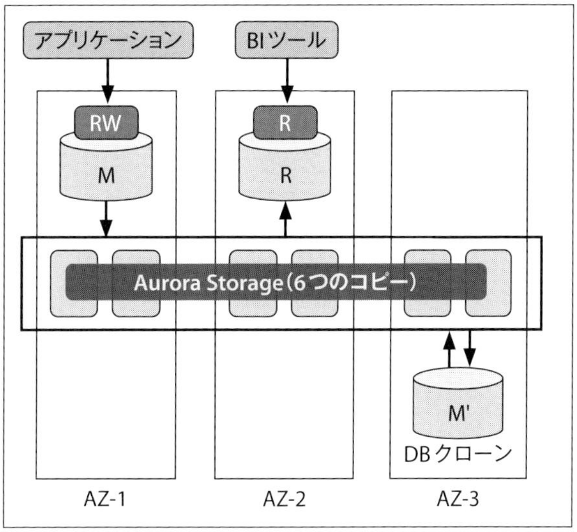

▼図20　スケーラブル構成

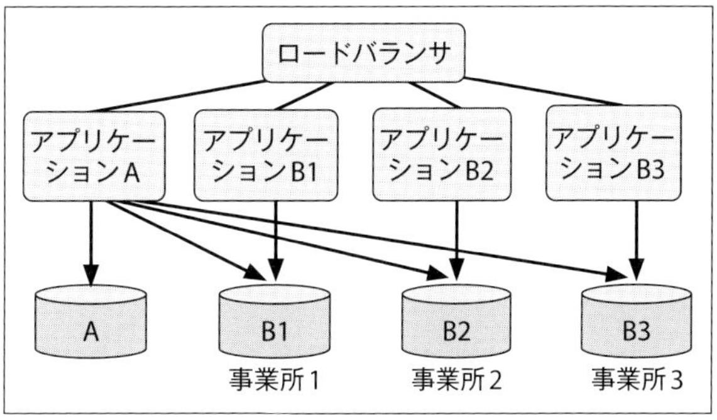

件、データモデル、データベース製品の機能という点で総合的に検討していきます。このときの考え方や具体的な方法については弊社のブログ[注11]にまとめていますので参照してください。

RDSが適さない例

ここまででRDSのメリットについて理解できたかと思いますが、RDSの利用が適さない例についても記載しておきます。

サポート外の機能が必要な場合

マネージドサービスを使うメリットは非常に大きいのですが、個別要件によっては対応できないことがあります。DB製品ごとの制約も細かく見ていくといくつかあるので、事前の確認が必要です。

本項ではよく議論になる制約の例を記載しておきます。これらの制約がある場合はEC2によるデータベースサーバの実装を検討する必要があります。実務面において一般的なものは利用できますので、このような検討をするのは稀なケースです。

- MySQLにおける「ストレージエンジン、プラグイン」、PostgreSQLにおける「エクステンション」など、利用者が自由に拡張できる機能
- OracleのOracle RAC機能
- SQL Serverの特別なサービス機能

注11) URL https://future-architect.github.io/articles/20200703/

パッチを手動で管理したい場合

RDSではパッチ管理はAWSの責任範囲内となります。そのため不具合に対するピンポイントのパッチを手動で適用できません。ミッションクリティカルなシステムの場合、安定稼働のために適宜パッチ管理も行う必要がありますので、このことが制約になる場合もあります。SD

COLUMN

データベースソフトウェアのEOL(End of Life)

データベースソフトウェアにはバージョンごとにサポート期間が明示されており、その期間内は不具合やセキュリティの課題に対するパッチ適用が保証されます。RDSが提供する製品のバージョンは基本的にこのサポートがなくなった場合に廃止するとされています[注A]。そのためEOLが到来するとRDSを利用できなくなりますので事前にバージョンアップをする必要があります。さまざまな事情で古いバージョンを長く利用したいケースもありますので、ここは重要なポイントです。

RDSとAuroraでは、MySQLやPostgreSQLなどのOSSがアップデートされてから、新バージョンが利用可能になるタイミングが異なります。RDSではOSSリリースから5～6カ月で提供されますが、Auroraはさらに年単位で遅れて提供されます。MySQLもPostgreSQLもバージョンごとの機能追加が大きいため、約半年の間待てるかどうかという判断が必要です。さらに、サービス終了も意識する必要があります。Auroraの提供が遅れるということは、利用開始からソフトウェアのEOL到来も早まることになります(たとえばPostgreSQL 13ではEOLまで4年3カ月)。一般的なエンタープライズシステムの場合、この期間はシステムの減価償却期間より短いため、Aurora選択の際にリスクとなり得ます。AWSがAuroraのEOLをどう考えるかは今のところ未知数のため、情報提供が望まれます。

注A) URL https://aws.amazon.com/jp/rds/faqs/

▼表2　データベースEOLとRDSサービスリリース時期

プロダクトバージョン	OSSリリース	EOL	RDSリリース	Auroraリリース
MySQL 8.0	2018年4月	2026年4月	2018年10月	2021年11月
PostgreSQL 14	2021年9月	2026年11月	2022年2月	2022年9月

5-3 DynamoDBの強みとその活かし方

大規模な書き込み／読み込みが得意なキーバリュー型NoSQL

Author 中村 昌登（なかむら まさと）
アイレット株式会社　クラウドインテグレーション事業部

DynamoDBは大量のアクセスを処理できるNoSQLサービスですが、「結果整合性」の特性からRDBとは異なる使い方が求められます。本稿ではパーティションキーやソートキーなどDynamoDB独自の仕様を確認したあと、SNSアプリの例などを通して、DynamoDBの向き不向きを詳しく解説します。

DynamoDBの特徴

Amazon DynamoDB（以下、DynamoDB）は、AWSがフルマネージドサービスとして用意するキーバリュー型のNoSQLデータベースです。RDSにおけるプライマリサーバ障害時のサービス停止や、プライマリサーバの性能上限に伴うパフォーマンス劣化などに対する解決策として設計されました。5-1節で解説したACID特性を犠牲にして、BASE特性（Basically Available、Soft-state、Eventual consistency）とも言われる「結果整合性」を実現しています。DynamoDBにおける結果整合性とは、古いデータを読み込む可能性として定義されています注1。データの書き込み成功後、通常1秒以内に再読み込みが発生すると、書き込み前のデータを読み込んでしまう可能性があります注2。

DynamoDBは、IoTデバイスからの通信のような通常のRDSでは性能の限界となるような書き込みリクエストやスマートフォンゲームのユーザーデータの保存、スコアの保存といった、多数のユーザーからの単純なリクエストに対して最適化されています。

内部的に複数のサーバに分離されていることがメリットである一方、通常のRDBMSにないデメリットを抱えているため、その特性を知って正しく利用する必要があります。

DynamoDBのアーキテクチャ

DynamoDBのアーキテクチャは、Amazon RDS（以下RDS）のようなプライマリサーバとリードレプリカで構成されたものとは大きく異なります。

RDSやAuroraでは、単一のプライマリサーバがすべての書き込みリクエストを処理し、レプリケーションなどのために適切なデータ配置を行います。それに対して、DynamoDBはパーティショニングという処理を実施して、後述する「パーティションキー」によって選択されたサーバがデータ処理を行うため、データが複数のサーバにレプリケーションされます。そのため、1台のサーバに負荷がかかることがなくスケールすることが可能となり、RDSよりもはるかに巨大な同時アクセスを処理できます（**図1**）。このような大規模な水平スケーリングにより、同時書き込み、同時読み込み処理に対して強い耐性を持つことがDynamoDBの特徴です。

DynamoDB独自の用語

本項では、DynamoDBの中核をなす概念や、オペレーションについて解説します。

注1）https://docs.aws.amazon.com/ja_jp/amazondynamodb/latest/developerguide/HowItWorks.ReadConsistency.html

注2）DynamoDBには「強整合性」のオプションも用意されています。こちらを利用すると、可用性やコストに影響が出ますが、常に最新のデータを利用することも可能です。

▼図1　RDSとDynamoDBの負荷分散処理

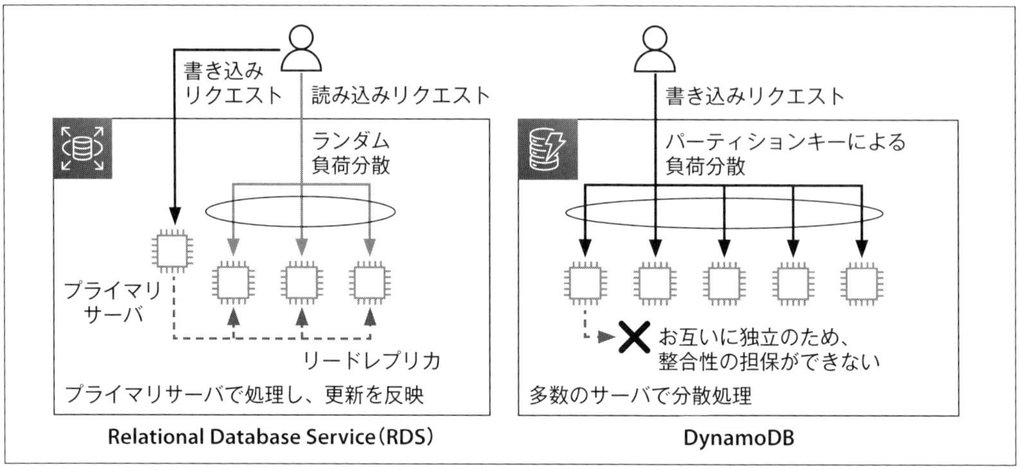

▼図2　DynamoDBの論理構造

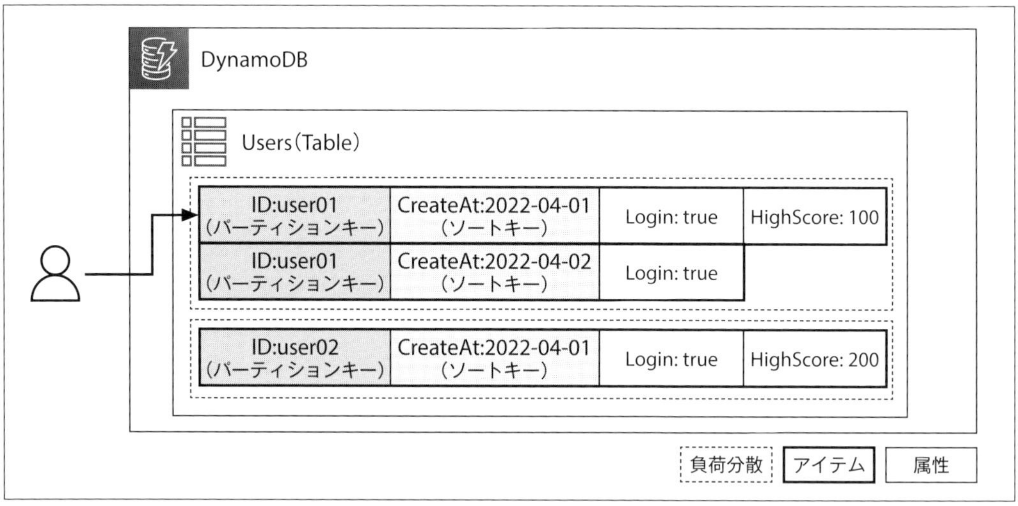

テーブル

テーブル（Table）は、RDBMSのTABLEに相当する概念です（**図2**）。複数のアイテムを集めて処理できる、最上位の概念となります。後述するQueryやScanといったオペレーションなどは、テーブル単位で処理が実施されます。

DynamoDBでは、テーブルの設定を変更するだけで「グローバルテーブル」を使用できます。グローバルテーブルとは、複数のリージョンに対して自動的にデータをレプリケーションするテーブルのことです。グローバル展開されるビジネスの場合、ユーザーの近隣リージョンでデータの読み書きができるため、パフォーマンス向上を図ることが可能です。また、ディザスタリカバリ（DR）としてリージョン障害に対する耐障害性の向上も見込めます。

DynamoDBには、RDBMSのDATABASEに相当するような概念はないため、各テーブルの命名規則に注意する必要があります。

アイテム

アイテム（Item）は、RDBMSのROW（行）に相当する概念です。個々の項目はアイテムと呼ばれ、Get/Put/Update/DeleteなどのCRUD(Create/Read/Update/Delete)処理はアイテム単位で実施されます注3。

1つのアイテムにつき、最大で400KBのデータを保持できますが、後述するキャパシティーユニットという単位に基づいてKB単位で従量課金が発生するため、アイテムのサイズを大きくしないことが望ましいでしょう。巨大なファイルを扱う場合は、S3と併用することが推奨されています。

属性

属性(Attribute)は、RDBMSのCOLUMN(列)に相当する概念です。DynamoDBは、アイテムの属性としてString、Number、Booleanなどのスカラー値および、Map、List、Setなどの基本的なデータ型をサポートしています。

DynamoDBはRDBMSのような厳密なスキーマは存在しません。そのため、次に解説するパーティションキーおよびソートキー以外は利用に制約がないため、アイテムごとに任意のデータを格納できます。

パーティションキー

DynamoDBを利用するにあたり、キーの選定はとても重要な意味を持ちます。RDBMSに慣れている方ですと、キーはユニークな値であり、レコードを一意に指定するためのものと思われるかもしれません。DynamoDBの場合、キーはパーティションを選択するためのものとしての側面が重要になってきます。

DynamoDBは、前節で述べたように内部的に多数のサーバにスケールされて処理されます。その際に処理を行うサーバを選択するためのキーがパーティションキーです。すべての処理は、パーティションキーによって分割され、それぞれのサーバに分散されて処理されます。適切なキーの選択は、DynamoDBが性能を発揮する際に必須の要件となってきます。

ソートキーが指定されなかった場合、すべてのデータはパーティションキーで一意である必要があります。

ソートキー

ソートキーは、パーティションキーの中でデータを並べ替えるためのキーです。同じパーティションキーで指定された複数のアイテムに対して、追加のキーを指定できます。アイテムが一連の並びで保存されており、一括で読み出したいなどのニーズで利用されます。また、最新データのみ参照するといった用途でも使えます。

ソートキーはあくまでもパーティションキー内での処理であり、別のパーティションキーで指定されたアイテムと並び替えを行うようなニーズに対応することはできません。

ソートキーが指定された場合、すべてのデータはパーティションキーとソートキーにより一意である必要があります。

ローカルセカンダリインデックス(LSI)

ローカルセカンダリインデックス(以下LSI)は、同じパーティションキーの中でソートキーと異なる追加の並び替えを実施するためのインデックスです。LSIは、パーティションキー内で並び替える際に追加の軸がほしいなどのニーズで利用されます。

LSIの計算は、同じパーティションキーで指定されたサーバ内で実施されるため、テーブルごとに最大5つのLSIに利用が制限がされています。また、LSIの設定はテーブル作成時にしか実施できないため、注意が必要です。

グローバルセカンダリインデックス(GSI)

グローバルセカンダリインデックス(以下GSI)はLSIと異なり、アイテムのパーティションキーをまたいで検索を実現するために利用されます。名前は似ていますが、LSIとはしくみも機能もまったく異なるものです(**図3**)。

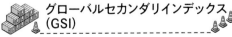

注3) GetがCreate、PutがReadに相当します。

▼図3　ローカルセカンダリインデックス（LSI）とグローバルセカンダリインデックス（GSI）

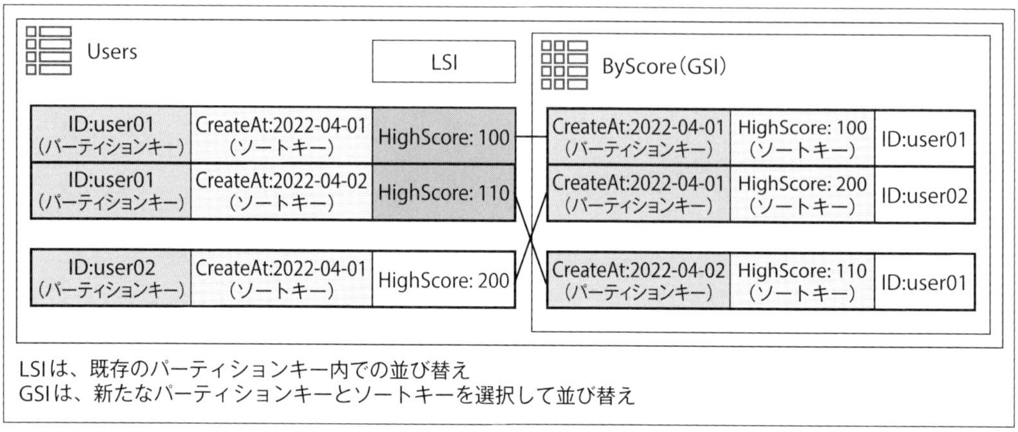

GSIを利用することにより、パーティションキーの制約を超えた検索が可能となるため、アイテムとはまったく異なる軸による検索などのために利用されます。

ソートキーの利用をする際、アイテムはパーティションキーとソートキーで一意であることが必須でした。しかし、GSIはあくまでもインデックスであるため、パーティションキーとソートキーの重複は問題となりません。

GSIは任意のタイミングで追加、削除することが可能ですが、次項で解説するキャパシティーユニットが追加で必要となります。

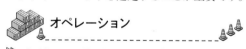

キャパシティーユニット（WCU/RCU）

キャパシティーユニットは、書き込みのWrite Capacity Units（WCU）と読み込みのRead Capacity Units（RCU）で表されます。キャパシティーユニットは料金単位であると同時に、性能限界を示すソフトリミットとしても機能しています。テーブル自体のキャパシティーユニットのほか、GSIも独自のキャパシティーユニットが設定されています。キャパシティーユニットは、1秒あたりに処理可能な値を示しており、アプリケーションから利用する際は適切なチューニングが必要となります。

キャパシティーユニットの課金体系は、オンデマンドとプロビジョニングの2つのモードが現在提供されています。オンデマンドモードは、実際の利用に応じて課金されるため、負荷が予測できないワークロードでの利用に適しています。プロビジョニングモードは、利用するキャパシティーユニットを事前に確保するため、負荷が予測可能なワークロードでの利用に適しています。プロビジョニングモードでは、Auto Scalingを利用することも可能です。Auto Scalingを利用することで、実際の負荷に応じてプロビジョニングされるキャパシティーユニットの数量が自動的に調整されます。

RDSがプライマリサーバのスペックに依存するように、DynamoDBはキャパシティーユニットの値で性能が決まるため、サービスリリースを行う際は、テストなどにより十分な大きさのキャパシティーユニットを選定することが重要です。

オペレーション

▷ PutItem、GetItem、UpdateItem、DeleteItem

これらのオペレーションは、アイテムに対する基本的なCRUD操作です。これらのオペレーションを利用することで、単一のアイテムに対して操作を実施できます。

これらのオペレーションは、単一のアイテムに特化しているため、ソートキーがテーブルに設定されている場合は、ソートキーの値も指定が必須となります。

オペレーションには、複数のオペレーションをまとめて1つのオペレーションとして発行するBatchオペレーション(BatchGetItem、BatchWriteItem)というものもあります。Batchオペレーションを利用する場合でも、並行処理によるパフォーマンス向上以外は基本的に単一のオペレーションと同一です。また、Batchオペレーションを利用した場合でも、単一のオペレーションと同じく単一のアイテムごとに順次処理され、キャパシティーユニットも消費されます。

Query

Queryは同一のパーティションキーを有するアイテムを一括で読み込む操作です。Queryを利用することにより、ソートキーの順(昇順、降順)にアイテムを一括で読み取り可能です。

LSIやGSIが定義されている場合、インデックス名を指定することでアイテムのソートキーとは別の軸で値を読み取れます。フィルタを指定することで、属性の値による絞り込みもできます。

Queryを利用するうえでの注意として、フィルタで項目を絞る場合であっても、フィルタ前のデータ量に対してRCUが消費されます。また、すべてのアイテムが一度に取得されるわけではないため、ソート順の中間に存在するアイテムを取得する場合は順次読み込みが必要です。

Scan

Scanは、テーブルやローカルセカンダリインデックス、グローバルセカンダリインデックスに存在するすべてのアイテムを取得する操作です。Scan操作は、大量のRCUを消費するため、実装には注意が必要です。

Scanを利用する際にも、Queryと同様の注意が必要となります。

DynamoDBのテーブル設計

ここでは、図4のようなSNSアプリのデータ層を例に、DynamoDBのテーブル設計を考えてみたいと思います。

データベースの要件として、次のような内容を想定します。

- ユーザーは、このサービスを通じて、自身のつぶやきを投稿できる
- ユーザーは、ほかの利用者をIDで指定してその人のつぶやきを確認できる
- このシステムは大規模であり、同時に数百万のリクエストがある
- 投稿は日付順で表示され、過去の投稿を確認する際は順次表示が必要

また、DynamoDBの特性上実装することは難しいものの、次のような要件も検討してみたいと思います。

▼図4　SNSアプリの画面設計

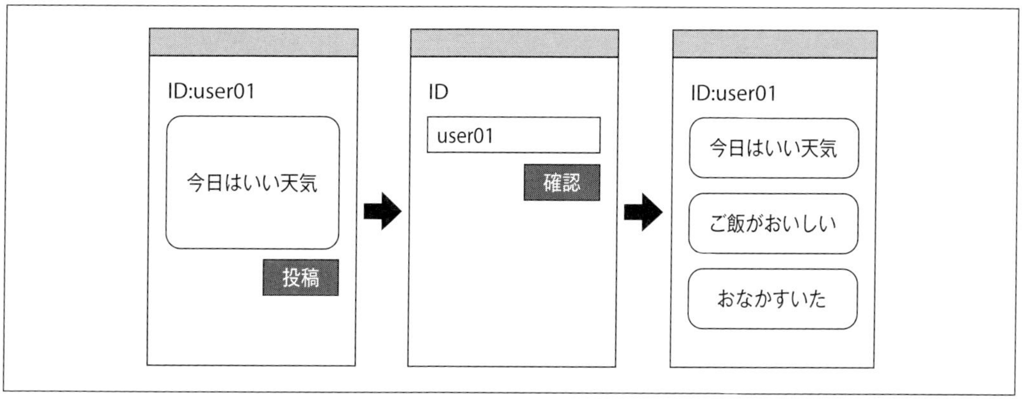

- ユーザーはカテゴリを指定して、そのカテゴリに属する投稿の一覧を確認できる
- ユーザーは自身がフォローしているユーザーの一連の投稿をホーム画面で確認できる

本項では図5に沿って、テーブル設計の流れを解説します。

アイテムの設計

DynamoDBは、JSONのようなデータ構造を扱えます。DynamoDBは、内部構造としてデータ型を指定する複雑なスキーマを有していますが、API操作はDocumentClientという抽象化したAPIでラップするのが一般的です。DocumentClientでラップすると、データをJSONと同等な形式で表すことが可能なため、ここではデータはJSONで表せるものとして考えます。これにより、内部のデータ型を意識することなく、DynamoDBを簡易に利用することが可能となります。以降はデータ構造をJSONで表し、アイテムを設計することにします。

パーティションキー／ソートキーの設計

作成したアイテムに対して、パーティションキーとソートキーを検討します。

パーティションキーは、属性の取り得るデータ範囲が十分に分散していて、同時に書き込みが発生しないようにする必要があります。今回のUserIdなどは十分にデータ範囲が分散しているので、最適な選択肢といえます。逆に、RDBMSのマスタデータのような値の範囲が狭く、同じデータにアクセスが集中するものはDynamoDBでは扱えません。SNSの場合、読み込みは日付順であることが一般的であるため、今回の例ではCreateAtがソートキーとして適切でしょう。

UserName、Category、Messageなどは属性であるため、設計時に考慮は不要となります。RDBMSなどのように、テーブル設計時にすべての属性を決める必要はなく、アイテムをPutする際に属性情報をデータに含めるだけでアイテムに追記できるのがDynamoDBの特徴です。

LSI/GSIの設計

要件として、カテゴリによる検索を行う必要があるかもしれません。その場合、“Category”をGSIのパーティションキーとして設定したくなりますが、そのような設定は後述する「ホットキー」の問題により推奨されません。

この場合の回避策は次のとおりです。

- “Category”:“weather1000”（ここで1000はRandom値）のように値を分散させる
- 検索にDynamoDB以外のサービスを利用する
- この要件に対してDynamoDBの利用が適切であるか再検討する

回避策もいくつかありますが、一般的には要件にDynamoDBの利用が適しているか再検討することが適切である場合が多くあります。

SNSアプリにおける動作イメージ

ここまでの設計により、DynamoDBのテーブルへのアクセスは図6のようになります。

▼図5　SNSアプリのユースケースにおけるデータ設計

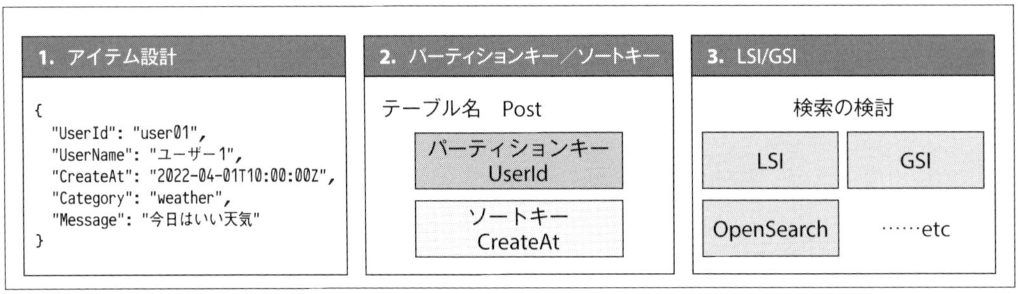

つぶやきを投稿する

ユーザーはつぶやきを投稿する際、UserIdとCreateAtを最低限含むJSONデータをアイテムとしてPutします。データはUserIdにより複数のサーバに分散されて処理されるため、RDBMSのようにプライマリサーバの負荷で処理が遅延することなく、快適につぶやきを投稿できます。

他ユーザーのつぶやきを閲覧する

ユーザーが他ユーザーの投稿を閲覧する際、UserIdとソートキーの降順を指定してデータがQueryされます。Queryの処理はUserIdによって分散されたサーバ内でソートキーに従って行われるので、高いパフォーマンスで閲覧することが可能です。

注意点として、QueryやScanは過去のすべてのデータを一括で取得できません。1回のオペレーションごとに最大で1MBのデータを呼び出せますが、それ以上のデータがほしい場合は、レスポンスに含まれるLastEvaluatedKeyを、QueryオペレーションのExclusiveStartKeyに渡したうえで再度実行する必要があります。

なお、RDBMSのOFFSET句と違って、特定の範囲のデータ[注4]を呼び出すことはできません。

つぶやきをカテゴリ別に参照する

次に、カテゴリによるデータ参照について考えてみます。

DynamoDBを利用する場合、ホットスポット[注5]を発生させないために乱数を追加したGSIを用意する必要があります(図7)。書き込みに関しては、乱数を追加するだけですので1回のPutオペレーションで達成できます。読み込み

注4) たとえば、ページネーションで分けられたWebサイトのnページ目のデータを呼び出すなど。

注5) データベースの性能に影響を与えている部分の全体をホットスポット、その個々のキーをホットキーと呼びます。

▼図6 SNSアプリのユースケースにおけるアクセス設計

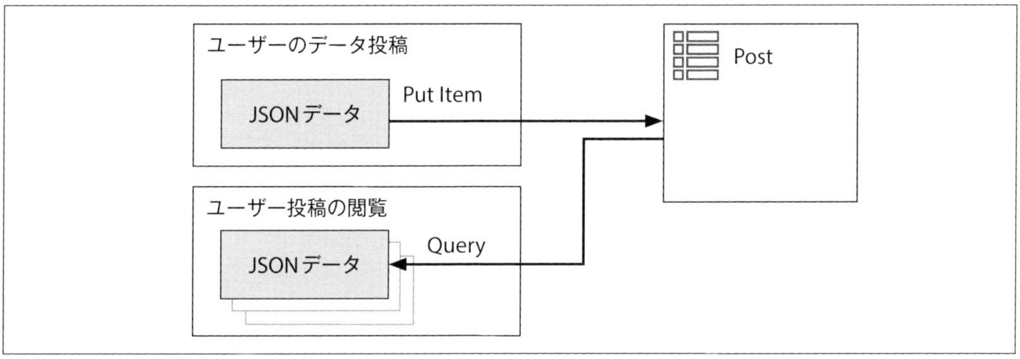

▼図7 GSIによるカテゴリへのアクセス

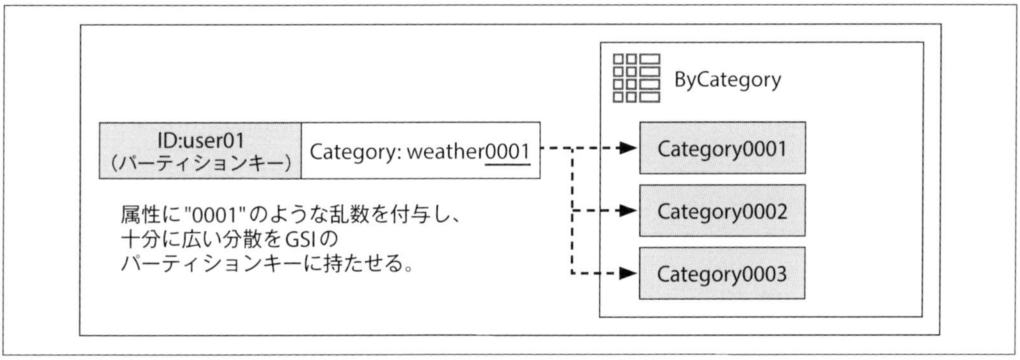

に関しては、DynamoDBのQueryはパーティションキーの中でしか実施できません。今回の場合、1〜1,000の範囲で乱数を追加した場合、1,000回のQueryオペレーションが必要です。

こういった複数回の参照は費用や処理時間の問題からDynamoDBと相性が悪く、カテゴリによるデータ参照を実現することは難しそうです。

フォローしたユーザーのつぶやきを表示する

ホーム画面に自身のフォローしたユーザーの投稿を表示する場合、投稿データとは別に自身のIDをパーティションキーとして設定し、フォローしたユーザーの投稿データを用意する方法が考えられます。ユーザーは、自身のUserIdでホーム画面用のテーブルをQueryすることで最新の投稿を確認します。

読み込みに関しては、自身のUserIdを指定したQueryで日付順に投稿を確認することが可能です。

書き込みに関しては、投稿時に通常の参照用のほか、フォローされている分だけデータのコピーが必要となります。また、データが変更になった際にコピーした分の変更を考慮する必要が出てきます。このアプローチをする場合、データの保存容量と投稿時にコピーされたデータの更新管理の問題が発生します。

このため、DynamoDBを用いてフォローしているユーザーの投稿参照を実現することは難しいのです。

テーブル設計の際に考慮すべきこと

一般的にNoSQLを選択する際には、その特性に合わせて十分な検討が必要となります。DynamoDBを利用する場合、RDBMSでは当たり前にできることができないため、注意して設計する必要があります。

ホットキーを発生させない

DynamoDBでテーブル設計をする際に、第一に気をつけることは、ホットキーを発生させないことです。特定のパーティションキーのみが頻繁に利用され、全体のパフォーマンスに影響を与えているとき、そのキーのことをホットキーといいます(**図8**)。

アイテムのパーティションキーよりも、検索を目的として構築されるGSIのパーティションキーにホットキーが発生しやすいため、検索などの要件の際には注意をしてください。

具体的には次のような値がパーティションキーに利用されている場合は注意が必要です。

日付

LSIやGSIでの検索の際に最も多く発生するホットキーといえます。今日の投稿を検索したいなどの用途で日付をパーティションキーとした場合、投稿日のパーティションキーがホットキーになります。このホットキーは、値の範囲が分散していないため、パフォーマンスに深刻な影響を与えます。

▼図8　ホットキーが発生している状態

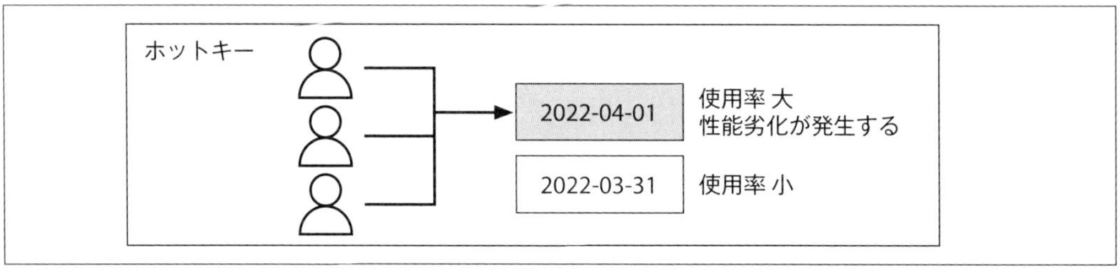

カテゴリ・タグなど

実際の投稿数に対して、少数のパーティションキーにアクセスが集中するため、ホットキーになりやすい項目です。

固定値

初心者が発生させることの多いホットキーです。全体から検索したい用途で、値として固定値を設定し、GSIを構成します。このホットキーも、値の取り得る範囲が固定のため深刻な影響を与えます。

リレーションを組まないようにする

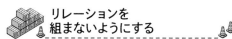

DynamoDBはリレーションを組むのが苦手です。GSIを利用してほかの項目から参照することは可能ですが、問題が発生することがあります。

たとえば、RDBMSで一般的に利用されるマスタデータ／トランザクションデータによるデータ構造を実現しようとした場合、トランザクションデータに対し、マスタデータの数が圧倒的に少ないことが一般的です。この場合、読み込みリクエストは少数のマスタサーバに集中することとなります。マスタサーバがホットスポットとなるため、不適切な構成となります(図9)。

SNSサービスの例で考えた場合、トランザクションデータ側にマスタデータを取り込むというのが1つの解決策となります。RDBMSで考えた場合、User(マスタデータ)/Post(トランザクションデータ)という構造が考えられますが、DynamoDBでは投稿の際にUserをすべてPost側にコピーする構成が考えられます。この構成では、コピー後にUserの情報が変更されても反映されないため、変更時の影響とのトレードオフを考える必要があります。

複数のデータベースを組み合わせる

RDSなどのRDBMSを利用するシステムの場合、DB層は単一のRDBMSで設計することがほとんどですが、DynamoDBのようなNoSQLを利用する場合、単一のデータソースのみを利用することは稀(まれ)です。DynamoDBのようなNoSQLは、単一の機能を実現するために特化しています。そのため、1つのデータベースで保存も、読み取りも、検索も行うといった設計ではなく、実装したい機能ごとに、複数のデータベースを選定するといった使い方となります。

DynamoDBが得意としているのは、パーティションキーによる単一アイテムの書き込みと読み取りです。パフォーマンスを最適化するためには、適した要件で利用することが重要です。

DynamoDBに適した要件とは?

大規模なアクセスが想定される場合

DynamoDBは、多数のユーザーによる同時書き込みや、同時読み込みに対してパフォーマンスを発揮します。そのため、世界的なイベントなどで多数の書き込みが想定される際には適切な選択肢となります(図10)。

また、DynamoDB Accelerator(DAX)を利用すれば、VPC内にデータがキャッシュされ、再読み込み時などにDynamoDBへのアクセス性能が向上します。DynamoDBとDAXを組み合

▼図9　マスタデータに大量のアクセスが集中している状態

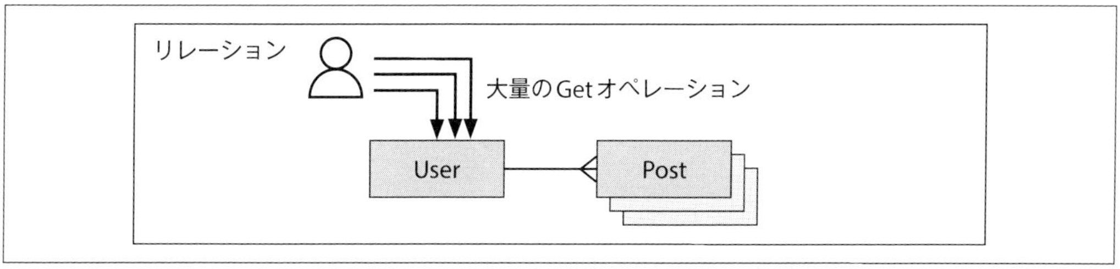

わせることで、1秒あたり数百万件のリクエストが予測される大規模なイベントであってもマイクロ秒レベルの応答が可能となります。

ユーザーIDなどでパーティションキーを分散できる場合

DynamoDBは、ユーザーIDなどのデータの値が十分に分散した値でパーティショニングされた場合、最適なパフォーマンスを発揮します。そのため、ユーザーごとにパーティショニングされ、キーの共有範囲が限定または軽微であるシステムの場合、DynamoDBが適しているといえます。

IoTなどの多数のデバイスから書き込み/読み込みが発生する場合

IoTをはじめ、多数のデバイスから書き込み、読み込みなどが発生するシステム(**図11**)の場合、DynamoDBが適しています。この場合も、デバイスIDなどで十分にデータの範囲を分散させられるため、高いパフォーマンスを発揮することが可能となります。

AmplifyなどのWebフレームワークと組み合わせる場合

DynamoDBは多数のユーザーからのアクセスに強いため、AmplifyなどのWeb、モバイルアプリのデータ層として利用されています。Amplifyでは、AppSyncにより複数のDynamoDBテーブルでリレーションを組むことも容易に実現することができます。

DynamoDBが適さない例

RDBMSが適している場合

一般的なRDBMSで設計ができるシステムの場合、DynamoDBの利用は適さない場合が多いです。DynamoDBはリレーションやホットスポットなど、RDBMSでは存在しない注意点が多いため、RDBMSで検討されたシステムをDynamoDBで代替することはできません。

横断的な処理が必要な場合

DynamoDBは、パーティションキーで処理を分散することにより、高いパフォーマンスを発揮します。そのため、検索のような横断的処理が必要なシステムには適さない場合が多いです。

検索のような横断的な処理を行う必要がある場合は、Amazon OpenSearch Serviceなどの別サービスと組み合わせることで高いパフォーマンスを発揮できます。

データの厳密な一貫性を求められる場合

近年では、Amazon DynamoDB Transactionsにより一部のトランザクション処理が可能となっていますが、DynamoDBは基本的にはアイテムを越えた一貫性のある処理は実施できません。

また、金融・売上計算・在庫管理など、厳密な数値管理を必要とするシステムの場合、ACID特性が要件として重要となってきます。

DynamoDBには、一貫性を担保するしくみがほとんどないため、これらの数値計算に利用することはできません。

SD

▼図10　大規模アクセスに対する分散処理

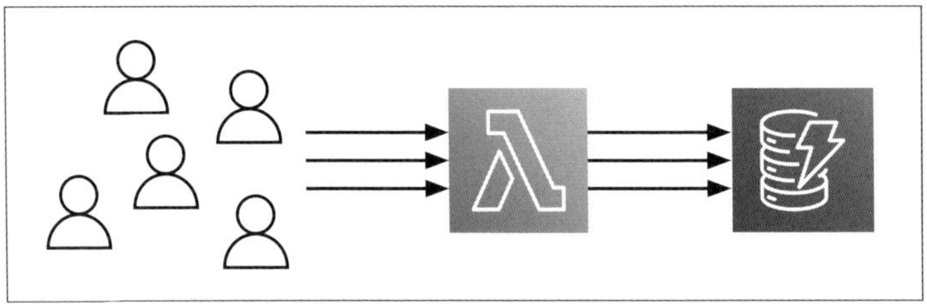

▼図11　IoTに対する分散処理

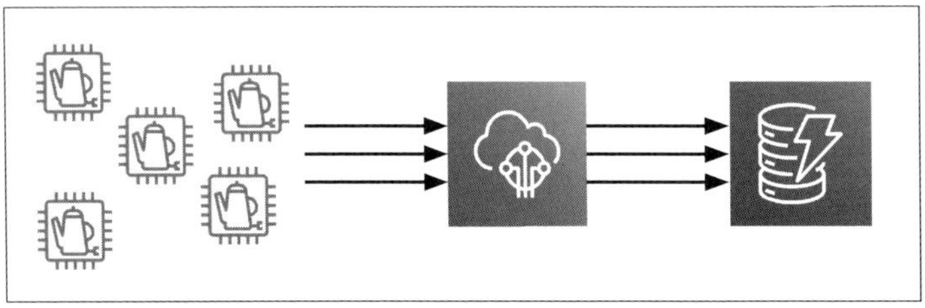

定期購読のご案内

Software Design

OS とネットワーク、
IT 環境を支えるエンジニアの総合誌

毎月 18 日発売

1 年購読（12 回） **15,138 円**（税込み）
※1 冊あたり 1,262 円（6%割引）

月額払い 1 冊 **1,342 円**（税込み）

申し込み方法

電子版
(PDF、EPUB)

Gihyo Digital Publishing
https://gihyo.jp/dp/subscription/

- Gihyo Digital Publishing への会員登録（無料）が必要です。
- お申し込み後、ご入金手続き（PayPal 経由）が完了次第、すぐにダウンロードが可能です（最新号は発売日以降）。
- ご購入いただいた PDF、EPUB には、利用や複製を制限するような機構（DRM）は含まれていませんが、購入いただいた方を識別できるユニーク ID とメールアドレスなどの個人情報を付加しています。

紙版

Fujisan.co.jp
https://www.fujisan.co.jp/sd/

- ご利用は Fujisan.co.jp の利用規約に準じます。

定期購読受付専用ダイヤル
0120-223-223

BACK NUMBER

▶2023年1月号

▶2022年12月号

▶2022年11月号

▶2022年10月号

▶2022年9月号

初出一覧

第1章	データモデリングチェックリスト48	Software Design 2021年10月号　第1特集
第2章	なにかと使えるSQL	Software Design 2022年11月号　第1特集（第1章、第2章抜粋）
第3章	SQL50本ノック	Software Design 2017年11月号　第1特集
第4章	MySQLアプリ開発者の必修5科目	Software Design 2022年 9月号　第1特集
第5章	後悔しないAWSデータベースの選び方	Software Design 2022年 6月号　第2特集

表紙・目次デザイン	トップスタジオデザイン室（宮崎 夏子）
記事デザイン	トップスタジオデザイン室 マップス（石田 昌治）
DTP協力	技術評論社 酒徳 葉子
サポートページ	https://gihyo.jp/book/2023/978-4-297-13362-7/support

■お問い合わせについて

本書に関するご質問は記載内容についてのみとさせていただきます。本書の内容以外のご質問には一切応じられませんので、あらかじめご了承ください。なお、お電話でのご質問は受け付けておりませんので、書面またはFAX、弊社Webサイトのお問い合わせフォームをご利用ください。

〒162-0846　東京都新宿区市谷左内町21-13
株式会社技術評論社 雑誌編集部
『Software Design別冊　データベース速攻入門』係

FAX　03-3513-6179
URL　https://gihyo.jp

ご質問の際に記載いただいた個人情報は回答以外の目的に使用することはありません。使用後は速やかに個人情報を廃棄します。

■免責事項

- 本書に記載された内容は、情報の提供だけを目的としています。したがって、本書を用いた運用は、必ずお客様自身の責任と判断によって行ってください。これらの情報の運用の結果について、技術評論社および著者はいかなる責任も負いません。
- 本書記載の情報は各記事の執筆時（再編集時の修正も含む）のものですので、ご利用時には変更されている場合もあります。
- 本書のソフトウェアに関する記述は、各記事に掲載されているバージョンをもとにしています。ソフトウェアはバージョンアップされる場合があり、本書での説明とは機能内容や画面図などが異なってしまうこともあり得ます。本書ご購入の前に、必ずバージョン番号をご確認ください。

以上の注意事項をご承諾いただいたうえで、本書をご利用願います。これらの注意事項をお読みいただかずにお問い合わせいただいても、技術評論社および著者は対処しかねます。あらかじめ、ご承知おきください。

SoftwareDesign別冊
データベース速攻入門
～モデリングからSQLの書き方まで

2023年3月18日　初版　第1刷発行

発行者	片岡　巌
発行所	株式会社技術評論社 東京都新宿区市谷左内町21-13 電話　03-3513-6150　販売促進部 　　　03-3513-6170　雑誌編集部
印刷／製本	昭和情報プロセス株式会社

ISBN 978-4-297-13362-7 C3055
Printed in Japan